Harro von Senger

36 Strategeme für das Management

Harro von Senger

36 Strategeme für das Management

6., überarbeitete Auflage

HANSER

Bibliografische Information der Deutschen Nationalbibliothek:
Die Deutsche Nationalbibliothek verzeichnet diese Publikation in der Deutschen Nationalbibliografie; detaillierte bibliografische Daten sind im Internet unter *http://dnb.d-nb.de* abrufbar.

Vilshofener Straße 10 | 81679 München | info@hanser.de
www.hanser-fachbuch.de
Lektorat: Lisa Hoffmann-Bäuml, Sophia Zschache
Herstellung: Carolin Benedix
Satz: Eberl & Koesel Studio, Kempten
Coverrealisation: Max Kostopoulos
Titelmotiv: © Chen Wentian (Shanghai)
Druck und Bindung: CPI Books GmbH, Leck
Printed in Germany
Print-ISBN: 978-3-446-47764-3
E-Book-ISBN: 978-3-446-48061-2

Inhalt

Aus Gründen der besseren Lesbarkeit wird auf die gleichzeitige Verwendung der Sprachformen männlich, weiblich und divers (m/w/d) verzichtet.

Sämtliche Personenbezeichnungen gelten gleichermaßen für alle Geschlechter.

Vorwort zur 6. Auflage

Unter dem Titel „China im Jahr 2049: Zukunftsziele im Reich der Mitte“ lenkte ich am 10. April 1985 in der *Neuen Zürcher Zeitung* die Aufmerksamkeit auf ein 100-Jahresziel der Volksrepublik China: „Wir hoffen, nach Ablauf von 100 Jahren seit der Gründung der Volksrepublik China, also im Jahre 2049, die höchstentwickelten kapitalistischen Länder eingeholt zu haben.“ Diese Worte äußerte der damalige Generalsekretär der Kommunistischen Partei Chinas Hu Yaobang am 19. Januar 1985 vor Absolventen der Zentralen Pekinger Parteihochschule (siehe *http://www.supraplanung.ch/pdf/us-fehleinschaetzungen-dervrch.pdf*, a. a. 15.02.2024, sowie „Chinas zwei 100-Jahresziele“ in meinem Buch *Moulüe - Supraplanung*, Hanser Verlag, München 2008, S. 115 ff.).

39 Jahre später kann man feststellen, dass sich die Volkrepublik diesem 100-Jahresziel mit eiserner Konsequenz, wenn auch mit Rückschlägen, stetig angenähert hat. Auf dem Weg zu diesem Ziel bedient man sich in der Volksrepublik China eines bunten Fächers von Behelfen. Dazu gehören gemäß der Polaritätsnorm „Altes für die Gegenwart nutzbar machen“ (gu wie jin yong)[1] auch antikes Geistesgut, darunter altüberliefertes Militärdenken. Während hierzulande beispielsweise der Konfuzianismus in aller Munde ist[2], ist die dem antiken

Militärdenken entsprungene chinesische Kunst der List wenig bekannt. In komprimierter Form kommt sie in den *36 Strategemen* zum Ausdruck. Kennen sollte sie jeder Geschäftsmann, der mit Chinesen in Beziehungen tritt, sei es im Reich der Mitte beim Kampf um chinesische Marktanteile, sei es im Westen angesichts des Auftauchens chinesischer Produkte im hiesigen Markt und angesichts des chinesischen Appetits auf westliche Marken, Technologien, ja auf ganze Firmen und Unternehmen.[3] Aber auch für die rein innerwestliche Geschäftstätigkeit kann die Kenntnis der 36 Strategeme von Nutzen sein.[4] So hätte das Unternehmen VW, wenn es nur eine den Geist des Strategems Nr. 19 umsetzende Maxime (die bereits in der ersten Auflage dieses Buches im Jahre 2004 empfohlen worden ist) befolgt hätte (siehe S. 179), den Abgasskandal und finanzielle Verluste von rund 32 Milliarden Euro[5] mit Leichtigkeit vermeiden können.

Harro von Senger, 15. Februar 2024

1 Siehe *SP 2024*, S. 226 ff., sowie Harro von Senger: „Introduction to the Law of the People's Republic of China", in: Olivier Gaillard and Krista Nadakavukaren Schefer (Hg.): *Private International Law in East Asia: From Imitation to Innovation and Exportation*, Oxford UK; New York, NY; Dublin, Ireland: HART PUBLISHING 2024, S. 11.

2 Siehe z. B. *Sternstunde Religion* – „Konfuzius und sein Einfluss auf Chinas Politik". Olivia Röllin im Gespräch mit Andrew Hui, Professor für Geisteswissenschaften in Singapur, Fellow am Wissenschaftskolleg zu Berlin, Schweizer Fernsehen SRF 1, 28. 01. 2024, 10–11 Uhr, *https://www.srf.ch/play/tv/sternstunde-religion/video/konfuzius-und-sein-einfluss-auf-chinas-politik?urn=urn:srf:video:2b9ba3bf-45c1-445e-ba74-4eb0715541a7*, a. a. 15. 02. 2024.

3 Sebastian Heilmann: „Die unsichtbaren Messer der Chinesen. [...] Wirtschaftliche Erfolge mit 36 Strategemen", in: *FAZ*, 10. 08. 2000, S. 52.

4 Siehe hierzu „China nicht nur als Wettbewerber, Partner und Rivalen, sondern auch als kulturelle Ressource wahrnehmen", in: *SP 2024*, S. 415 ff.

5 Matthias Brügge, Christian Jeß, Tom Drechsler: „Was Sie zum Volkswagen-Abgasskandal wissen sollten", 15. 01. 2021, *https://www.autobild.de/artikel/vw-abgasskandal-aktuelle-news-und-updates-6077591.html#:~:text=Volkswagen%20einigt%20sich%20im%20Abgasskandal,und%20Verletzungen%20des%20Luftreinhaltegesetzes%20vorgeworfen*, a. a. 15. 02. 2024.

1

Weltwirtschaftsgipfel 2050 in Shanghai

„Die asiatischen Supermächte, darunter China, verhandeln mit den USA über neue Freihandelsabkommen. Am Katzentisch sitzen die Europäer. Deutschland, Großbritannien und Frankreich wollen sich mit Schutzzöllen gegen Importe aus Asien verteidigen. Die traditionsreichen Ökonomien sind wirtschaftlich in die zweite Liga abgestiegen."

(Aus: Joachim Althof: „Asien: Der unaufhaltsame Aufstieg", in: Finanz€n, München, Nr. 4, 01. 04. 2004, S. 26 f.)

Vielleicht

kann zur Verhinderung einer derart düsteren Zukunft ein Denkanstoß aus dem Reich der Mitte einen Beitrag leisten. Auf diesen Denkanstoß sollte man sich einlassen, denn „im Wettbewerb um die Gestaltung des Jahrhunderts haben die Europäer nur dann eine Chance, wenn sie sich von ihrem ökonomischen Tunnelblick auf China lösen."[1] Dieses Buch überwindet den „ökonomischen Tunnelblick"[2], indem es ein jahrhundertealtes, im Westen kaum beachtetes geistiges Orientierungssystem des Einmilliardenvolkes zum Sichzurechtfinden in einer unübersichtlichen Welt beleuchtet. Dem hiesigen Management kann es zu einer in dieser kompakten Form für sie neuen – listkundigen – Sichtweise auf alte und neue

Tatbestände, auf vergangene und zukünftige Vorgänge verhelfen. Es kann den etwas verstaubten, inzuchtgefährdeten europäischen Geist beleben, der das europäische Management bedroht, und es kann deren infolge eines „listblinden Flecks“ eingeschränktes Gesichtsfeld auf eine „Geheimressource“ ausweiten, über die sie bisher nie systematisch aufgeklärt wurden und die sie daher nie umfassend nutzen konnten! Chinesischen wirtschaftlichen *Standort*vorteilen mag schwer beizukommen sein, aber chinesische *Gesichtspunkt*vorteile, z. B. infolge der Kultivierung von List, lassen sich wettmachen – indem sich das europäische Management den in dieser Form fehlenden Gesichtspunkt selbst auch aneignet und das eigene Denken mit einer zusätzlichen – und zwar strategemischen – „Software“ ausstattet.

Zu diesem Zweck

vermittelt der vorliegende Band speziell für das westliche Management eine Einführung in die chinesische Strategemkunde. Das Buch beginnt mit drei Bildern. Plastisch führen sie vor Augen, was ein „Strategem“ bzw. eine „List“ ist, und sie visualisieren eine der chinesischen Auffassung von List zugrunde liegende philosophische Annahme. Danach spannt sich der Bogen vom Allgemeinen – den „17 Grundsteinen im Gebäude der Strategemkunde“ – zum Besonderen – zur „Strategemschulung“ für das Management. Im allgemeinen Teil werden grundlegende Begriffe geklärt und Missverständnisse, zum Beispiel bezüglich der Beziehung von Sun Zi zu den 36 Strategemen oder von Machiavelli und von Clausewitz zur List, ausgeräumt. Die in diesem Zusammenhang entscheidende Frage wird eingeführt, die man sich in Europa nie, im Reich der Mitte aber oft stellt. Auch die ethische Dimension der 36 Strategeme wird beleuchtet. Im Hauptteil, welcher der „Strategemschulung“ gewidmet ist, werden das westliche Management in die offensive und defensive, taktische und strategische Nutzanwendung der 36 Strategeme, aber auch in die damit verbundenen Risiken eingeweiht.

Das vorliegende Buch ist, soweit bekannt, die weltweit erste westliche Auswertung chinesisch geschriebener Werke zum Thema „Die 36 Strategeme in Wirtschaft und Management“, die in den letzten Jahren in der Volksrepublik China und Taiwan zu Dutzenden und in hohen Auflagen erschienen sind. Es soll das der westlichen Wirtschaft schadende große Listvirtuositätsgefälle zwischen chinesischen und europäischen Führungskräften überwinden helfen. Das Buch ist in vielen Ländern auf Interesse gestoßen, ist es doch außer in Deutsch auch in Englisch, Spanisch, Russisch, Ukrainisch, Holländisch, Türkisch, Koreanisch, Indonesisch, Chinesisch und Japanisch erschienen.

1 Martin Winter: *China 2049. Wie Europa versagt*, Süddeutsche Zeitung Edition, München 2019, S. 298.

2 Siehe auch „China nicht nur als Wettbewerber, Partner und Rivalen, sondern auch als kulturelle Ressource wahrnehmen“, in: *SP 2024*, S. 415 f.

2

Die 36 Strategeme

Gemäß dem Traktat *36 Strategeme [Das geheime Buch der Kriegskunst - Sanshiliu Ji (Miben Bingfa)]* aus der Zeit um 1500 u. Z.

1. Den Himmel täuschend das Meer überqueren/Den Kaiser täuschen [, indem man ihn in ein Haus am Meeresstrand einlädt, das in Wirklichkeit ein verkleidetes Schiff ist] und [ihn so dazu veranlassen,] das Meer [zu] überqueren
2. [Die ungeschützte Hauptstadt des Staates] Wei belagern, um [den durch die Hauptstreitmacht des Staates Wei angegriffenen Staat] Zhao zu retten
3. Mit dem Messer eines anderen töten
4. Ausgeruht den erschöpften Feind erwarten
5. Eine Feuersbrunst für einen Raub ausnützen
6. Im Osten lärmen, im Westen angreifen
7. Aus einem Nichts etwas erzeugen
8. Sichtbar die [verbrannten] Holzstege wieder instand setzen, insgeheim [aber vor beendeter Reparatur] nach Chencang [zu einem Angriff auf den Gegner] marschieren

9. [Scheinbar unbeteiligt] die Feuersbrunst am gegenüberliegenden Ufer beobachten
10. Hinter dem Lächeln den Dolch verbergen
11. Den Pflaumenbaum anstelle des Pfirsichbaums verdorren lassen
12. Mit leichter Hand das [einem unerwartet über den Weg laufende] Schaf [geistesgegenwärtig] wegführen
13. Auf das Gras schlagen, um die Schlangen aufzuscheuchen
14. Für die Rückkehr der Seele einen Leichnam ausleihen
15. Den Tiger vom Berg in die Ebene locken
16. Will man etwas fangen, muss man es zunächst loslassen
17. Einen Backstein hinwerfen, um einen Jadestein zu erlangen
18. Will man eine Räuberbande unschädlich machen, muss man deren Anführer fangen
19. Unter dem Kessel das Brennholz wegziehen
20. Das Wasser trüben, um die [ihrer klaren Sicht beraubten] Fische zu fangen
21. Die Zikade entschlüpft ihrer goldglänzenden Hülle
22. Die Türe schließen und den Dieb fangen
23. Sich mit dem fernen Feind verbünden, um den nahen Feind anzugreifen
24. Einen Weg [durch den Staat Yu] für einen Angriff gegen [dessen Nachbarstaat] Guo ausleihen [, um nach der Besetzung von Guo auch Yu zu erobern]
25. [Ohne Veränderung der Fassade eines Hauses in dessen Innerem] die Tragbalken stehlen und die Stützpfosten austauschen

26. Die Akazie schelten, [dabei aber] auf den Maulbeerbaum zeigen
27. Verrücktheit mimen, ohne das Gleichgewicht zu verlieren
28. Auf das Dach locken, um dann die Leiter wegzuziehen
29. Einen [dürren] Baum mit [künstlichen] Blumen schmücken
30. Die Rolle des Gastes in die des Gastgebers umkehren
31. Das Strategem des schönen Menschen/der schönen Frau
32. Das Strategem der Öffnung der Tore [einer in Wirklichkeit nicht verteidigungsbereiten Stadt]
33. Das Agenten-Strategem/Das Strategem des Zwietrachtsäens
34. Das Strategem des leidenden Fleisches
35. Das Verkettungsstrategem/Die Strategemverkettung
36. [Rechtzeitiges] Weglaufen ist [bei sich abzeichnender völliger Aussichtslosigkeit] das Beste

Zur Einführung: *KdL*; *Klaviatur*; *36 Strategeme 1, 2*; *36StfJ*; *Weglaufen 2023*; *List 2017*; *Sun Zi 2023*; *SP 2024*; s. auch *www.36strategeme.ch*; *www.supraplanung.eu*; *www.china-outofthebox.ch*

3 Listbilder

3.1 Schema

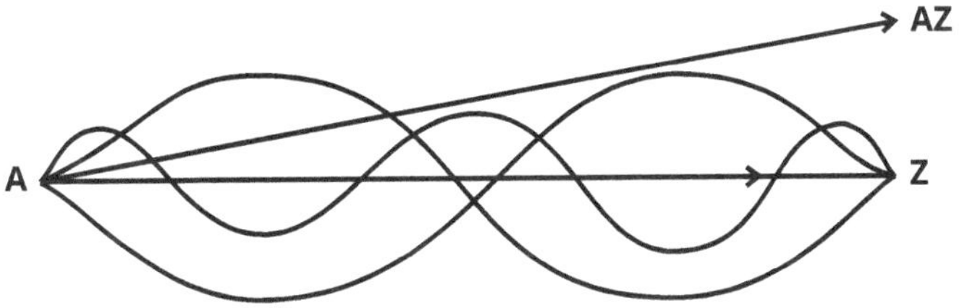

Die gerade Linie versinnbildlicht den unlistigen, also „normalen“, routinemäßigen Weg vom Ausgangspunkt zum Ziel oder, wie es Carl von Clausewitz sagt, „die gerade, schlichte, das ist unmittelbare Handlungsweise“.[1] Die gewundenen Linien symbolisieren schlaue, nicht normgemäße, außerroutinemäßige, verblüffende, also listige Wege zum Ziel. Die Linie, die auf das andere Ziel hinführt, verdeutlicht die Kategorie des Flucht-Strategems.

3.2 Karikatur

Die Bildlegende zu der Zeichnung von Zheng Xinyao[2] lautet: „Einige ‚Schlaumeiereien' von Männern pflegen dem Druck, den Frauen auf sie ausüben, zu entspringen."

Wie wird die „Schlaumeierei" – also die List – in der Zeichnung veranschaulicht? Die Gattin wartet mit einem Besen in der Hand spät in der Nacht auf ihren Mann. Sie plant offensichtlich, ihn mit einer Gardinenpredigt zu empfangen. Unlistig, wie sie ist, beobachtet sie nur den normalen Heimweg. Der Gatte aber hat schon längst eine List ersonnen, die ihm erlaubt, von der Gattin unbemerkt auf einem anderen, außergewöhnlichen Weg nach Hause zu gelangen.

Die Karikatur könnte auch Managern zu denken geben. Sie sehen vielleicht nur in eine Richtung – in die Richtung, in die man eben normalerweise den Blick richtet. Doch der listige Konkurrent hat bereits längst auf einer ganz anderen Route die Nase vorn. Ist man listenblind wie die chinesische Gattin, merkt man dies vielleicht erst dann, wenn man längst von der schlauen Konkurrenz überrundet worden ist.

Wer denkt hier nicht an die Art und Weise, wie China den Pfad der Produktion von Verbrennerautos recht früh verlassen und – was man im West nicht wahr- oder nicht ernstgenommen hat – den Weg zur Entwicklung von Elektroautos eingeschlagen hat[3], mit dem Ergebnis, dass sich die VR China „bei Elektroautos gerade als globaler Marktführer behauptet".[4]

List taucht in unerwarteten Augenblicken und an verblüffenden Stellen auf. List durchschaut man daher nur durch den Ausbruch aus dem Routinedenken. Man unterschätzt manches Gegenüber, wenn man annimmt, dass seine Handlungen ausschließlich Schema F folgen.

Beispiel

Über eine Reise des baden-württembergischen Ministerpräsidenten Teufel im Jahre 1994 nach China konnte man lesen:

> *„In einem Industriegebiet werben die Chinesen um Investitionen aus Baden-Württemberg. Ein Zelt ist aufgebaut, auch eine Delegation aus Singapur ist da. Dann etwas ganz Peinliches. Teufel muss zusehen, wie ausgerechnet japanische Unternehmer einen Millionenvertrag abschließen. Gemeinsames Foto mit den Japanern! Der Bürgermeister zu Teufel: ‚Das soll Ihre Unternehmen ermuntern, dass sie hier auch Verträge abschließen'"*
>
> *(B, Stuttgarter Ausgabe, 26. 4. 1994, S. 5).*

Das chinesische Verhalten ist, jedenfalls aus der chinesischen Perspektive, keineswegs „peinlich“. Chinesen empfinden es vielmehr als Anwendung des Provokationsstrategems Nr. 13 „Auf das Gras schlagen, um die Schlangen aufzuscheuchen“. Man wollte die deutschen Geschäftsleute dazu reizen, möglichst bald und günstig mit Chinesen ins Geschäft zu kommen, beflügelt von der Furcht, die Konkurrenz aus Japan und Singapur könnte ihnen alles wegschnappen.

Das Beispiel zeigt: Mit westlichen Denkmustern allein lässt sich die nichtwestliche Welt, insbesondere die fernöstliche, nicht umfassend begreifen und nicht angemessen behandeln. Man sollte daher die chinesische „List-Software“ in sein westliches Denksystem einbauen und assimilieren und lernen, Situationen *auch* unter dem Gesichtspunkt der chinesischen Strategemkunde zu analysieren. Denn wer nur auf westliche Vorstellungen und „Rationalität“ baut, der wird bei Konfrontationen mit List, sei es in China, sei es in unserem Kulturkreis, genauso hilflos dastehen und nichts begreifen wie die Ehefrau auf der Karikatur. Wer unter Globalisierung nur den weltweiten Fluss von Geldströmen und Waren versteht, nicht aber den weltweiten Wissensaustausch aus dem Okzident in den Orient und umgekehrt, wer unter Globalisierung nicht auch die Ausweitung des eigenen Denkhorizonts durch den Zugewinn nichtwestlichen Know-hows, z. B. was das Strategemwissen betrifft, versteht[5], der dürfte keine leichte Zukunft haben.

3.3 Philosophisches List-Design

Gemäß dem chinesischen, die Welt versinnbildlichenden Yin-Yang-Symbol kann erstens das strahlende Yang (rechts) ohne das dunkle Yin (links) nicht bestehen und befindet sich zweitens mitten im Yang, also im Symbol für Licht, ein schwarzer Yin-Punkt. Yang und Yin sind aufeinander angewiesen. Würde man ein Element abtrennen, ginge das andere Element zugrunde. Yang bedeutet den Himmel, die Sonne, den Mann und auch das Licht und damit die Nicht-List. Yin steht für die Erde, den Mond, die Frau und auch für das Dunkle und damit die List. Gemäß dem ältesten chinesischen Orakelklassiker, dem *Buch der Wandlungen* (erste Hälfte des ersten Jahrtausends v. u. Z.), hat Yang die Kennziffer „9" und „Yin" die Kennziffer „6". Die Zahl „36" erscheint demnach als das Quadrat des Yin-Elements und somit als Sinnbild für eine Überfülle von Listen. Das könnte der Grund sein, weshalb man in China die Zahl 36 zur Auflistung von Listtechniken benutzte. Im Westen ist „die zentrale Metapher der Aufklärung das Licht" (*Der Spiegel*, Nr. 33, 2001, S. 175), weshalb die Aufklärung (im Französischen: „les Lumières", wörtlich „die Lichter") das Dunkle, angeblich Irrationale, und damit auch die List eher in den Hintergrund drängte. Im Westen ist man auf die Aufklärung stolz und betrachtet sie als eine der bedeutendsten Errungenschaften abendländischen Geistes. Gewiss gibt es im Westen auch antiaufklärerische Strömungen, etwa die deutsche Romantik, die für das Dunkle und Untergründige ein offeneres Auge haben. Doch im Vordergrund gerade des modernen westlichen Denkens steht die Aufklärung mit ihrem Streben nach Licht und Klarheit und nach einer Überwindung der Dunkelheit. Kein Wunder, dass in der aufklärerischen Oper „Die Zauberflöte" die Königin der Nacht das Böse versinnbildlicht – und dass in dieser Oper gleich im ersten Satz die List negativ erwähnt wird: „Zur Hilfe, zur Hilfe, sonst bin ich verloren, der listigen Schlange als Opfer erkoren." Gedanken wie „Wer das Licht bringt, darf die Finsternis nicht scheuen" (*NZZ*, 17.03.2004, S.45) sind kaum verbreitet. Die aufklärerische Denktendenz, wonach die menschliche Ratio weitgehend listlos funktioniert, dürfte man bis auf Platon mit seiner ewigen Ideenwelt zurückführen können (*Strategeme 2*, S. 27 ff.; *KdL*, S. 38 ff.).

Die das abendländische Denken zumindest teilweise prägende einseitige Hinwendung zum Licht muss auf Chinesen mit ihrer Yin-Yang-Symbolik, wonach Licht und Schatten einander bedingen und ergänzen, einseitig wirken (*SP 2024, Klaviatur*). Selbst noch im das Licht symbolisierenden Yang-Element gibt es, wie gesagt, einen dunklen Punkt. Er weist darauf hin, dass sogar im hellsten Licht, also nicht nur in der Nacht, sondern auch am Tag, unter den Augen aller, List zu gewärtigen ist. Ebenso leuchtet im Yin-Teil, also im Symbol für die Dunkelheit, ein weißer Punkt auf. So ist auch die Schwärze nicht total: Grundsätzlich hat jede List einen Pferdefuß.

Man sollte freilich das Yin-Yang-Symbol nicht überinterpretieren. Dieses weist der hellen und dunklen Hemisphäre je eine Hälfte des Kreises zu. Aber Chinesen bedienen sich in ihrem Tun und Lassen nicht zu 50 % irgendeiner List und zu 50 % einer unlistigen Vorgehensweise. Vielmehr verlaufen die meisten chinesischen Handlungen in ganz normalen, konventionellen Bahnen. Strategeme werden nur ausnahmsweise dann eingesetzt, wenn der normale Weg zum Ziel verschlossen oder wenn der normale Weg zum Ziel zwar gangbar, aber überaus beschwerlich ist.[6] 2013 kontaktierte ich in Beijing einen mir bekannten Juristen mit dem Anliegen, mir einen chinesischen Übersetzer des Buchs „Rechts- und Gesellschaftsphilosophie“ (1. Aufl. 2012) des Zürcher Rechtsphilosophie-Professors Marcel Senn vorzuschlagen und einen Beijinger Verlag für die Publikation des Buches zu suchen. Bald waren Verträge mit einem chinesischen Übersetzer und einem Beijinger Verlag unter Dach und Fach. Die chinesische Übersetzung erschien bereits 2016 unter dem Titel „法哲学和社会哲学“ (Rechtsphilosophie und Gesellschaftsphilosophie) im Verlag der Chinesischen Universität für Politik und Recht.[7] Strategeme spielten bei dem Vorgang keine Rolle. Das u. a. mit meiner Mitwirkung von 1998 bis 2013 vom Professor der Chinesischen Universität für Politik und Recht Mi Jian geleitete, maßgeblich vom Deutschen Akademischen Austauschdienst unterstützte Projekt „Übersetzung von Werken der repräsentativen Deutschen Rechtsliteratur der Gegenwart, Chinas größtes Projekt der Übersetzung deutscher rechtswissenschaftlicher Texte seit 100 Jahren“[8], bei dem mehr als 30 deutsche juristische Werke ins Chinesische übersetzt und von einem Beijinger Verlag publiziert wurden, wurde ohne Strategeme, durchgeführt. In meinem je zweijährigen Zusammenleben mit Chinesen in Taipeh und Beijing sowie im Verlaufe meiner jahrzehntelangen Kontakte und auch beruflicher Zusammenarbeit mit Chinesinnen und Chinesen bin ich nur selten von chinesischer Seite mit Strategemen konfrontiert worden.

Obwohl Strategeme oft keine Rolle spielen, eröffnet sich für Chinesen dank der bewussten Berücksichtigung der Ressource ‚List‘ – bei gleichzeitiger Kompetenz hinsichtlich nichtlistiger Vorgehensweisen – ein viel weiterer Aktions- und Reaktionsspielraum als er uns westlichen Menschen zur Verfügung steht.

3.4 Die Position der List im Rahmen des Konzepts der Wirklichkeitsgestaltung „Moulüe“

Die 36 Strategeme sind nicht ein isoliertes Arsenal von Methoden zum Erreichen von Zielen, sondern in das chinesische Konzept der Wirklichkeitsgestaltung, „Moulüe“ genannt, eingebettet.

Die passende deutsche Übersetzung für „Moulüe“ ist aus meiner Sicht „Supraplanung“ mit dem lateinischen Wort „supra“ = „über“. Ein Merkmal der Supraplanung besteht darin, dass sie sich über (supra) die helle Hälfte – sie steht für Transparenz, Geradlinigkeit, Gesetzesrecht – und die dunkle Hälfte der Yin-Yang-Figur erstreckt. Die dunkle Hälfte versinnbildlicht insbesondere die List. Die durch die Yin-Yang-Figur versinnbildlichte Einheit der Gegensätze würde zerstört, wenn sich eine der beiden Hemisphären zugunsten der anderen über das ganze Feld ausdehnen würde und zum Beispiel die ganze Figur nur noch weiß wäre.

Im *NZZ Folio* vom Januar 2024 erschien ein Artikel mit dem Titel „Unehrlich währt am längsten“. Solch ein einseitiger Artikeltitel ist in China schwer vorstellbar. Chinesen sind es gewöhnt, Gegensätze zu überblicken, also das eine nicht ohne das andere in Betracht zu ziehen. Chinesischem Denken würden die Aussagen „Ehrlich und unehrlich währen am längsten“ beziehungsweise „Unlistig und listig währen am längsten“ eher entsprechen. Denn durch das Gegensatzpaar „ehrlich-unehrlich“ wird die täuschungsfreie List außer Acht gelassen. Sie steht nicht im Gegensatz zur Ehrlichkeit, sondern zur Schlafmützigkeit. Diese leistet vielen Nachteilen im menschlichen Leben Vorschub. Die Kombination von ‚listig‘ und ‚unlistig‘ deckt daher viel mehr Handlungsoptionen ab als die, die sie sich im engen Rahmen von ‚ehrlich‘ und ‚unehrlich‘ eröffnen.

Dieses Konzept orientiert sich, wie erläutert wurde, am chinesischen Yin-Yang-Symbol, in der eine helle Hälfte, in der Transparenz, Geradlinigkeit, Gesetzesrecht angesiedelt sind, mit einer dunklen Hälfte, welche die List versinnbildlicht, in ein und derselben Figur vereint ist. Chinesen sind es gewöhnt, Gegensätze zu überblicken, also das eine nicht ohne das andere in Betracht zu ziehen. Die Dialektik im Sinne der Einheit der Gegensätze würde zerstört, wenn eine der beiden Hemisphären zugunsten der anderen über das ganze Feld ausgedehnt und zum Beispiel die ganze Figur nur noch weiß sein würde. Man stelle sich zwischenmenschliche Beziehungen vor, in denen sich die Beteiligten ständig völlig wahrheitsgemäß immer genau das sagen würden, was sie gerade denken und fühlen. Das geht aus der Sicht der Yin-Yang-Figur nicht.

Dem trägt das Konzept „Moulüe“ Rechnung. (*SP 2024*, S. 4 f.). Ein Charakteristikum von „Moulüe“ ist die grundsätzlich stets simultan mögliche bewusste Berücksichtigung nicht nur unkonventioneller, unüblicher, insbesondere listiger, sondern auch konventioneller, allgemein üblicher, „normaler“, gesetzesrechtlicher Problemlösungsoptionen. „Moulüe“ eröffnet Chinesen dank der bewussten Berücksichtigung der Ressource „List“ bei gleichzeitiger Kompetenz hinsichtlich nichtlistiger Vorgehensweisen einen viel weiteren Wahrnehmungs-, Aktions-, Reaktions- und Verhandlungsspielraum als er westlichen Menschen zur Verfügung steht.

1 Carl von Clausewitz: *Vom Kriege* (Drittes Buch, Abschnitt X: Die List), hrsg. von Wolfgang Pickert und Wilhelm Ritter von Schramm, 2. Aufl. Pfaffenhofen 1969, S. 107.

2 *Zhongguo Funü (Chinesische Frau)*, Beijing Nr. 11, 1996, S. 32.

3 Siehe im vorliegenden Buch Strategem Nr. 8 „Beispiele“.

4 Peter A. Fischer: „Vom Nachahmer zum Innovator“, in: *NZZ*, 04. 12. 2023, S. 7.

5 „China nicht nur als Wettbewerber, Partner und Rivalen, sondern auch als kulturelle Ressource wahrnehmen“, in: *SP 2024*, S. 415 f.

6 „Bequemlichkeitsstrategeme und Auswegsstrategeme“, in: *36StfJ*, S. 98 f.

7 Prof. Dr. iur. Marcel Senn, *https://www.ius.uzh.ch/de/staff/professorships/former-profs/senn.html*, a. a. 01. 01. 2024.

8 Mi Jian: „Deutsches Recht in China seit der Politik der Reform und Öffnung, übersetzt von Julia Marianne Achilles“, in: *Zeitschrift für Chinesisches Recht* 2008, S. 135, *https://www.zchinr.org/index.php/zchinr/article/download/1338/1372*, a. a. 01. 01. 2024.

4

17 Grundsteine im Gebäude der Strategemkunde

4.1 Strategem und List

Während meines Studienaufenthaltes in Taiwan 1971–73 benutzte eines Tages ein Sprachlehrer in Taipeh die Redewendung „sanshiliu ji, zou wei shang ji“, was ich für mich übersetzte mit „Von den 36 Plänen ist Weglaufen der beste Plan“. Damals kannte ich von dem Schriftzeichen mit der Aussprache „ji“ im Ausdruck „36 ji“ nur die Bedeutung „Plan“. Die Bedeutung „List“ war mir nicht geläufig.

计 jì **Plan** ***m*****; List** ***f*****; Intrige** ***f*****:**

Das neue chinesisch-deutsche Wörterbuch, Beijing 2009, S. 379

Auf der Stelle fragte ich den Lehrer nach den anderen 35 ‚Plänen‘. Aber er wusste keine Antwort. Das weckte sowohl meine Neugier als auch meinen Forscherdrang.

Als ich von 1975–77 an der Universität Peking studierte, geriet ein internes, also nicht für die Öffentlichkeit bestimmtes, chinesisch-englisches Wörterbuch zum aktuellen politischen und militärischen Vokabular in meine Hände. Dort fand ich den Eintrag:

三十六計 the thirty-six stratagems

Han Ying Cihui Shouce (Chinesisch-englisches Handwörterbuch), Waiwen Chubanshe (Verlag für fremdsprachige Literatur), Beijing 1970, S. 76

Das Wort „Strategem" hatte ich zuvor noch nie gehört. Ich fand schnell heraus, dass es „Kriegslist" sowie allgemein „List", „Trick" bedeutet. Erst jetzt realisierte ich, dass es sich bei den 36 ‚Plänen' aus chinesischer Sicht um 36 Listtechniken handelte. Seither spreche ich von den „36 Strategemen". Das deutsche Wort „List" hat oft eine negative Färbung. Daher ist das eher unbekannte, wertneutrale Wort „Strategem" vorzuziehen. Denn in der chinesischen Sprache haben Wörter für „List", wie insbesondere „zhi" 智, eine wertneutrale oder gar positive Färbung. Im Kapitel „Strategem und Weisheit" gehe ich ausführlicher darauf ein.

Das Wort „Strategem" bezeichnet hier zweierlei. Erstens eine bestimmte Listtechnik, z. B. jene, die darauf abzielt, etwas (wie z. B. eine Firmenbilanz) viel schöner aussehen zu lassen, als es tatsächlich ist. Zweitens bezeichnet „Strategem" die sprachliche Umschreibung dieser Listtechnik. Für die Listtechnik, etwas schöner aussehen zu lassen, als es tatsächlich ist, haben Chinesen die Listformel „Einen [dürren] Baum mit [künstlichen] Blumen schmücken" geprägt. Auch für diese und andere List*benennungen* benutze ich „Strategem" oder manchmal „Strategemformel". Der Ausdruck „36 Strategeme" bezeichnet also zweierlei: erstens 36 Listtechniken, also Vorgehensweisen, und zweitens 36 Benennungen von

Listtechniken, also 36 Strategemformeln, welche die verschiedenen Listtechniken in einprägsamer und konziser Form sprachlich auf den Punkt bringen.

4.2 Strategem und Listenblindheit

Bei Chinesen, denen die 36 Strategeme oder auch nur einige von ihnen präsent sind, leuchtet schnell einmal eine rote Warnlampe auf, wenn sie mit einem ungewöhnlichen Vorgang konfrontiert sind. Diesen ordnen sie, durch populäre Listgeschichten von Kindesbeinen an mit Strategemen vertraut, oft unwillkürlich irgendeinem Strategem zu. Eine List wird womöglich selbst dann vermutet, wenn objektiv gar keine List vorhanden ist. Aber die hochgradige Listsensibilität vieler Chinesen, vor allem solcher in Führungspositionen, wirkt wie ein Schutzschild. Wenn auch der Listverdacht in neun von zehn Fällen ins Leere greift und nichts nützt, so mag er doch im zehnten Fall vor einer Schädigung schützen.

Listenblindheit bezeichnet die Unfähigkeit, List zu erkennen, sei es bei einem Gegenüber, bei einem bloß von außen beobachteten Geschehen unter Drittpersonen oder bei eigenen spontanen listigen Aktionen bzw. Reaktionen. Listenblindheit führt zur Listinkompetenz. Selbst eine listenblinde Person wird hier und da eine List anwenden, aber eher unbewusst, aus dem Bauch heraus, ohne das Listige daran zu erkennen. Entsprechend fragwürdig und mangelhaft wird die eigene Listanwendung vielfach sein (*KdL*, S. 147 ff.). Hier kann die chinesische Strategemkunde helfen.

Denn „Modelle und Theorien haben ihre Berechtigung, ohne sie wäre alles noch schwieriger – die viel beschworene Intuition reicht allein kaum zum nachhaltigen Erfolg" (*Handels-Zeitung*, Zürich, 10.03.2004, S.15). Oftmals wird eine listenblinde Person die Gelegenheit zur Anwendung einer hilfreichen, ethisch und rechtlich vertretbaren List verpassen, weil sie nicht über die Kenntnis eines ganzen Arsenals an Listen verfügt. „Seid sanft wie die Tauben und klug wie die Schlangen", rät Jesus Christus. In diesem weitgehend unbekannten Bibelwort könnte man unter „Klugheit" die Befähigung verstehen, destruktive List zu durchschauen und, wenn möglich, zu durchkreuzen. Es wäre also eigentlich durchaus ein christliches Anliegen, nicht listenblind zu sein. Jesus selbst demonstrierte das Gegenteil von Listenblindheit, nämlich Listenwachheit, als er in der Wüste die listige Versuchung Satans durchschaute und durchkreuzte. Leider ist die Aufforderung, klug wie die Schlangen zu sein, in der westlichen Zivilisation auf taube Ohren gestoßen.[1] Aber aus einer anderen Zivilisation[2] bietet sich eine gute Medizin gegen Listenblindheit an: die 36 Strategeme aus dem Reich der Mitte.

4.3 Strategeme, Strategemkunde und Strategem-/Listkundigkeit

Die chinesische Listkenntnis beschränkt sich nicht nur auf 36 listige Redewendungen, also auf 36 Umschreibungen von Listtechniken, sondern beruht auf einer jahrtausendealten Auseinandersetzung mit List in militärtheoretischen Werken, auf einer veritablen Listfibel (s. *www.36strategeme.ch*, „Traktat"), sowie auf einer in China in neuester Zeit aufgeblühten, hunderte von Werken umfassenden Spezialliteratur über die 36 Strategeme.

Unter „Strategemkundigkeit“ verstehe ich das durch das Studium der Strategemkunde erworbene Vermögen, mit List kompetent umzugehen, sei es bei der offensiven Anwendung von List, sei es beim defensiven Durchschauen von List. Strategemkundigkeit ist also auf Schläue basierendes rational strukturiertes problemlösungsorientiertes „Routineabweichungsvermögen“. Gerade im Umgang mit China muss dem ganz normalen, gewöhnlichen Problemlösungsvermögen eine hochgradige Bedeutung zugemessen werden. Ich vertrete keinen „Panstrategemismus“, wonach alles und jedes nur noch in den Kategorien von Strategemen zu analysieren und zu lösen wäre. Gewiss kann es geboten sein, auch scheinbar völlig unlistige, „ganz normale“ Vorgänge durch die strategemische Brille zu betrachten, denn gerade dort mag sich eine List verbergen, die man vielleicht noch rechtzeitig zu durchschauen vermag. Aber bei allem Respekt vor Wachsamkeit und Vorsicht: Über der Beschäftigung mit Strategemen darf man das „Normalwissen“, beispielsweise das juristische, aber auch die Regeln der Etikette und des Anstands, nicht aus den Augen verlieren.

Ein Beispiel: Die deutsche Firma „Diehl“ ließ ihren Namen ins Chinesische übersetzen und auf die Visitenkarten ihrer Mitarbeitenden drucken. Der einheimische chinesische Übersetzer verwechselte offenbar das deutsche „ie“ mit einem „ei“ wie in „Osterei“. Er übersetzte „Diehl“ mit „Dai'ao“.[3] Das Schriftzeichen „dai“ bedeutet „stellvertretend“ und das Schriftzeichen „ao“ „Anmaßung, Arroganz“. So ergab der chinesische Firmenname den imageschädigenden Gesamtsinn „stellvertretende Arroganz“.

An diesem Beispiel zeigt sich die Wichtigkeit der sorgfältigen Bearbeitung völlig unlistiger, „normaler“ Vorgänge im Allgemeinen und im Geschäftsverkehr mit Chinesen im Besonderen. In Fällen wie dem vorliegenden ist zur Kontrolle unbedingt deutschsprachiges sinologisches Fachpersonal hinzuzuziehen. Management sollte stets bedeuten: aus allen Quellen des Wissens schöpfen und davon profitieren.

4.4 Strategem und Strategie

Die beiden Wörter werden oft verwechselt. „Strategem" ist ein anderes Wort für „List". Unter „Strategie" wird im Management üblicherweise „langfristige Planung im Hinblick auf die grundsätzlichen Unternehmensziele" verstanden, im Gegensatz zu „Taktik" im Sinne von „kurzfristiger Planung". Ein langfristiger Plan, also eine Strategie, aber auch ein kurzfristiger Plan, eine Taktik, können völlig unlistig sein. Daher sollte man Strategem, Strategie und Taktik auseinanderhalten. Ein Strategem kann sowohl strategisch eingesetzt werden, also mit einer langfristigen, die grundsätzlichen Unternehmensziele betreffenden Zielsetzung, als auch taktisch, also kurzfristig, sowie operativ, also bei einer übergreifenden Planung mehrerer taktischer Einzelschritte. Zu unterscheiden ist also zwischen einer strategischen, operativen und taktischen Strategemanwendung.

4.5 Strategem und Täuschung

„China versucht, den Westen zu täuschen"[4], „Wie China uns täuscht"[5], „Deception Is Key to Chinese Military Strategies"[6] - Schlagzeilen wie diese lassen erkennen, dass die westliche Aufmerksamkeit auf chinesische Täuschungsmanöver verengt ist. Das ist auch ersichtlich im „Annual Report to Congress“ des U.S. Department of Defense über „Military and Security Developments involving the People’s Republic of China 2022“.[7] Vom listkundigen Umgang Chinas mit der Welt, auch mit dem Westen, insbesondere auch in der Wirtschaft, ist so gut wie nie die Rede. Dass in der Bibliothek Xi Jinpings eine Luxusausgabe der etwa 500 Jahre alten Broschüre „36 Strategeme. Das geheime Buch der Kriegskunst“ steht[8], wird im Westen ignoriert.

Strategem bedeutet „List“. Also ist zu erklären, was eine „List“ ist. List sollte nicht mit Täuschung gleichgesetzt werden. Von diesem Schmalspurverständnis der List sollte man sich lösen. Die beste chinesische Umschreibung der „List“ lautet: „Chu qi zhi sheng“ – „Etwas Außergewöhnliches erzeugen, um den Sieg zu erringen“. Dieser Aussage entspricht die *Duden*-Umschreibung der List: „Mittel, mit dessen Hilfe man (andere täuschend) etwas zu erreichen sucht, was man auf normalem Wege nicht erreichen könnte“. „Andere täuschend“ wird im *Duden* von runden Klammern umrahmt, weil die Täuschung nicht zum Wesen der List gehört. Es gibt also auch täuschungsfreie List. Kurz gesagt: List ist eine schlaue, außergewöhnliche, verblüffende Problemlösung, bei der manchmal – aber keineswegs immer – Täuschung eingesetzt wird.

Die *Duden*-Definition der List ist weitgehend unbekannt. Das Listbewusstsein der meisten Menschen ist zutiefst geprägt von der Vorstellung, List sei ein anderes Wort für Täuschung. Darum hat man hierzulande zunächst etwas Mühe mit dem chinesischen Listbegriff, denn dieser fasst die List sehr weit und erstreckt sich auf vielfältige Verhaltensweisen. Dabei qualifiziert er sogar noch solche Verhaltensweisen als „listig“, die derjenige als „unlistig“ empfindet, der unter List üblicherweise nur Täuschung versteht. Auf den (chinesischen) weiten Listbegriff muss man sich einlassen und ihn sich aneignen, wenn man nicht durch Verhaltensweisen abgehängt werden will, die aus chinesischer Sicht listig sind, die man aber, da ihnen keinerlei Täuschung anhaftet, nicht weiter beachtet und gegen die man sich dahier auch nicht wappnet.

Im *NZZ*-Folio vom Januar 2024 erschien ein Artikel mit dem Titel „Unehrlich währt am längsten".[9] Solch ein einseitiger Artikeltitel ist wie erwähnt in China schwer vorstellbar. Chinesen neigen dazu, Gegensätze zu überblicken, also das eine nicht ohne das andere in Betracht zu ziehen. Chinesischem Denken würden die Aussagen „Ehrlich und unehrlich währen am längsten" beziehungsweise „Unlistig und listig währen am längsten" eher entsprechen. „Ehrlich" verzichtet auf jedwede Täusch, „unehrlich" bedient sich der Täuschung. Somit ist das Gegensatzpaar „ehrlich–unehrlich" täuschungszentriert. Es öffnet nicht die Augen für den Umstand, dass auch im täuschungsfreien Raum mit Fallen zu rechnen ist. Die List, so wie sie im *Duden* und in China verstanden wird, nämlich als eine Handhabe, die unehrlich mit Täuschung, aber auch ehrlich ohne Täuschung operiert, ist es, mit der man rechnen und über die man sich daher kundig machen sollte. Die täuschungsfreie List steht nicht im Gegensatz zur Ehrlichkeit, sondern zur Schlafmützigkeit. Diese leistet wonöglich mehr Rückschlägen im menschlichen Leben Vorschub als die Unehrlichkeit. Die Kombination von ‚listig' und ‚unlistig' deckt daher viel mehr aktive und defensive Handlungsoptionen ab als die, die sie sich im engen Rahmen von ‚ehrlich' und ‚unehrlich' eröffnen.

4.6 Strategem und Lüge

Die List wurde meines Wissens noch nie von einem abendländischen Philosophen definiert, die Lüge aber schon früh. Bereits Augustinus (354–430) – falls man ihn als Philosophen bezeichnen darf – erklärte, was eine Lüge sei, nämlich „eine falsche, mit dem Willen zur Täuschung vorgebrachte Bezeichnung".[10] Später fügten andere Denker noch zwei Elemente hinzu, nämlich dass beim Empfänger tatsächlich eine falsche Vorstellung hervorgerufen werde und dass dieser einen Anspruch auf eine wahre Auskunft habe.

Im heutigen deutschsprachigen Schrifttum wimmelt es geradezu vor Büchern mit dem Wort „Lüge" im Titel. Rar gesät sind dagegen Werke mit dem Wort „List" im Titel. Die Lüge zielt immer auf Täuschung, ob sie nun etwas vorspiegelt oder etwas vertuscht. Somit gehört sie in die Kategorie der Täuschungsstrategeme. Im Wesentlichen wird sie bereits abgedeckt durch ein bestimmtes Strategem, nämlich Strategem Nr. 7 „Aus einem Nichts etwas erzeugen" (Vorspiegelung) oder – im umgedrehten Sinne – „Aus einem Etwas nichts erzeugen" (Vertuschung). Wenn man sich allzu intensiv mit der Lüge, die nur einen kleinen Teil der Strategeme abdeckt, beschäftigt, läuft man Gefahr, das weite lügen- und täuschungsfreie Feld der List zu übersehen und in dieser Hinsicht listenblind zu bleiben.

4.7 Strategeme und Moulüe – Supraplanung

Am 2. Juli 2013 erschien in der *Renmin Ribao* 人民日报, dem Sprachrohr des Zentralkomitees der Kommunistischen Partei Chinas, ein ganzseitiges Inserat über eine „Sammlung von 30 überlieferten klassischen chinesischen Werken."[11] Sie wurde in einer limitieren Auflage von 500 Exemplaren zum Preis von 36 000 Yuan angeboten. Unter die 30 klassischen chinesischen Werke war neben den Gesprächen des

Konfuzius und Lao Zis Daodejing auch das Traktat *Die 36 Strategeme. Das geheime Buch der Kriegskunst* eingereiht. Der diesem Buch gewidmete Werbetext lautet:

„Dieses Buch verallgemeinert das Strategem[wissen] der Militärexperten der chinesischen Antike. Es ist ein berühmtes Werk der militärischen Moulüe und der Inbegriff der Militärexpertise und des Einfallsreichtums der aufeinanderfolgenden Epochen [der chinesischen Geschichte]. Nicht nur für angemessene Maßnahmen im militärischen Bereich und im politischen Kampf, sondern auch für das gesamte soziale Leben, für Wirtschaft und Diplomatie sowie für den zwischenmenschlichen Umgang ist es im höchsten Maße umsetzbar."

Aus diesem Werbetext ist Zweierlei ersichtlich. Erstens, dass die 36 Strategeme in allen Bereichen menschlichen Lebens, so auch in der Wirtschaft, angesiedelt sind. Zum zweiten, dass die 36 Strategeme nicht ein isoliertes Arsenal von Methoden zum Erreichen von Zielen, sondern in das chinesische Konzept der Wirklichkeitsgestaltung, „Moulüe" genannt, eingebunden sind.

Ich brauchte lange, bis ich eine passende deutsche Übersetzung für „Moulüe" fand, nämlich „Supraplanung" mit dem lateinischen Wort „supra" = „über", und zwar deshalb, weil dieses chinesische Konzept der Wirklichkeitsgestaltung in jeder Hinsicht über den Horizont westlichen Planungsdenkens hinausgreift.

Den Leserinnen und Lesern des vorliegenden Buches wird empfohlen, sich über „Moulüe" beziehungsweise „Supraplanung" kundig zu machen, und zwar im einzigen westlichen Buch über diesen Gegenstand, S. *SP 2024*.

4.8 Strategem und Weisheit

Findet man für ein Problem eine Lösung jenseits ausgetretener Pfade, welche den Gegenspieler überrascht, so zeugt das aus chinesischer Sicht von Klugheit und Findigkeit. Kein Wunder, dass das zentrale chinesische Schriftzeichen für „Weisheit", „Klugheit", das unter anderem eine konfuzianische Kardinaltugend bezeichnet, nämlich gleichzeitig auch „Strategem" bedeutet. Strategemkundigkeit erscheint also als Zeichen der Klugheit. Der Weise darf, ja soll sich in Listen auskennen, sie vor allem durchschauen – und wird dafür bewundert.

智

Listenblindheit gilt als Dummheit und ist der Lächerlichkeit preisgegeben. Natürlich ist die Klugheit des Listigen stets relativ. Ein Dummer ist im Vergleich zu einem noch Dümmeren ein bisschen klüger und vermag ihn mit seiner „kleinen Klugheit (xiao congming)" über den Tisch zu ziehen.

Selbst in solch einem Fall verfügt der Listanwender über etwas mehr Intelligenz als das Listopfer. Wenn man weiß, dass Chinesen List als schlaue außergewöhnliche Problemlösungsmethode verstehen, wundert man sich nicht, dass sie die List als einen Ausfluss von Kreativität und Klugheit bewundern. Aus chinesischer Sicht ist die List ein Produkt der Weisheit, des Intellekts. Für Chinesen mit ihrer Auffassung von *sapientia* (Weisheit) ist der *Homo sapiens* immer auch ein *Homo dolosus*. Ganz anders im Abendland – schrieb doch beispielsweise der englische Aufklärer John Locke, die List sei bloß der Affe der Weisheit. Sie ähnele der Weisheit, sei aber von der Weisheit genauso wesenhaft verschieden wie der Affe vom Menschen. Gewiss hatte die Weisheit (métis) im antiken Hellas auch einen listigen Einschlag, doch „begegnen wir in Griechenland nirgendwo einer Theorie über sie“ (Jullien, S. 22). Selbst das deutsche Wort „List“ bedeutete in einer frühen Phase „Weisheit“. Aber das waren Episoden in der Geschichte des abendländischen Weisheitsbegriffs. Im Reich der Mitte behielt das oben abgebildete Schriftzeichen über die Jahrtausende die Doppelbedeutung „Weisheit“ und „Strategem“.

Chinesen kultivierten also die List seit Äonen. Abendländer verniedlichten, verteufelten oder ignorierten die List zumindest in der christlichen Ära. Angesichts dessen ist es nicht erstaunlich, dass nicht Europäer, sondern Chinesen die (soweit bekannt) einzige Listenliste der Welt - die 36 Strategeme - zusammengestellt haben.

4.9 Strategem und Ökonomie

Von 2001 bis 2007 fand an der wirtschaftswissenschaftlichen Fakultät der Albert-Ludwigs-Universität Freiburg auf meine Anregung hin jeweils im Sommersemester ein interdisziplinäres Seminar über „Die List in der Wirtschaft“ statt. Dieses Seminar stößt auf großes Interesse bei den angehenden Betriebswirtschaftlern. Ein Ergebnis dieser Seminare war die Erkenntnis, dass in der Wirtschaftswissenschaft die List als Forschungsthema keine Rolle spielt. Dies, obwohl die Wirtschaft offensichtlich ein idealer Nährboden für die Anwendung von Strategemen ist, und zwar infolge der zahlreichen Informationsasymmetrien, Zieldivergenzen und Machtgefälle unter den Akteuren des Wirtschaftsgeschehens, infolge der besonders im Zeitalter der Globalisierung immer schwerer überblickbaren Handlungsspielräume im Wirtschaftsgeschehen, der „Anarchie der globalen Ordnung, die eigentlich eine Unordnung ist“ (*Die Zeit*, 08.11.2001, S.43) und infolge der gewaltigen Rolle der mit Tricks leicht manipulierbaren Psychologie der Wirtschaftsteilnehmer und -teilnehmerinnen.

Einer der beteiligten Wirtschaftsdozenten meinte, dass man mit der Listoptik einen anderen Zugang zum Verständnis vieler wirtschaftlicher Phänomene finden und zahlreiche wirtschaftliche Erscheinungen nach anderen Gliederungskriterien einordnen könne.

Mir drängte sich der Eindruck auf, dass sich die Wirtschaftswissenschaft krampfhaft bemüht, die List auszublenden. So wird in der herrschenden Mainstream-Wirtschaftstheorie vom *Homo oeconomicus* gesagt, er sei ein eigeninteressierter Nutzenmaximierer, der strikt rational handle. Meine Frage nach dem Inhalt dieses strikt rationalen Handelns wurde im Laufe der Seminare über „List in der Wirtschaft“ jeweils in einer Weise beantwortet, dass listkundiges Handeln offensichtlich nicht darunter fällt. Auch gewisse Fachausdrücke, die die Wirtschaftswissenschaft verwendet, scheinen darauf angelegt zu sein, die List aus dem Gesichtsfeld zu verbannen. Zum Beispiel wird als *„moral hazard“*, also als *„moralisches* Risiko“, ein nachvertragliches sogenanntes „opportunistisches“ Verhalten bezeichnet. Es besteht etwa darin, dass im Verhältnis zwischen Auftraggeber und Auftragnehmer der Auftragnehmer neue Erkenntnisse nicht oder derart mitteilt, dass der Auftraggeber falsche Schlüsse zieht. Ein solches Verhalten nennen Wirtschaftswissenschaftler „opportunistisch“. Mit der Bezeichnung „opportunistisch“ wird meines Erachtens vom listigen Charakter des Vorgangs abgelenkt. Statt den Vorgang in die Ethik abzuschieben und von „moralischem Risiko" zu sprechen, könnte man klarsichtiger von „strategemischem" Risiko und statt von „opportunistisch" besser von „listig" sprechen.

4.10 Strategem und „Wirtschaftskrieg"

Auf beiden Seiten der Taiwanstraße werden zahlreiche Strategembücher angeboten. Sie entspringen der chinesischen Neigung, den „Marktplatz" mit einem „Kriegsschauplatz" zu vergleichen („shangchang ru zhanchang"). Diese Auffassung stößt freilich nicht nur auf Zustimmung.

> *„Die 36 Strategeme sind eine Militärphilosophie, die uns die Vorfahren als kulturelles Erbe hinterlassen haben. Sie dienen vor allem dazu, mit dem militärischen Feind fertig zu werden. Aber womit es heutzutage das Gewerbe zu tun hat, sind Genossen, denen Respekt und Fürsorge gebührt. Deswegen sollte man das Handelsgewerbe nicht als ‚Geschäftskrieg' bezeichnen. Im Rahmen der wirtschaftlichen Konkurrenz sollten beide Seiten gewinnen. Der Grundsatz in unseren zwischenmenschlichen Beziehungen sollte lauten ‚sich helfen statt bekämpfen', und die Richtschnur im Handel sollte die kaufmännische Tugend sein."*
>
> *(„Die 36 Strategeme in Frage gestellt", in: Abendzeitung Neues Volk, Shanghai, 19.05.2002, S.13, s. auch Strategeme 2, S.20ff., 24ff.)*

Trotz solcher vereinzelter Warnungen geht man in China vielfach davon aus, dass die Weisheit, die einem General in einer Schlacht zur Seite steht, dieselbe sei, die den Kaufmann in seinem Geschäftsleben anleite. Dies ist in China eine über 2000 Jahre alte Vorstellung. Mehr als 50 Bücher behandeln in der einen oder anderen Form das Thema

„36 Strategeme und Wirtschaftskrieg“. Daneben gibt es auch Bücher mit weniger martialischen Titeln wie *Die 36 Strategeme und das Unternehmensmanagement* (2.Aufl., Lanzhou 2003). Keines dieser Bücher wurde, soweit bekannt, bis heute in eine westliche Sprache übersetzt. In diesen Werken ist eine militärisch gefärbte Sicht wirtschaftlicher Belange unverkennbar, tendenziell beispielsweise in dem Sinne, dass der Kunde als „Feind“ betrachtet wird, der zu „besiegen“ ist. Diese Sicht der Dinge erstreckt sich über China hinaus auf andere „Essstäbchen-Staaten (chopstickcountries)“ wie Singapur, Japan, Vietnam und Korea, wo die 36 Strategeme keine unbekannte Größe sind.

Nicht nur über chinesische Konkurrenten sagen Westler, „sie agieren, als sei Krieg“ (*Der Spiegel*, Nr.50/2002, S.150). Auch in Bezug auf das Abendland kann man Sätze hören wie – aus dem Munde eines Zürcher Managers –, in der Welt der Wirtschaft „herrscht Krieg“ (*Das Magazin*, Wochenendbeilage des *TA*, Nr.08/2004, S.22). In Paris gibt es gar eine „Schule für Wirtschaftskrieg“ (*HBM*, November 2003, S.74ff.; Gewann 2024 eine Auszeichnung „Meilleure formation en intelligence économique 2024!“, *https://www.ege.fr/*, a.a. 16.03.2024). Wörter wie „Preiskrieg“ sind in unseren Breiten nicht ungewöhnlich und – ebenso wie im Reich der Mitte – nicht immer so drastisch gemeint, wie sie klingen. Auf jeden Fall muss man sich, wenn man Management und Wirtschaft durch die Brille der Strategemkunde betrachtet, auf eine manchmal etwas martialisch anmutende Sicht der Dinge einstellen.

4.11 Strategem und Management

Ähnlich wie „Strategie" wird das Wort „Management" nachgerade inflationär benutzt, wird doch sogar Jesus als Manager bezeichnet.[12] Wenn eine Putzfrau als „Entsorgungsmanagerin", ein Hilfsbuchhalter als „Finanzmanager", ein Gastwirt als „Restaurantmanager" und ein Hausmeister als „Facility Manager" firmieren, dann hat dieser Wortgebrauch eine strategemische Komponente (Strategem Nr. 29: „Einen [dürren] Baum mit [künstlichen] Blumen schmücken"). Alle möglichen Betätigungsfelder werden heutzutage mit dem Zusatz „Management" geschmückt, von „Qualitätsmanagement" über „Wassermanagement" bis hin zum – für Burn-out-gefährdete Manager – „Gesundheitsmanagement". Zahlreiche in Mode gekommene Managementkonzepte, die mit englischen Fachtermini wie „Customer Relationship Management" bezeichnet werden, spiegeln vielleicht auch manchmal mehr vor, als sie halten. Management gibt es nicht nur in der Industrie, sondern auch, unter dem Namen „New Public Management" oder – in biederem Deutsch – „wirkungsorientierte Verwaltungsführung", in der staatlichen Verwaltung. Managementqualitäten werden von Politikern erwartet. So kann Politiker der Vorwurf eines „miserablen Managements" treffen. Allerdings ist es für einen Politiker kein Kompliment, wenn über ihn gesagt wird, er werde „höchstens als Manager, als Technokrat, als Dribbelkünstler und Manipulator akzeptiert" (*NZZ*, 07./08.02.2004, S. 3). Aber nicht nur für Wirtschaftsleute und Politiker/Politikerinnen, selbst für eine Mutter „sind Managementqualitäten unerlässlich" (*NZZ*, 21.11.2000, S. B.3; „Female Leadership: Das macht Mütter als Managerinnen so stark – und für uns unverzichtbar, 17.12.2021, *https://de.linkedin.com/pulse/female-leadership-das-macht-m%C3%BCtter-als-managerinnen-so-stark-*, a. a. 16.03.2024).

„Der Manager analysiert, plant, kalkuliert, teilt Ressourcen zu und überwacht die Zielerreichung. Er führt Führungssysteme ein, organisiert Abläufe, koordiniert zwischen verschiedenen Verantwortungsbereichen und stellt Ordnung und Konstanz her. Er ist eher der optimierende Technokrat, der sein Tun nach Zahlen richtet und ganz im Sinne von Peter Drucker, ‚what gets measured gets managed', handelt." Als Führungskraft erkennt und schafft er „eine Marschrichtung, erzeugt großes Vertrauen und bewirkt eine Aufbruchstimmung, die zu Veränderungen führt, und zwar ohne dass der Vergangenheit nachgetrauert wird. Er lebt das vor, was er predigt" (*NZZ*, 21. 11. 2000, S. B.1; siehe auch „Die zehn wichtigsten Führungsqualitäten für Manager", *https://www.michaelpage.de/advice/management-tipps/leadership/zehn-wichtigsten-fuhrungsqualitaten-manager*, a. a. 16. 03. 2024).

Mancher Manager oder manche Managerin entsprechen diesem Idealbild allerdings nicht. „Viele Wirtschaftsführer haben sich durch stümperhaftes Verhalten diskreditiert. Noch verheerender war das häufig manifest gewordene Fehlen von Anstand und Moral ... Gier und ein gewisser Realitätsverlust scheinen manche Manager zu schamlosen Bereicherungen verführt zu haben, manchmal noch knapp diesseits der Grenze der Legalität, manchmal schon jenseits. Mit üblen Gauklertricks und der bewussten Irreführung der gesamten Öffentlichkeit, von den Aktionären bis zu den Behörden, hat der Vertrauensbruch eine neue Qualität erreicht" (*NZZ*, 13./14. 07. 2002, S. 19).

Zahlreiche ganz und gar unlistige Managementmethoden wurden im Westen erdacht.[13] Dieses für Systemintegration und die Optimierung aller Unternehmensprozesse sorgende Management-Know-how zur Sicherung klarer Strukturen und geordneter Vorgänge sowie zur Ankurbelung von Initiative und Innovation gerade auch auf mittleren Führungsebenen ist eines der Elemente der westlichen Zivilisation, welche Chinesen der Volksrepublik China bei uns eifrig studieren und in das Reich der Mitte einführen. „Wir wollen mit dem Import von Kapital und Know-how, fortschrittlicher Technik und *modernem Management* neue Produkte schaffen", sagte beispielsweise bereits Zhang Lichang, Mitglied des 25-köpfigen Politbüros der Kommunistischen Partei Chinas und Parteichef der Industrie- und Handelsstadt Tianjin (*Der Spiegel*, Nr. 17/2004, S. 115). Aber Chinesen unterlassen es nicht, sich parallel dazu auch über die Anwendbarkeit der 36 Strategeme beim Management unterweisen zu lassen. Dabei geht es um die schon vor etwa 2500 Jahren im ältesten Militärtraktat der Welt (*Sun Zi. Die Kunst des Krieges*) geforderte Verknüpfung von regulären Methoden (hier: westlichen Managementkonzepten) mit schlauen, die üblichen Denkmuster sprengenden Vorgehensweisen, wie sie sich in den 36 Strategemen kristallisieren. Beides, westliches Managementwissen und chinesische Strategemkunst, ist aus chinesischer Sicht unverzichtbar (Li, S. 3). Solch eine Kombination kann auch das westliche Management über pure Leistungsbereitschaft, Ausdauer und Zielfixiertheit hinaus zu beweglichem Denken sowie zu mehrdimensionaler und assoziativer Wahrnehmung verhelfen, wobei das Tun ethisch und rechtlich fundiert sein sollte.

In Werken der Fachliteratur bezeichnen die beiden Wörter „Managen" und „Führen" nicht selten dasselbe. Schließlich bedeutet das englische Verb „to manage" unter anderem „leiten", „führen". „Manager" soll hier in einem weiten Sinn verstanden werden, als meist angestellte, gegebenenfalls aber auch selbstständige Führungskraft, also als eine Person in einer anordnungsberechtigten Stelle innerhalb einer hierarchisch aufgebauten Organisationsstruktur, die leitende Aufgaben auf verschiedenen Ebenen der Hierarchie erfüllt, und zwar in der Wirtschaft, aber auch in anderen Bereichen. Das Management steht in einem vielfältigen Lebensgeflecht und kommt daher mit ganz unterschiedlichen strategemischen Situationen, nicht nur mit den Intrigen des Geschäftslebens, in Berührung. Deshalb wäre es falsch, das Thema „36 Strategeme für das Management" zu eng zu fassen. Auf jeden Fall sollte insbesondere das global tätige Management nicht nur über Geld, sondern auch Strategemkompetenz verfügen. Denn diese vermag denjenigen Marktteilnehmern Vorteile zu verschaffen, die nicht stets die alten, bekannten „Weisheiten" nachbeten und zu nutzen suchen, sondern unkonventionell denken, Regeln infrage stellen, die Kraft der eigenen Kreativität nutzen und sich so Innovations- und Handlungsvorteile schaffen.

4.12 Die 36 Strategeme und Sun Zi

„Im Osten lärmen, im Westen angreifen", „Den Tiger aus den Bergen locken", „Mit dem Lächeln einen Dolch verbergen" und „Entspannt auf den Abgearbeiteten warten" – diese vier teilweise etwas unbeholfen ins Deutsche übersetzten Strategeme aus dem Katalog der 36 Strategeme zieren eine Sonderbeilage der *Financial Times Deutschland* über die Volksrepublik China. Als Quelle der vier Strategeme wird jeweils Sun Zi angegeben. Über ihn schreibt die renommierte Zeitung in einem erläuternden Text: „Sun Zi kennt die Nachwelt nur durch ein heute oft von Managern gelesenes Buch, das ihm zugeschrieben wird: ‚Die Kunst des Krieges'" (*FTD*, 28.11.2003, S.32).

Drei der vier von *Financial Times Deutschland* veröffentlichten Strategeme stammen nicht von Sun Zi (s. im Einzelnen *KdL*, S.58, 61, 63, 65). Einzig die Formel „Ausgeruht den erschöpften Feind erwarten" (von der *FTD* ungenau übersetzt als „Entspannt auf den Abgearbeiteten warten“) ist auf Sun Zi zurückzuführen (*Sun Zi 2023*, S. 39, 7. Kapitel „Das Ringen der Armeen“). Sie steht im Katalog der 36 Strategeme an vierter Stelle. Der Irrtum der *Financial Times Deutschland* ist nicht untypisch. So werden auch in einem 2003 erschienenen US-Managementbuch die 36 Strategeme mit Sun Zi verknüpft, der „wahrscheinlich von den 36 Strategemen Kenntnis gehabt habe“.[14] Es herrscht also einige Verwirrung um Sun Zi und die 36 Strategeme. Sun Zi, der ein Zeitgenosse des Konfuzius (551–479 v. u. Z.) gewesen sein soll, hat nur ein einziges der 36 Strategeme, nämlich das soeben erwähnte, formuliert. Die anderen 35 Strategeme haben andere Chinesen in unterschiedlichen Jahrhunderten, zumeist lange nach Sun Zi, in Worte gefasst.

In *Sun Zi. Die Kunst des Krieges* werden grundlegende Fachausdrücke und Gedanken der später ausgereiften chinesischen Strategemkunde eingeführt (s. *KdL*, S. 46 ff.). So werden in dem Buch „Zwölf listige Wege“ aufgezählt (*36 Strategeme 2*, S. 47 ff., *Sun Zi 2023*, S. 9, 1. Kapitel „Kalküle“). Vergleicht man den Wortlaut der zwölf listigen Wege mit den 36 Strategemen, dann stellt man eine einzige Übereinstimmung fest. Die chinesische Umschreibung des elften listigen Weges entspricht beinahe wörtlich dem Strategem Nr. 4 „Ausgeruht den erschöpften Feind erwarten“. Man kann ferner eine geistige Verbindung zwischen einigen der zwölf listigen Wege und gewissen Strategemen aus dem Katalog der 36 Strategeme erkennen.

Auch wenn die zwölf listigen Wege Sun Zis die 36 Strategeme in inhaltlicher Hinsicht noch anderweitig befruchtet haben mögen, so kann man doch nicht behaupten, Sun Zi habe die 36 Strategeme formuliert. Zwischen dem Werk des Sun Zi und den 36 Strategemen klafft eine zeitliche Distanz von gut zwei Jahrtausenden. *Sun Zi. Die Kunst des Krieges* behandelt den Gesamtkomplex der Kriegsführung, sowohl die konventionelle, nichtlistige, als auch die nichtkonventionell-listkundige (*SP 2024, Klaviatur*). So schuf Sun Zi Grundlagen der chinesischen Strategemkunde.[15] Die Beschäftigung mit der List war aber nur ein Teilanliegen von Sun Zi. Diesen besonderen Aspekt von *Sun Zi. Die Kunst des Krieges* greift der Katalog der 36 Strategeme auf. In komprimierter Form gibt diese „List-Datenbank" die chinesische Listweisheit auf einer im Vergleich zu Sun Zi weitaus höheren Entwicklungsstufe und angereichert durch den List-Erfahrungsschatz aus den 20 nach dem Tode des Sun Zi verflossenen Jahrhunderten wieder.

4.13 Eine in Europa nie, in China oft gestellte Frage

Das Listwahrnehmungsgefälle zwischen Europäern und Chinesen mag je ein Zitat aus Machiavellis berühmtestem Werk *Der Fürst* und aus einem der bekanntesten chinesischen Volksromane *Reise in den Westen* verdeutlichen. Machiavelli (1469–1527), an den im Westen bei dem Wort „List" wohl unwillkürlich gedacht wird, benutzt in seinem Werk *Der Fürst* einige Male das Wort List, aber nie benennt er eine konkrete Listtechnik. Er schildert nur vereinzelte listige Vorgehensweisen, gibt also Listanekdoten wieder.

So schreibt er, Cesare Borgia „griff zur Hinterlist" (*Der Fürst*, 7. Kapitel). Doch dann beschreibt er den puren Handlungsablauf: „Er konnte seine Gesinnung so verbergen, dass die Orsini sich mit ihm [...] versöhnten [...] und ihre Einfältigkeit sie ihm in Sinigaglia in die Hände führte", wo er sie ermorden ließ (s. *36 Strategeme 2*, S. 275 f.).[16]

Eine Stelle wie diese, in der der Verfasser in seinem Text ausdrücklich von einer „List" spricht, ist die höchste Stufe des Listbewusstseins, wie es in westlichen literarischen oder wissenschaftlichen Werken aus den annähernd drei Jahrtausenden seit dem antiken Hellas festzustellen ist. Die List, die Cesare Borgia benutzte, benennt Machiavelli nicht. Wer den chinesischen Katalog der 36 Strategeme kennt, kann Borgias List sogleich identifizieren. Er benutzte Strategem Nr. 10 „Hinter dem Lächeln den Dolch verbergen". Hätten Cesare Borgias Listopfer den Katalog der 36 Strategeme und damit das Strategem Nr. 10 gekannt, wären sie angesichts von Borgias tödlicher Charmeoffensive vielleicht etwas wachsamer gewesen und nicht so vertrauensselig-listenblind darauf hereingefallen.

Eine Stufe höher als bei Machiavelli zeigt sich die Listwahrnehmung im Roman *Reise in den Westen* aus der Ming-Zeit (1368–1644), der in dieser Beziehung repräsentativ für die Präzision ist, mit der Chinesen List erkennen. An einer Stelle bekämpft der Affenkönig ein Monster. Geschlagen flieht dieses vom Kampfplatz. Der Affenkönig und sein Begleiter, der Schweinsmönch, folgen ihm auf den Fersen. Das Monster weiß nicht mehr ein und aus. Und nun folgt ein Originalzitat aus dem Roman *Reise in den Westen*:

> *„Da benutzte das Monster das Strategem Die Zikade entschlüpft ihrer goldglänzenden Hülle. Es wälzte sich auf dem Boden und nahm wieder seine ursprüngliche Tigergestalt an. [...] Das Monster sah die Verfolger immer näher heraneilen. Es schlug ein Loch in sein Brustfell und zog sich das Fell ab. Dann streifte es das Fell einem großen Felsen über und verwandelte sich in einen heftigen Windstoß. [...] Als das Monster später seinem Herrn, dem König des Gelben Windes, Bericht erstattete, hob es besonders hervor: ‚Gerade als sie herankamen und mich angreifen wollten, setzte ich das Strategem Die Zikade entschlüpft ihrer goldglänzen-*

den Hülle ein.' [...] Der Affenkönig und der Schweinsmönch hatten beobachtet, wie der Tiger hinfiel und lang ausgestreckt auf einem Felsen liegen blieb. Der Affenkönig hob seine Eisenstange hervor und wuchtete sie mit aller Kraft nieder, aber sie prallte lediglich am harten Stein ab [...]. Ebenso schlug der Schweinsmönch mit seiner Harke zu, doch auch ihre Zinken schnellten klirrend wieder in die Höhe. Erst jetzt erkannten sie, dass sie auf ein bloßes Tigerfell eingeschlagen hatten [...]. Verblüfft rief der Affenkönig aus: ‚Nicht doch, nicht doch! Wir sind seinem Strategem aufgesessen!' - ‚Welchem Strategem?', fragte der Schweinsmönch. - ‚Es heißt Die Zikade entschlüpft ihrer goldglänzenden Hülle. Das Monster hat das Tigerfell über diesen Felsbrocken gelegt und sich gemütlich davongemacht.'"[17]

Hier wird nicht bloß ein listiger Vorgang geschildert. Darüber hinaus bezeichnen Verfasser, Listopfer und Listanwender die dabei eingesetzte Listtechnik übereinstimmend mit der Strategemformel, die im Katalog der 36 Strategeme unter der Nummer 21 firmiert. Ein derart hoher Grad an Listfachkenntnis dürfte in der gesamten westlichen Literatur, unter Einschluss der modernen Managementliteratur, nirgends dokumentiert sein. Die Frage: „Welchem Strategem sind wir zum Opfer gefallen?", dürfte man in Europa, seit es Europa gibt, noch nie gestellt haben, weder in einem Roman noch im wirklichen Leben. Das ist eine Frage, die sich Europäerinnen oder Europäer nicht stellen können, da sie über keine Terminologie für verschiedene Listtechniken verfügen.

Was in der Sprache fehlt, fehlt auch im Denken. In Ermangelung einer geeigneten Listterminologie kann ein Europäer gar nicht rational über List nachdenken und darüber kompetent kommunizieren. Für Europäer ist jeder Listvorgang immer wieder eine neue List. Kein Wunder, dass der preußische König Friedrich der Große (1712–1786) meinte: „Die Zahl der Strategeme ist unendlich" (Larousse, S. 1132).

4.14 Carl von Clausewitz' Ansicht über die List – fünf Mal vom Kopf auf die Füße gestellt

Abendländische Vorurteile über die List verdichten sich in einer Äußerung des preußischen Militärtheoretikers Carl von Clausewitz (1780–1831) in knappster Form:

> *„Je schwächer aber die Kräfte werden, welche der strategischen Führung unterworfen sind, umso zugänglicher wird diese der List sein, so dass dem ganz Schwachen und Kleinen, für den keine Vorsicht, keine Weisheit mehr ausreicht, auf dem Punkt, wo ihn alle Kunst zu verlassen scheint, die List sich als die letzte Hilfe desselben anbietet. Je hilfloser seine Lage ist, je mehr sich alles in einem einzigen verzweiflungsvollen Schlag zusammendrängt, umso williger tritt die List seiner Kühnheit zur Seite."*[18]

Fünf Vorurteile spiegeln sich in diesen Worten:

1. An das Durchschauen gegnerischer List – nur der Notbehelf eines „ganz schwachen" Gegners, also etwas Nichtiges – verschwendet von Clausewitz nicht den Hauch eines Gedankens. List hat man nicht zu durchschauen, sondern nur – in letzter Sekunde – anzuwenden.
2. Laut von Clausewitz gibt es die Konstellation „Macht + List" nicht. Das ist der Nährboden für eine doppelte Listenblindheit: a) Seitens eines mächtigen Opponenten, z.B. eines Weltkonzerns, erwartet man keine Listanwendung, sondern nur die pure, leicht durchschaubare Machtentfaltung. b) Ist man selbst mächtig, wird man keine unnötigen Gedanken an Listanwendung verschwenden und nur die Muskeln spielen lassen (was sehr unökonomisch sein kann).

3. Für von Clausewitz kommt List dann zum Zuge, wenn die Weisheit ausgedient hat. Er trennt die List von der Weisheit bzw. Intelligenz. Woher kommt dann wohl die List? Offenbar aus dem Bauch heraus, sie ist das Zufallsergebnis spontaner intuitiver Eingebung.
4. Für von Clausewitz hat List nichts mit Vorsicht zu tun. Ein nach allen Seiten hin sorgfältig bedachtes, reiflich überlegtes listiges Kalkül scheint von Clausewitz fremd zu sein. List ist für ihn ein Produkt tollkühnen Draufgängertums. Listig handelt der Hasardeur. Mit dieser Auffassung leistet von Clausewitz einem rein instinktiven, laienhaften Einsatz der List Vorschub, wie er für Europäer typisch ist und wie er Europäern immer wieder schadet.
5. Da die List bloß „die letzte Hilfe" ist, nimmt sie von Clausewitz offensichtlich nur als taktisches Mittel im Sinne einer Rettung in letzter Minute wahr. Damit blockiert von Clausewitz jeden Denkansatz betreffend strategische Listanwendungen.

Kein Wunder, dass in der westlichen Managementliteratur die List keine Rolle zu spielen scheint. Zum Beispiel fehlt in dem monumentalen, aus dem Englischen übersetzten Werk *Campus Management* (2 Bände, Frankfurt/New York 2003, 2160 Seiten) im Sachregister das Stichwort „List", obwohl dieses Wort in besagtem Kompendium – ganz am Rande – vereinzelt vorkommt. Ein erfolgreiches Management ohne jede List suggeriert das aus dem Amerikanischen übersetzte Buch Stuart Crainers *Die 75 besten Managemententscheidungen aller Zeiten* (Wien/Frankfurt 2000). Darin kommen Wörter wie List oder Trick nicht ein einziges Mal vor, nur gerade die „Schlauheit" wird ein Mal – in negativem Kontext – erwähnt (a.a.O., S. 205). In üblichen westlichsprachigen Managementfibeln für das Reich der Mitte werden Strategeme meist totgeschwiegen. So weisen zwei US-Autoren in Bezug auf das Verhandeln mit Chinesen auf „Acht Elemente“ hin, auf die man achten müsse, nämlich persönliche Beziehungen (guanxi), die Mittelsperson, den sozialen Rang einer Person, zwischenmenschliche Harmonie, ganzheitliches Denken, Sparsamkeit, Gesicht und Ausdauer. Kein Wort fällt über die chinesische Strategemkundigkeit, auch wenn, als „Taktik“ bezeichnet, die eine oder andere Strategemanwendung beschrieben wird (*HBR*, Oktober 2003, S. 82 ff.).

Nicht mit Missachtung bestraft wird die List im Reich der Mitte. „Chinesen betonen Strategeme, westliche Menschen betonen Gewalt“, behauptet, etwas plakativ, Xue Guo' in in seinem Buch *„Sun Zi. Die Kunst des Krieges“ und „Vom Kriege“ in vergleichender Untersuchung.*[19] Will man einen Beitrag zur Behebung dieses Gegensatzes leisten, muss man zu den fünf Vorurteilen, die von Clausewitz über die List äußert, jeweils die genaue Gegenposition formulieren. Dann gelangt man in etwa zur chinesischen Listkonzeption. Von Clausewitz' Listaussage müsste man demnach wie folgt umformulieren: „Sowohl schwache wie starke Kräfte sind der List zugänglich, die, da eine gefährliche Waffe, wenn immer möglich mit höchster Vorsicht und Weisheit einzusetzen ist, unter kunstvoller Auswahl der im konkreten Fall optimalen Listtechnik, und zwar für beliebige taktische und strategische Ziele. In jeglicher Lage steht List als alternativer Weg zum Ziel grundsätzlich zu Gebote. Die fortwährende Analyse möglicher gegnerischer List ist überlebenswichtig.“

4.15 36 chinesische Strategeme und ihre westliche Nutzanwendung

Die meisten der listigen Verfahrensweisen, welche die 36 Strategeme beschreiben, wurden und werden auch außerhalb Chinas benutzt. Allerdings geschieht dies meist spontan, unreflektiert und ohne dass zur Benennung der listigen Handlung eine griffige sprachliche Formel, wie sie der Katalog der 36 Strategeme bereithält, zur Verfügung steht. List bleibt infolge von Listenblindheit in der Regel unbemerkt und unanalysiert.

Ein Gewinn, den das Management aus dem Katalog der 36 Strategeme ziehen können, ist die Überwindung der Listenblindheit. Unter dieser krankte angeblich schon Eva gegenüber der Schlange und die Namensgeberin unseres Kontinents, die phönizische Königstochter Europa, gegenüber Gott Zeus, der sie erst in der Gestalt eines Stieres aus ihrer Heimat weglockte und dann vergewaltigte (s. *Strategeme 2*, 35.11: Die genasführte Europa). Laut diesen Legenden wurde Listenblindheit den Bewohnern Europas bereits von Urbeginn an in die Wiege gelegt.

Die chinesische Strategemkunde, in deren Mittelpunkt der Katalog der 36 Strategeme steht, stellt dem Management ein recht *umfassendes List-Vokabular* zur Verfügung. Die einzelnen Listtechniken werden im Katalog der 36 Strategeme oft mit - eng oder weit interpretierbaren - Metaphern (*KdL*, S. 76 ff.) umschrieben, woran man sich gewöhnen muss. Das sollte aber nicht schwer fallen: Auch ziehen ja westliche Pastoren biblische Geschichten gleichnishaft zur Deutung aktueller Vorgänge heran.

Als Augenöffner verschafft der Katalog der 36 Strategeme dem westlichen Management einen noch nie da gewesenen *Gesamtüberblick* über die Ressource List als ein die Routine durchbrechendes zusätzliches Mittel zum Erreichen von Zielen. Zudem eröffnet der Gesamtzugriff auf die Ressource List einen globalen Einblick in eine Vielzahl denkbarer Varianten destruktiven listigen Verhaltens und schafft die Voraussetzung dafür, dieses ziemlich umfassend zu durchschauen und rechtzeitig zu durchkreuzen. Gerade die Strategem*prävention*, also das Vorbeugen gegen Schadenslist, müsste dem Management am Herzen liegen.

Wirklichkeit bekommt erst Wert, wenn sie interpretiert wird. Eine Möglichkeit ihrer Interpretation und Strukturierung erschließt das Erkenntnisraster der 36 Strategeme.

Ende 2003 erschien in der Volksrepublik China ein Buch, dessen Verfasser die Erfolge der Computerfirma Cisco aus der Sicht der 36 Strategeme analysiert.[20] Das zeigt, dass die 36 Strategeme mit der daraus entwickelten Fachterminologie ein Erkenntnisnetz bilden, das Chinesen über die Wirklichkeit – sei dies eine chinesische oder eine ausländische – stülpen, um deren listigen Gehalt zu erkennen, sie im strategemkundlichen Sinne zu interpretieren und das Ergebnis, also strategemkundliches Orientierungswissen, als Kompass für das Begehen dieser Wirklichkeit zu nutzen.

Was man sich dank der Strategemkunde aneignet, ist vor allem eine im Westen neuartige recht umfassende listkundige *Sichtweise*. Sie lässt einen die Welt mit geschärften Augen sehen. Vergleichbar ist sie mit einem neuartigen *Scheinwerfer*, der scheinbar Vertrautes anders beleuchtet, wodurch Dinge hervortreten, die bisher unbemerkt blieben, oder Tatbestände, die bisher isoliert wirkten, erstmals überhaupt in einem Sinnzusammenhang oder in einem unerwarteten Kontext erscheinen.

„Ziemlich sicher können Westler bis zu einem gewissen Grad lernen, wie Asiaten zu denken", meint zu Recht der Bremer Psychologieprofessor Ulrich Kühnen (*NZZ am Sonntag*,

28.03.2004, S.76). Die chinesische breit ausgefächerte strategemische Wirklichkeitssicht ist für Europäer, die List eher punktuell und gefühlsmäßig wahrnehmen, gewiss ungewohnt. Aber diese Rationalität der umfassenden Schläue können sich Europäer ohne allzu große Mühe aneignen, zumal sie List nicht seltener anwenden als Chinesen, aber ohne sich dessen in vollem Umfang bewusst zu sein. Europäer praktizieren List unverschämt, verschweigen sie aber verschämt. Nicht aus Europa stammend, liefert die chinesische Strategemkunde einen außerwestlichen „anderen [...] Bezugsrahmen", einen „externen Gesichtspunkt" (François Jullien, *24 Heures*, Genf, 02.05.1996, S.48). Dank diesem können Europäer die sich ihnen darbietende Realität für einmal nicht von einem abendländischen Koordinatensystem aus, sondern von außen betrachten und gegebenenfalls sogar neue Facetten derselben ausfindig und sich zunutze machen.

List wird in jeder menschlichen Gesellschaft eingesetzt, so auch in der westlichen. Man braucht dazu nicht die Kenntnis der 36 Strategeme. Aber ausgestattet mit dieser Kenntnis kann man List planvoller und verantwortungsvoller anwenden und ihren Einsatz optimieren. Man braucht sich nicht mehr nur auf die Spontanintuition zu verlassen, auf den „Bauch" zu hören, sondern man kann jederzeit im Bedarfsfall aus einer ganzen Palette von Strategemen die optimale Listtechnik aussuchen. Unter Berücksichtigung einer Menge von mit der betreffenden Listtechnik assoziierten Präzedenzfällen kann man das eigene listige Vorgehen planen und mögliche Nebenfolgen einkalkulieren. Man kann ferner mit der Liste der 36 Strategeme Aktionen von Opponenten nach möglichen oder mutmaßlichen Strategemen, die sich abzeichnen, abklopfen und sich dagegen frühzeitig wappnen. Und man kann schließlich anhand der Checkliste der 36 Strategeme eigenes Handeln, bevor man zur Tat schreitet, unter dem Gesichtspunkt der Strategemprävention überprüfen, gemäß der Fragestellung: Wie kann ich meine Tat so gestalten, dass das Gegenüber sie nicht strategemisch ausnutzen kann?

Die 36 Strategeme statten Europäer mit einer Interpretationshilfe aus, mit der sie listige Phänomene kohärent verstehen können. Phänomene, die sie ohne diese Sichtweise nur unzutreffend als Zynismus oder Manipulation bezeichnen oder gar nicht beachten, können sie dank der strategemkundlichen Sichtweise in einen großen Gesamtzusammenhang hineinstellen.

Mit Hilfe der chinesischen Strategemkunde können Europäer ihre eigenen abendländischen – unvollständigen – Einsichten über die List auf eine außereuropäische Basis stellen und so nicht nur vertiefen, sondern auch objektivieren. Denn ein auch chinesische Kenntnisse einbeziehendes Wissensfundament ist naturgemäß breiter als eine bloß aus der europäischen Kultur erwachsene Erkenntnisbasis. Die Aneignung der 36 Strategeme versetzt Europäer in die Lage, die reine Listanekdotologie, die bloße Aneinanderreihung von immer neuen, untereinander zusammenhanglos erscheinenden Listereignissen, zu überwinden und stattdessen die zahllosen disparaten Detailinformationen auf einige wenige Grundlinien zurückzuführen. Dabei ist es nicht etwa so, dass die komplexe Realität vereinfacht wird. Vielmehr wird westlichen Menschen durch die Heilung von ihrer Listenblindheit eine komplexe Realität überhaupt erst erschlossen. Sie können zusätzlich zu der ihnen geläufigen Routinelogik, also zur listenblinden Rationalität, die strategemische Logik und damit die listgesteuerte Rationalität beherrschen lernen.

Ohne eigene Denkanstrengung lassen sich aus dem Katalog der 36 Strategeme freilich keine Patentlösungen für den Einzelfall abrufen. Die 36 Strategeme sind kein „Kochbuch“ mit Rezepten für die buchstabengetreue Umsetzung. Bloß Wegrichtungen geben die 36 Strategeme an, sie vermitteln außerroutinemäßige Denkanstöße. Sie heben die in Europa bisher eher nur spontane Listanwendung auf die Ebene des Bewusstseins und unterstellen die Listanwendung dem prüfenden Auge des Intellekts. Den konkreten listigen Weg zum Ziel muss im Einzelfall selbst herausgefunden werden, wobei, stets angeleitet und befruchtet durch die Kenntnis der Strategemkunde, die eigene Intuition, Intelligenz, Phantasie und Kreativität, der Einfallsreichtum, aber nicht zuletzt auch das Sachwissen im Verein mit Eigenschaften wie Geistesgegenwart, Kaltblütigkeit und oftmals Wagemut wichtige Hilfsdienste leisten.

4.16 Sechs Kategorien von Listtechniken

Die systematische Betrachtung von Vorgehensweisen unter dem Gesichtspunkt von Strategemen liegt jenseits des Denkhorizonts westlicher Menschen. Diese sind sich in der Regel gar nicht bewusst, dass man ihr Tun als Anwendung eines oder mehrerer Strategeme auslegen kann. In China gehört es demgegenüber zu einer realistischen Lebenseinstellung, menschliche Aktivitäten gegebenenfalls unter dem Gesichtspunkt der 36 Strategeme zu analysieren.

Bei einer konstruktiven und nicht der Schädigung eines Gegenübers oder dem bloßen Amusement dienenden strategemischen Analyse evaluiert man, ob man einen Vorgang als Anwendung eines bestimmten Strategems interpretieren könnte. Eine ernsthafte strategemische Analyse zielt darauf, durch den Bezug einer Tat auf ein Strategem dieselbe in ein ungewohntes Licht zu tauchen und auf diese Weise dem Augenschein entzogene Aspekte der Tat sichtbar zu machen.

Da die 36 Strategeme von einem weiten Listbegriff ausgehen, der auch die täuschungsfreie List einschließt, erfassen sie recht viele Handlungsweisen. Diese kann man zunächst einer strategemischen Grobanalyse unterziehen, indem man sie einer von sechs Grundkategorien der List zuweist. Danach kann man eine strategemische Feinanalyse vornehmen, durch Zuordnung zu einem oder mehreren der 36 Strategeme. So kann man listige Vorgänge geistig und damit auch praktisch in den Griff bekommen.

Die chinesische Listtechnik-Klaviatur mit ihren 36 Tasten (Klaviatur) lässt sich grob unterteilen in sechs Grundkategorien von Listtechniken:

1. Verschleierungsstrategeme: Sie dienen der Verhüllung einer vorhandenen Wirklichkeit, z.B. Strategem Nr. 10 „Hinter dem Lächeln den Dolch verbergen".
2. Vorspiegelungsstrategeme: Sie dienen dem Vorgaukeln einer nicht vorhandenen Wirklichkeit, z.B. Strategem Nr. 29 „Einen [dürren] Baum mit [künstlichen] Blumen schmücken".
3. Enthüllungsstrategeme: Sie dienen der Aufdeckung einer schwer zugänglichen Wirklichkeit, z.B. Strategem Nr. 13 „Auf das Gras schlagen, um die Schlangen aufzuscheuchen".
4. Ausmünzungsstrategeme: Sie dienen der Ausnutzung einer eigens herbeigeführten oder sich ohne eigenes Dazutun ergebenden Wirklichkeits-Konstellation, z.B. Strategem Nr. 20 „Das Wasser trüben, um die [ihrer klaren Sicht beraubten] Fische zu fangen".
5. Strategemverkettung: Zwei oder mehr kumulativ oder hintereinander eingesetzte Strategeme führen zum Ziel.
6. Flucht-Strategeme: Sie dienen dem Selbstschutz durch Meidung einer prekären Situation, z.B. Strategem Nr. 36

„[Rechtzeitiges] Weglaufen ist [bei sich abzeichnender völliger Aussichtslosigkeit] das Beste".

Keiner eigenen Kategorie ordne ich hier die technisch hybriden Strategeme zu, die nicht nur einer der sechs Kategorien angehören. Man beachte: Bloß die Strategeme der Kategorien 1 und 2 beruhen ihrem Wesen nach auf Täuschung. Sie nenne ich „Täuschungsstrategeme". Die Strategeme der Kategorien 3 bis 5 kommen dagegen grundsätzlich ohne Täuschung aus. Es sind „Präsenz-Strategeme." Sie beruhen auf dem geschickten Umgang mit der uneindeutig-mehrbödigen, facetten- und chancenreichen Wirklichkeit. Wer List mit Lüge/Täuschung/Betrug/Unwahrheit/Unehrlichkeit/Vertrauensbruch gleichsetzt, leistet der partiellen Listenblindheit Vorschub, denn er bewirkt eine Blendung in Bezug auf die reiche Palette der täuschungsfreien Strategeme.

4.17 Vier ethische Kategorien von List

List als solche ist ein bloßes Werkzeug. So wie ein Auto für den lebensrettenden Transport eines Todkranken ins Krankenhaus, aber auch für einen Bankraub eingesetzt werden kann, so kann List guten, aber auch bösen Zwecken dienen. Dass hierzulande eigentlich jedermann die guten Zwecken dienende List akzeptiert, kann man anhand der Reaktion auf Grimms Märchen zeigen. Hänsel und Gretel befördern die Hexe mit List ins Jenseits. Auch das tapfere Schneiderlein tötet die beiden Riesen mit List. Die Listanwendung stört in diesen Fällen niemanden. Daraus kann man ersehen: Auch für uns ist die List an sich ein wertfreies Instrument, so wie ein Auto. Es geht hier nicht um die theoretische Rechtfertigung des Satzes „Der Zweck heiligt die Mittel", sondern lediglich um die Feststellung, dass man in unseren Breiten angesichts von guten Zwecken dienender Listanwendung *spontan* Beifall spendet. In der Lebenswirklichkeit ist die Zustimmung zur List, die Gutem dient, meistens gegeben. Erst wenn westliche Menschen zu theoretisieren anfangen, bekommen sie oft eine Gänsehaut, weil sie List *an sich* als ein fieses, ein teuflisches Werkzeug ansehen. Diese weltfremde theoretische westliche Verurteilung der List entspricht aber in keiner Weise westlicher Lebenspraxis, die voller List ist, aber eben leider meist nur instinktiv aus dem Bauch heraus, also ohne Reflexion und ohne Theorie, ohne Bezug zu Weisheit und Intelligenz, ohne wissenschaftlichen Unterbau.

Wenn man den Zweck der Listanwendung berücksichtigt, sind in ethischer Hinsicht vier Kategorien von List zu unterscheiden:

1. **Schadensstrategeme:** Das zerstörerische, destruktive, egoistische Moment überwiegt.

   Beispiel: die Strategeme von Wirtschaftskriminellen.

2. **Dienst-Strategeme:** Sie sind auf konstruktive Ziele gerichtet.

   Beispiel: die geistesgegenwärtige Anwendung des Kairos-Strategems Nr. 12 „Mit leichter Hand das Schaf wegführen“ zwecks Erkennen und Ausnutzen von Geschäftschancen.

3. **Scherz-Strategeme:** Hier wird List zur Belustigung eingesetzt.

   Beispiel: Scherzartikel im Warensortiment eines Kaufhauses. In der Wirtschaft scheinen Scherz-Strategeme noch kaum erkannt und erschlossen zu sein, insbesondere nicht im Bereich der im Allgemeinen viel zu ernsten Werbung.

4. **Ethisch hybride Strategeme:** Hier weiß man nicht, ob das Destruktive oder das Konstruktive überwiegt, ob man lachen oder weinen soll.

   Beispiel: Gewisse Benetton-Reklamekampagnen, die dank listiger Schock-Provokation (Anwendung des Strategems Nr. 13 „Auf das Gras schlagen, um die Schlangen aufzuscheuchen") Aufsehen erregten und insofern erfolgreich waren, bei denen es einem aber nicht ganz wohl zumute war.

Wenn ich von „Schadens-", „Dienst-", „Scherz-" sowie „hybriden Strategemen" spreche, so meine ich jeweils Strategem*anwendungen* und mitnichten die 36 Strategeme an sich. Die 36 Strategeme bleiben ethisch neutral und sind ethisch nicht klassifizierbar. Die ethische Beurteilung kann nur deren Anwendung betreffen. Jedes der 36 Strategeme kann konstruktiv, destruktiv, zur Belustigung und auf ethisch hybride Weise eingesetzt werden. Solange es kein weltweit von allen acht Milliarden Menschen anerkanntes „Weltethos" gibt, wird die Bewertung von Strategemanwendungen kaum je einhellig sein. Je nach der Position, die man einnimmt, werden die Meinungen auseinandergehen. Wenn ich „destruktiv" oder „konstruktiv" sage, meine ich dies vom Standpunkt der derzeit herrschenden westlichen bürgerlichen allgemeinen Rechts-, Anstands- und Moralnormen.

Schadenslist zeitigt oft nur taktische, d. h. kurzfristige Ergebnisse. Eine strategische, also langfristige Wirkung haben vielfach nur konstruktive Strategeme. Ein zeitgenössischer chinesischer Autor erläutert dies wie folgt:

> *„Von ihrem Wesen her sind Strategeme lediglich von den Menschen zum Erreichen eines Zieles benutzte Mittel, sie sind bloße Werkzeuge, an sich sind sie ohne jede ethische Färbung. [...] Strategeme kann jeder Mensch benutzen. Doch was die Sittlichkeit und Redlichkeit des Strategeman-*

wenders angeht, so kann dieser edel oder niederträchtig sein. Von niederträchtigen Menschen ausgeheckte Strategeme mögen zwar für eine kurze Weile von Erfolg gekrönt sein, sind aber letztendlich zum Scheitern verurteilt. Nur edle Menschen können gestützt auf Strategeme lang währenden Nutzen erzielen und den endgültigen Sieg erringen."[21]

Derartige Überlegungen wurden im Reich der Mitte schon vor etwa 2000 Jahren angestellt. So schreibt Liu Xiang (77–6 v. u. Z.), vor allem mit Blick auf die Politik:

„*Unter den Strategemen gibt es lautere und unlautere. Die Strategeme der Edlen sind lauter, die Strategeme des kleinen Mannes sind unlauter. Die Strategeme des Lauteren streben nach dem Allgemeinwohl. Wenn sich der Lautere für das Volk mit ganzem Herzen einsetzt, dann ist das ehrlich gemeint. Die Strategeme des Unlauteren entspringen der Selbstsucht und seinem Gewinnstreben, wenn er etwas für das Volk tut, ist das Lug und Trug.*"[22]

Von destruktiven Strategemanwendungen ist natürlich abzuraten. Sie bringen letztlich keinen bleibenden Wert, vor allem nicht dem Strategemanwender. Zahlreiche Skandale, in die das Management verwickelt ist, beweisen dies. Lieber kein Strategem anwenden und auf einen entgangenen kurzfristigen Erfolg verzichten, als ein destruktives Strategem einsetzen, worüber man sich, selbst wenn es gelingt, doch nicht wirklich freuen kann. Strategeme sollten nur aus ethisch einwandfreien Motiven heraus benutzt werden.

Gewiss hat der Anthropologe Volker Sommer nicht Unrecht mit seiner auch auf die Schadenslist ausdehnbaren Aussage: „Geredet wird nur über Schwindel, der aufflog. Der größere Teil bleibt verborgen" (*Der Spiegel*, Nr. 18, 1992, S. 275). Man kann nicht leugnen, dass es auch recht langfristig wirkende, also für den Strategemanwender erfolgreiche, aus seiner

Sicht konstruktive, aus anderer Sicht destruktive Strategeme gibt. Im ersten Jahrtausend u. Z. von Vertretern der katholischen Kirche vorgenommene „Großfälschungen“, um nur ein Beispiel zu erwähnen, überdauerten die Jahrhunderte und zementierten, offenbar teilweise bis zum heutigen Tag, die päpstliche Macht (Küng, S. 106 ff.). Jeder Schadensstrategemanwender hofft, zu den Listigen zu gehören, die ungeschoren davonkommen. Aber die Strategemkenntnis wird immer weitere Verbreitung finden. Daher werden immer mehr Menschen imstande sein, List zu durchschauen und, falls sie als destruktiv eingeschätzt wird, zu durchkreuzen. Und so wird sich hoffentlich die Situation, in der, bildlich gesprochen, 100.000 naive Schafe von zehn schlauen Füchsen manipuliert werden können, in ihr Gegenteil verwandeln.

1 „Lieber zum eigenen Schaden überlistet werden als auf Jesus Christus zu hören?“, in: *SP 2024*, S. 489 ff.

2 „China nicht nur als Wettbewerber, Partner und Rivalen, sondern auch als kulturelle Ressource wahrnehmen“, in: *SP 2024*, S. 414 f.

3 Diesen Hinweis verdanke ich Dr. Manfred M. Frühauf, LSI-Sinicum, Bochum, Auskunft vom 24. 03. 2004.

4 Titel eines Artikels von Junhua Zhang in: *NZZ*, 05. 04. 2023, S. 19.

5 Titel eines Interviews von Alice Bota und Peter Dausend mit der Politologin Janka Oertel, Leiterin des Asien-Programms im European Council on Foreign Relations. in: *Die Zeit*, 31. 08. 2023, *https://www.zeit.de/2023/37/china-xi-jinping-klimaschutz-wirtschaftspolitik-expansion*, a. a. 20. 01. 2024.

6 Titel eines Artikels von Aaron Jensen in: *The Diplomat*, 08. 08. 2020, *https://thediplomat.com/2020/08/deception-is-key-to-chinese-military-strategies/*, a. a. 20. 01. 2024.

7 Annual Report to Congress, S. 138, wo das Wort „deception“ vorkommt, *https://navyleaguehonolulu.org/maritime-security/ewExternalFiles/2022-military-and-security-developments-involving-the-peoples-republic-of-china.pdf*, a. a. 20. 01. 2024.

8 Siehe *ML 2024*, S. XLVII.

9 Ayelet Gundar: „Unehrlich währt am längsten“, in: *NZZ Folio*, 02. 01. 2024, S. 51, *https://www.nzz.ch/folio/ist-luegen-schlimm-was-macht-es-mit-beziehungenein-essay-von-gundar-goshen-ld.1771446*, a. a. 21. 01. 2024.

10 Eberhard Schockenhoff: „List und Lüge in der theologischen Tradition“, in: *List*, S. 160.

11 „Zhongguo Jingdian Chuanshi Zangshu 30 Bu“ 中国经典传世藏书30部

(Sammlung von 30 überlieferten klassischen chinesischen Werken), in: *Renmin Ribao* 人民日报 (Volkszeitung), 02.07.2013, S.12.

12 Stuart Crainer: *Die 75 besten Managemententscheidungen aller Zeiten*, Wien/Frankfurt 2000, S.7.

13 Siehe z.B. „Vergleich der Hohen Schule der Kriegskunst bei Geschäftsverhandlungen mit dem Harvard-Konzep", in: Florian W. Mehring: *Die Hohe Schule der Kriegskunst bei Geschäftsverhandlungen. Kommentierte Übersetzung eines an Chinesen gerichteten Ratgebers des Verhandlungsforschers Liu Birong*, COMMUNICATIO, Band 25, Hamburg 2017, S.311ff.

14 Kaihan Krippendorff: *The Art of Advantage*, New York 2003, S. XV.

15 Siehe zudem „Sun Zi. Die Kunst des Krieges – Urquell der Supraplanung", in: *SP 2024*, S.34ff.

16 Niccolò Machiavelli: ***Der Fürst***, übersetzt, eingeleitet und mit Anmerkungen versehen von Friedrich Blaschke, Leipzig 1924, S.26, 109.

17 Wu Cheng'en: *La Pérégrination vers l'Ouest I*, Paris 1991, S.390–93.

18 Carl von Clausewitz: *Vom Kriege* [Drittes Buch: Von der Strategie überhaupt. X. Die List], hrsg. von Wolfgang Pickert und Wilhelm Ritter von Schramm, 2. Aufl. Pfaffenhofen 1969, S.108.

19 Xue Guo'an: *„Sunzi Bingfa" Yu „Zhanzheng Lun" Bijiao Yanjiu („Sun Zi. Die Kunst des Krieges" und „Vom Kriege" in vergleichender Untersuchung)*, Beijing 2003, S.209.

20 Yi Mou: Ba Sike yu ‚sanshiliu ji' yiqi chao (Cisco und ‚die 36 Strategeme' unter einen Hut gebracht), *QXS*, Nr. 2/2004, S.25.

21 Deng Jianhua: *Moulüe Jingwei (Die Quintessenz der Supraplanung)*, Wuhan 1994, S.8.

22 Lu Yuanjun (Kommentar und Übersetzung): *Shuo Yuan Jin Zhu Jin Yi (Der Anekdotenpark mit modernen Anmerkungen und moderner Übersetzung)*, Taibei, 3. Aufl. 1985, S.418.

5

Strategemschulung

Im Folgenden werden die 36 Strategeme in der Systematik der sechs technischen Strategemkategorien dargestellt. Bei jedem Strategem wird diejenige Strategemnummer angegeben, mit der es in dem ca. 500 Jahre alten Traktat „36 Strategeme - Die geheime Kunst des Krieges“[1] versehen ist. Dann wird die aus wenigen - meist vier - Schriftzeichen bestehende Strategemformel in chinesischer Kalligraphie und in wörtlicher Übersetzung eingeführt. Unter dem Stichwort „Kerngehalt“ wird der aus der oft bildhaft-blumigen chinesischen Strategemformel herausgeschälte, manchmal vielgestaltige Sinn des jeweiligen Strategems in einer nüchternen und bisweilen auf europäisches Kulturwissen zurückgreifenden Ausdrucksweise veranschaulicht. Dies geschieht durch eine prägnante Strategembezeichnung, manchmal durch mehrere einprägsame Strategemumschreibungen. Nach einem mit „Erläuterung“ betitelten Streifzug durch die möglichen Interpretationen des Strategems wird unter der Überschrift „Strategemradius“ die „Reichweite“ des jeweiligen Strategems angedeutet. Unter der Überschrift „Strategemprävention“ werden dann Maßnahmen zum Schutz gegen das betreffende Strategem skizziert. Auf Gefahren im Umgang mit dem Strategem wird unter der Überschrift „Strategemrisiko“ hingewiesen. Am Schluss folgen jeweils ein oder mehrere Beispiele.

5.1 Verschleierungsstrategeme

Eine tatsächlich vorhandene Wirklichkeit wird dem Blick entzogen: Strategeme Nr. 1, 3, 6, 8, 10, 24, 25.

5.1.1 Strategem Nr. 1: Den Himmel täuschend das Meer überqueren

(Übersetzungsvariante 1) Den Himmel täuschend das Meer überqueren

(Übersetzungsvariante 2) Den Kaiser täuschen [, indem man ihn in ein Haus am Meeresstrand einlädt, das in Wirklichkeit ein verkleidetes Schiff ist] und [ihn so dazu veranlassen,] das Meer [zu] überqueren

瞞天過海

Kerngehalt: *Tarnkappen-Strategem*; *Coram-Publico-Strategem*

Erläuterung: Das Strategem verhilft dazu, „das Meer zu überqueren“, also eine Schwierigkeit zu überwinden. „Es gibt Befehle des Fürsten, die man nicht entgegennimmt“ (*Sun Zi 2023*, S. 41, Kapitel 8.1). In diesem Sinne wendet man in China das Strategem gegebenenfalls selbst gegen den Sohn des Himmels, wie man den Kaiser im alten China nannte, sowie allgemein gegen höher gestellte Personen an. Im Visier dieses Strategems sind der Manager, dessen Untergebene es gegen ihn anwenden, oder die Aufsichtsgremien, gegen die es der Manager anwendet. Inzwischen gelten als potenzielle

Opfer des Strategems Nr. 1 aber nicht mehr nur Höhergestellte. Es kann also gegen beliebige Menschen eingesetzt werden (Yu 1993, S. 4 f.). Da dieses Strategem nicht bloß dem „Kaiser", sondern gar dem alles sehenden „Himmel" – im alten China die höchste Gottheit – Sand in die Augen streut, bezieht es sich nach moderner Lesart zudem auf Sachverhalte, die sich unter den Augen der breiten Öffentlichkeit, des Publikums, der Kundschaft abspielen und gleichwohl verborgen bleiben.

Das Strategem zielt darauf, einen blinden Fleck im Blickfeld des Strategemopfers auszunutzen, geheime Machenschaften in allgemein sichtbare, nicht mehr genau beachtete Routinevorgänge einzuschleusen und so ungesehen durchzuführen, durch die Maschen der – an sich schon oder künstlich abgestumpften – Aufmerksamkeit zu schlüpfen, etwas eigentlich Unstatthaftes vor allen Augen ungeschoren zu tun usw.

Strategemradius

Man kaschiert eine politische Maßnahme, indem man sie als „rein ökonomisch motiviert" darstellt; Ökonomen verbergen bisweilen ihre eigene politische Meinungsäußerung, indem sie diese als eine objektive Einschätzung darstellen, die sich angeblich aus der Analyse ökonomischer Zusammenhänge ergibt.

Man stellt ein Arbeitszeugnis aus, das vor Freundlichkeit strotzt, die Wahrheit aber hinter den Zeilen verbirgt und in Form von unverdächtigen Beschreibungen verborgene Warnungen ausspricht.

Bei Geschäftsabschlüssen gibt man im Vorfeld dem Kunden alles bekannt, aber die einen Aspekte hebt man hervor, die anderen lässt man in den Hintergrund treten, sodass sie der Aufmerksamkeit des Kunden entgehen und dieser das Geschäft wegen der besonders betonten Aspekte gutheißt, worauf es reibungslos über die Bühne geht. Obowhl „das Kleingedruckte zählt“[2], liest kaum ein Kunde das Kleingedruckte in Verträgen ganz genau und würde es wohl, selbst bei einer Überprüfung, nur selten in jeder Hinsicht verstehen. „Im besten Fall werden die Allgemeinen Geschäftsbedingungen (AGB) abgelegt, oft einfach weggeworfen. Doch die Regeln haben es in sich.“[3]

Man schläfert die Menschen durch klangvolle Parolen wie „Friedensprozess“, „Menschenrechte“, „Gerechtigkeit“ ein, um dann das genaue Gegenteil von dem, was diese Parolen beinhalten, zu unternehmen. Den Leuten fällt dies nicht groß auf – sie wähnen, dass der Parolenrufer im Einklang mit dem handelt, was er sagt. Einem inzwischen verurteilten deutschen Baulöwen wird in China nachgesagt, er habe mit Leichtigkeit gewaltige Summen ausleihen können, indem er vorgab, in Deutschland historische Gebäude zu sanieren oder Wohlfahrtswohnungen zu bauen. Die Geldgeber hätten über der sozialen Dimension der geplanten Bauten die Überprüfung ihrer wirtschaftlichen Machbarkeit vernachlässigt. „Übrigens, je größer ein Unternehmen ist, umso leichter kann es den Himmel täuschend das Meer überqueren“ (*RR*, 17.04.1994, S.7).

In *Hierarchien aller Art* wird das Strategem Nr. 1 gemäß der Maxime „Sich äußerlich fügen, insgeheim aber widersetzen (yang feng yin wei)“ (Yu 1993, S.6) umgesetzt. „Äußerlich opponieren, insgeheim aber unterstützen“ ist eine weitere Variante dieses Strategems.

In Verhandlungen erzählt man dem Gegenüber eine Geschichte, z.B. über eine Schlafmütze, um so dem Partner zu verstehen zu geben, dass die sich ihm jetzt bietende Gelegenheit für den Geschäftsabschluss nicht wiederkehren werde (Yu 1994, S.42). Derartige Gleichnisse erwecken bei dem, der sie hört, zunächst den Eindruck, ihm werde jetzt etwas

Abwechslung geboten, und er hört mit Interesse zu. Am Ende der Geschichte angelangt, merkt das Gegenüber plötzlich, dass man ihm nicht bloß eine unterhaltsame Geschichte präsentiert und ihm so eine kurze Ruhepause gegönnt hat, sondern dass man ihn zur Erkenntnis eines bestimmten Sachverhalts hinlenkte (Mauch, S. 69 f.). Wer sich in den 1960er-Jahren die *Star Trek*-TV-Serie ansah, glaubte, sich entspannt einer mitreißenden Science-Fiction-Geschichte hingeben zu können. In Wirklichkeit wurde er, ohne es zu merken, zielstrebig zu einer bestimmten Weltanschauung geführt. Denn nicht Unterhaltung war das eigentliche Ziel dieser Sendung. Vielmehr „geht es damals wie heute um Moral“, wie Robert Justman, *Star Trek*-Produzent der ersten Stunde offenbart. So zeigte die Serie bereits in den 1960er-Jahren eine gemischtrassige Crew, Frauen in führenden Positionen und auch den ersten Kuss zwischen einem Weißen und einer Schwarzen. Die intergalaktische TV-Kulturrevolution dauerte zwar nur von 1966 bis 1969, „begeistert aber bis heute Millionen von Menschen rund um den Globus mit ihrer Multikulti-Crew“ (*C*, 02.08.2002, S. 31).

Das allseitige Umsorgen von Passagieren der Singapur-Airlines wird aus der Perspektive des Strategems Nr. 1 betrachtet. Sie bekommen einen derart betörenden Service durch das Flugpersonal, dass sie kaum merken, dass sie sich auf einem Flug befinden und, ehe sie sichs versehen, bereits am Ziel angelangt sind, also „das Meer überquert haben“ (Wco, S. 8).

Strategemprävention

Wie gekonnt man auch die Wirklichkeit verhüllen mag, man riskiert immer, dass ein Detail unverborgen bleibt. Und diese unverborgen gebliebene Kleinigkeit kann das potenzielle Strategemopfer, wenn es nur wachsam genug ist, erkennen. Sobald man auch nur den Hauch eines verdächtigen Anzeichens bemerkt, sollte man dem nachgehen. Beim kleinsten Rauchwölkchen nach dem Feuer suchen! Vom ersten zaghaften Hinweis bereits auf eine mögliche spätere Entwicklung schließen! Nicht allzu oberflächenverliebt die Welt betrachten! Sich keine Routinebrille aufsetzen! Ständig versuchen, umfassend und aktuell über Konkurrenten im Bild zu sein. Ohne Gewissensbisse aus purer Vorsicht vorbeugende Maßnahmen gegen mögliche Bedrohungen treffen, gemäß der Maxime: „Lieber eine Vorsichtsmaßnahme als eine Schädigung zu viel!"

Strategemrisiko

Wer vor dem „Himmel" etwas verbergen will, läuft Gefahr, auch sich selbst etwas vorzumachen.

Beispiele

Nur drei Tage für eine Joint-Venture-Verhandlung

Die chinesische Firma A, die mit der deutschen Firma B ein Joint Venture plante, lud B zu letzten Verhandlungen nach China ein. Vorher hatte A bereits einen Vertragsentwurf in chinesischer Sprache an B und B einen Vertragsentwurf in englischer Sprache an A geschickt. Zu diesen beiden Vertragsentwürfen hatte die chinesische Seite keine Stellung bezogen, sodass die deutsche Seite wähnte, die beiden Vertragsentwürfe deckten sich und der Vertrag könne daher reibungslos abgeschlossen werden. Erst vor Ort stellte die dreiköpfige deutsche Delegation fest, dass schwerwiegende Meinungsverschiedenheiten betreffend die konkrete Ausgestaltung des Joint-Venture-Vertrages bestanden. Das hatte die chinesische Seite, als sie die Deutschen nach China zum Vertragsabschluss einlud, nicht zu verstehen gegeben. So hatte A den Eindruck erweckt, es werde alles glatt über die Bühne gehen. A hatte auf diese Weise B „über das Meer" gelockt. In der Tat kam der Vertrag zwar zustande, aber als Zangengeburt nach sehr harten Verhandlungen mit äußerst geringem Zeitpolster, ein Szenario, worauf die deutsche Seite nicht optimal vorbereitet war.[4]

Wie man das Eigeninteresse den Blicken entzieht

„Jeder, der einen Krieg in Gang setzt, tut dies unter dem Banner einer ‚gerechten Sache'. Niemand wird proklamieren, er führe einen Krieg für eine ‚ungerechte Sache'." Die eigentlichen Interessen, für die man Krieg führt, werden in der Regel nicht offen gelegt, und doch sind sie der Angelpunkt, um den sich alles dreht. Sie werden durch das Hervorheben der „gerechten Sache" verdeckt. „So hat die amerikanische Bush-Regierung zu Beginn des 21. Jahrhunderts einen Krieg gegen Afghanistan geführt, und zwar unter dem Banner des ‚Kampfes gegen den Terrorismus'. Das war die ‚gerechte Sache', Daher wurde ihr schnell die Unterstützung vieler Länder zuteil." In Wirklichkeit ging und geht es um grundlegende nationale Interessen der USA. „Unzählige Tatsachen beweisen, dass alle militärischen Unternehmungen der USA mit den Interessen großer amerikanischer Unternehmen eng verknüpft sind. Unter dem Vorwand des ‚Kampfes gegen den Terrorismus' drangen die USA in Afghanistan ein, wo sie die Einsetzung eines amerikafreundlichen Regimes planten. Ihr Endziel sind der Zugriff auf Energieressourcen und die Wahrung geostrategischer Interessen. Schon Sun Zi sagte: ‚Im Hinblick auf einen Nutzen setzt man die Armee in Bewegung' (*Sun Zi 2023*, S. 37. Kapitel 7.3). Dieser tiefgründige, knappe Satz hilft uns, durch den Strahlenkranz, mit dem sich Kriegstreiber umgeben, hindurchzublicken und deren wahres Gesicht zu erkennen. Die USA mögen sich zwar darin verstehen, ‚den Himmel täuschend das Meer zu überqueren'. Das lässt sich aber dank dem Ausspruch von Sun Zi leicht durchschauen" (Yu 2003, S. 9 f.).

5.1.2 Strategem Nr. 3: Mit dem Messer eines anderen töten

借刀殺人

Kerngehalt:

1. *Strohmann-Strategem; Stellvertreter-Strategem*
2. *Alibi-Strategem; Schreibtischtäter-Strategem*

Erläuterung: Gemäß einem chinesischen Strategembuch[5] ist das Wort „töten" nicht wörtlich, sondern generell im Sinn von „das Gegenüber bodigen" zu verstehen (*36StfJ*, S. 140; bodigen = bezwingen).

Jemanden auf indirekte Weise schädigen, ohne sich selbst dabei zu exponieren.

1. Im Vordergrund steht jene Strategemanwendung, bei der der wahre Täter, indem er das Gegenüber durch fremde Hände ausschaltet, unerkannt bleibt. Man kann das Strategem unter Umständen auch in aller Offenheit anwenden.

2. Im weiten Sinn ermöglicht das Strategem, jemanden auf indirekte Weise zu schädigen, ohne sich selbst dabei zu exponieren. Man erreicht also ein Ziel, gestützt auf den raffinierten Einsatz einer Drittperson bzw. von ausgeliehenen Ressourcen (Yu 1993, S. 26; Yao, S. 26). Dann ist es kein Verschleierungsstrategem mehr, sondern ein Ausmünzungsstrategem. So gesehen, hat dieses Strategem eine hybride Natur.

Aus chinesischer Sicht ist nichts dagegen einzuwenden, die inneren Widersprüche bei einem einzelnen geschäftlichen Opponenten oder die Widersprüche zwischen mehreren konkurrierenden westlichen Opponenten als „Messer" zur „Tötung" ungünstiger Konditionen einzusetzen (Yu 2003, S. 19).

Strategemradius

Begeistert beklatscht von allen Kindern, tötet das tapfere Schneiderlein im *Grimm'schen Märchen* die zwei unter einem Baum liegenden Riesen, indem es vom Baum herab abwechselnd auf die beiden stets wieder einschlafenden Riesen Steine wirft, bis sie aneinander geraten und einander töten, weil sie glauben, der andere hätte sie im Schlaf geschlagen.

Bei ihrem „*Krieg gegen den Terror*" und Al Qaida in Afghanistan „liehen sich die USA Afghanen zum Kampf gegen Afghanen aus und konnten so ihre eigenen Verluste vergleichsweise gering halten" (Yu 2003, S. 18).

Zu *Verhandlungen* können Chinesen gleichzeitig mehrere konkurrierende Firmen, wenn möglich noch in dasselbe Gebäude, einladen (Fang, S. 263f.) und damit drohen, das Geschäft mit der Konkurrenz, die im Raum nebenan verhandelt, abzuschließen. Listenblinde westliche Menschen empfinden dies als „ziemlich unhöflich" (*HBR*, Oktober 2003, S. 89). Mit einer Unkenntnis von Höflichkeitsregeln hat dies aber nichts zu tun. Vielmehr benutzen hier Chinesen den Hinweis auf die drohende Konkurrenz als das „Messer", das sie ungerührt und gar nicht heimlich ihrem Verhandlungspartner auf die Brust setzen. Dieser kann dem entgegensteuern, indem er präzise Fragen über den Namen des Konkurrenten, über dessen Produkt, über dessen Liefer- und Garantiebedingungen usw. stellt. Größere Geschäftsabschlüsse sind immer von irgendeiner höheren Behörde zu genehmigen. Die erst noch einzuholende Genehmigung können chinesische Verhandlungsführer als „Messer" einsetzen, um Konzessionen von der Gegenseite zu erwirken. Gebe die Gegenseite nicht nach, werde die Genehmigung nicht erteilt werden.

Chinesen schreiben bei Verhandlungen jedes Wort der Ausführungen der Gegenseite auf und werfen dieser irgendwelche entdeckten Widersprüche und Ungereimtheiten an den

Kopf, um dadurch die Verhandlungen in ihrem Sinne zu beeinflussen (Fang, S. 264). Indem sie argumentative Mängel der Gegenseite als Waffen gegen die Gegenseite einsetzen, „töten sie mit dem Messer des anderen".

Strategemprävention

Man sollte spontan-impulsive Handlungen im Geiste der chinesischen Sentenz „Kaum erblicken die Augen auf der Straße etwas Unrechtes, schon greift die Hand zum Schwert, um Hilfe zu leisten" vermeiden und besser die Lage etwas genauer unter die Lupe nehmen, denn sonst kann man mühelos instrumentalisiert werden. Sich also nicht allzu leicht von anderen vor deren Karren spannen lassen, vor allem nicht, wenn der andere von einem die Schädigung Dritter erwartet! Nein zur Rolle des Kanonenfutters! Nicht für andere die Kastanien aus dem Feuer holen!

Strategemrisiko

Das ausgeliehene „Messer" kann stumpf sein. Indem man den Teufel mit dem Beelzebub austreibt, kann man sich letztendlich selbst schaden.[6]

Beispiele

Mit dem Gesetz als Messer gegen ebendieses Gesetz

Kann man in einem Gesetz eine Bestimmung oder eine Lücke finden, durch die man das vom Gesetz angestrebte Ziel aushebeln vermag, wird dies als Anwendung des Strategems Nr. 3 angesehen. So habe ein US-Gesetz die Einfuhr eines Produkts verboten, dessen Bestandteile nicht mindestens zu 50 % in den USA hergestellt waren. Eine japanische Maschinenfabrik habe nun ein aus 20 Bestandteilen bestehendes Produkt entwickelt. 19 Bestandteile wurden in Japan hergestellt. Nur ein – allerdings teures – Bestandteil wurde aus den USA importiert. 50% des Wertes aller 20 Bestandteile entfielen auf die US-Komponente. Auf diese Weise gelang es der japanischen Firma, bis zum Äußersten japanische Maschinenteile und Arbeitskräfte einzusetzen und ihre im Wesentlichen japanische Ware gleichwohl legal in die USA zu exportieren (Lin, S. 30). Gerade auch Bürger der Volksrepublik China studieren ein Gesetz nicht selten weniger mit dem Ziel, es peinlich genau zu befolgen, als unter dem Gesichtspunkt, welche Möglichkeiten es der Anwendung des Strategems „Mit dem Messer eines anderen töten" zum Zwecke seiner legalen Aushebelung eröffnet.

Ende 2018 wurde auf Betreiben der US-Behörden im kanadischen Vancouver Meng Wanzhou, die Tochter des Chefs der chinesischen Firma Huawei, festgenommen. Die US-Regierung warf der Top-Managerin des Netzwerk-Ausrüsters und Smartphone-Anbieters unter anderem Bankbetrug vor. Die gegen sie unternommenen juristischen Maßnahmen können als eine Anwendung des Strategems Nr. 3 angesehen werden. Langwierige Verfahren, in Gang setzende rechtliche Schritte sowie schwerwiegende Verdächtigungen hinsichtlich mutmaßlicher illegaler Praktiken benutzen die USA, um den Höhenflug von Huawei zu behindern und dessen Ruf zu beschädigen (36StfJ, S. 140 f.). Im September 2021 wurde Meng Wanzhou freigelassen.[7]

Sachzwänge und Gutachten als Messer

Wenn man sich bei der Begründung einschneidender Maßnahmen auf angeblich objektive Sachzwänge, gegen die aufzubegehren ein Zeichen des Realitätsverlustes sei, oder auf die Gutachten anerkannter wissenschaftlicher Kapazitäten stützt und auf diese Weise Proteste und Einsprachen abwürgt, gilt dies als eine Anwendung des Strategems „Mit dem Messer eines anderen töten" (Li, S. 179). Der am 11. Dezember 2001 erfolgte WTO-Beitritt diente Politikern der Volksrepublik China als Messer zur „Tötung“ unbequemer Einwände gegen einschneidende Reformmaßnahmen.

5.1.3 Strategem Nr. 6: Im Osten lärmen, im Westen angreifen

聲東擊西

Kerngehalt:

1. (im angestammten Sinn) *Angriffsziel-* bzw. *Zielverschleierungsstrategem*
2. (in einem allgemeineren Sinne) *Ablenkungsstrategem*

Erläuterung: Man kündigt den Angriff im Osten an, führt ihn aber im Westen durch; man führt an einer Stelle ein Scheingefecht durch, greift aber an einer anderen Stelle an.

Osten und Westen stehen stellvertretend für irgendwelche unterschiedlichen oder gegensätzlichen Himmelsrichtungen. Mit Angriff kann irgendeine Aktion gemeint sein. Durch den Lärm wird die Aufmerksamkeit des Strategemopfers vom Vorstoß des Strategemanwenders abgelenkt:

Strategemradius

Die Alliierten spiegelten im Zweiten Weltkrieg den Deutschen einen Angriff über den Ärmelkanal vor, um dann aber in der Normandie zu landen. Diese Anwendung von Strategem Nr. 6 war von strategischer Bedeutung.

Bei gewissen Computerspielen oder beim Sport lenkt man die Aufmerksamkeit des Gegners auf einen bestimmten Punkt, um überraschend an einer anderen Stelle vorzustoßen.

In einer Verhandlung lenkt die Partei A die Aufmerksamkeit auf einen Gegenstand, der in Wirklichkeit für sie unwichtig ist. Wenn A später in Bezug auf diesen Gegenstand Nachgiebigkeit signalisiert, wird sich die Partei B über ihren angeblichen Verhandlungserfolg freuen. Als Gegenleistung gibt B in einer Frage nach, die für A wirklich wichtig ist (Yu 1994, S. 45 f.).

Im Sinne einer Fragetechnik kann man eine längere Reihe völlig belangloser Fragen stellen („Lärmen im Osten"), um sich plötzlich nach etwas ganz Sensiblem zu erkundigen („Angriff im Westen"). Es besteht die Chance, dass das Gegenüber die Frage genauso spontan beantwortet wie all die harmlosen Fragen zuvor.

Mit dem Ruf: „Haltet den Dieb!" – man denke an falsche Attentatsankündigungen, falsche Tipps bei irgendwelchen Ermittlungen oder Hinweise auf irgendwelche tatsächliche Missetaten von anderen –, können Ganoven aller Art recht leicht die Aufmerksamkeit von ihrem Tun ablenken.

„In den USA [...] soll [...] die NSA täglich rund zwei Milliarden Mails und Telefongespräche abhören und mitlesen. Es werden Entscheidungsträger ausgehorcht, und zwar nicht nur die unserer Feinde. Wir rechtfertigen das ohne Wimpernzucken. [...] Aber wenn das [andere Staaten] tun, ist [in den USA] die Empörung riesig."[8]

Ist es abwegig, die Empörung in den USA über anderen Staaten angelastete Aktivitäten, die in den USA gang und gäbe sind, wie folgt zu charakterisieren: „Der Dieb schreit ‚Haltet den Dieb!'" (贼喊捉贼 Zei han zhuo zei!)?

Trickdiebe: „Eine kurze Ablenkung, und schon ist der Aktenkoffer weg. So geschehen im Terminal B des Flughafens Zürich Kloten. Ein 61-jähriger Brite wurde in der Ankunftshalle angesprochen. Als sich der Unbekannte verabschiedete, fehlte auch der Kroko-Aktenkoffer auf dem Gepäckwagen. Inhalt: goldene Armbanduhren, Flugtickets und Bargeld. Wert der Beute: rund 45 000 Franken“ (*20 Minuten*, Zürich 14.08.2001, S. 3).

Strategemprävention

Man sollte bei großem Getöse und spektakulären Geschehnissen nicht wie das Kaninchen auf die Schlange starren. Besser: den Blick vorsichtshalber umherschweifen lassen. Fällt jemand in einer Bahnhofshalle zu Boden, eilt man ihm zwar zur Hilfe. Aber man stellt seinen Koffer so hin, dass man ihn ständig im Auge behält. Denn es könnte ja sein, dass ein Komplize oder ein Gelegenheitsdieb die Verwirrung für den Diebstahl des Koffers ausnützt.[9] Wenn der Opponent völlig anders handelt, als man selber in dessen Lage vorgehen würde, muss man sich fragen, ob er nicht vielleicht etwas im Schilde führt, und sich entsprechend vorsehen. Vor Verhandlungen sollte man sich möglichst genau über die wirklichen Bedürfnisse des Gegenübers unterrichten, sodass dieser keine Pseudobedürfnisse vorzugaukeln vermag. Man sollte immer die wesentlichen Dinge im Blick behalten und sich nicht von Nebensächlichkeiten ablenken lassen.

Strategemrisiko

Zielt man mit der Ablenkungslist auf einen hellwachen Gegner, läuft man ihm prompt ins Messer.

Beispiel

Seeräuberbekämpfung gegen Säbel

Zur Zeit der Ming-Dynastie (1368–1644) kaufte Japan von China alljährlich eine bestimmte Menge von Säbeln. Um die japanische Militärmacht nicht zu stark werden zu lassen, erließ der chinesische Kaiserhof die Bestimmung, dass pro Jahr nicht mehr als 3000 Säbel an Japan verkauft werden dürften. Im Jahre 1507 richteten die japanischen Gesandten an die chinesische Regierung die Forderung, 8000 Säbel zu verkaufen. Dies lehnte die chinesische Seite ab. Nun trat ein über 80-jähriger erfahrener japanischer Diplomat hervor und sagte drohend: „Wenn ihr uns die 8000 Säbel nicht verkauft, dann verzichten wir ganz auf das Geschäft. Wir werden sofort nach Japan zurückkehren. Die Piraten, die derzeit von uns in Schach gehalten werden, werden dann wieder eure Meeresküsten heimsuchen."

Der chinesische Kaiserhof fürchtete die japanischen Seeräuber, gegen die er infolge eigener militärischer Schwäche nicht wirkungsvoll vorzugehen vermochte. Ständig suchten sie die chinesischen Meeresküsten heim und plünderten sie aus. Zur wirksamen Bekämpfung der Meeresplage war China auf die Unterstützung Japans angewiesen. Die chinesische Regierung gab daher nach und verkaufte die 8000 Säbel.

Ein chinesischer Strategemforscher erläutert den japanischen Verhandlungserfolg aus der Sicht des Strategems Nr. 6. Die Japaner bestanden angesichts der chinesischen Weigerung nicht mehr auf den 8000 Säbeln. Stattdessen brachten sie eine ganz andere Frage aufs Tapet, nämlich die Bedrohung, die von japanischen Seeräubern ausging (Yu 1993, S. 59 f.). So machten die Japaner gleichsam „Lärm im Osten", um letztlich „im Westen anzugreifen", d. h. den geplanten Kauf erfolgreich abzuschließen.

5.1.4 Strategem Nr. 8: [Sichtbar die verbrannten Holzstege wieder instand setzen,] insgeheim [aber vor beendeter Reparatur] nach Chencang [zu einem Angriff auf den Gegner] marschieren

暗度陳倉

Kerngehalt:

1. *Zweitweg-Strategem*; *Umweg-Strategem*
2. *Normalitätsstrategem*

Erläuterung:

1. Das Strategem der verschleierten Marschrichtung

   Die wirkliche, nicht harmlose Absicht hinter öffentlichem, unverfänglichem, völlig normal wirkendem Tun verbergen.

   Der direkte Angriffsweg ist versperrt. Der Gegner bewacht ihn. Nun gibt es aber noch einen vom Gegner nicht beachteten oder ihm unbekannten Weg. Im historischen Beispiel aus dem Jahre 206 v. u. Z. lag – das vom Gegner unbewachte – Chencang etwa 320 Kilometer von dem – vom Gegner bewachten – Ende des Holzstegweges entfernt.

Das Strategem gelingt, wenn der Gegner nur im Rahmen des bekannten Weges denkt. Daher unternimmt er nichts zur Überwachung eines anderen Weges, der dem Gegner frei steht. Im Gegensatz zum Strategem Nr. 6 wird beim Strategem Nr. 8 weniger das Angriffsziel als der Angriffsweg verhüllt bzw. raffiniert ausgewählt. Auf die Geschäftswelt übertragen, beinhaltet dieses Strategem vielfach die sichtbare Benutzung eines Weges von A nach B bei gleichzeitiger heimlicher Benutzung eines Weges von A nach C oder schlicht die vom Gegenüber unbemerkte Benutzung eines Weges zu einem Ziel. Hinter die

Ecken und Kanten der zumeist vielschichtigen Wirklichkeit spähen und positive, dem Blick von Schlafmützen verborgene Lösungswege ausfindig machen und beherzt einschlagen! Eine im ersten Moment vielleicht aussichtslos scheinende Lage mit dem strategemischen Scherenfernrohr nach rettenden Potenzialen auskundschaften. Türen entdecken, wo andere Mauern sehen!

2. Das Strategem der Vorspiegelung von Normalität zum Verdecken einer aus dem Rahmen fallenden Aktivität

   Die offen zur Schau gestellte Instandstellung der verbrannten Holzstege bei gleichzeitiger verdeckter Inanspruchnahme einer anderen Wegstrecke steht pars pro toto für das Verbergen einer nicht harmlosen Vorgehensweise mittels öffentlichem, unverfänglichem, völlig normal wirkendem Tun.

Strategemradius

Der Gruppe *Falungong* – für den Westen eine harmlose Meditationsbewegung, aus offizieller chinesischer Sicht eine gefährliche Sekte und daher verboten – gelang es einige Male, minutenlange Propagandabotschaften unmittelbar in die Sendungen offizieller lokaler chinesischer TV-Kanäle einzuschleusen. Dass *Falungong* nach Publizität strebt, war bekannt. Den Behörden offensichtlich unbekannt waren hingegen gewisse technische Wege in die Programme öffentlicher Fernsehanstalten. Falungong gelangte also auf einem anderen Pfad als dem von der Obrigkeit kontrollierten zu ihrem Ziel, einem – auch international beachteten – Publicity-Erfolg.

Auf einer Karikatur sitzt in einem Büro auf einem Stuhl ein Funktionär. Auf der anderen Seite des Tisches ist ein Angestellter gerade dabei, etwas aufzuschreiben. Vor dem Funktionär steht ein Mann. Er hat offenbar ein Anliegen. Damit er schneller ans Ziel kommt, hat er ein großes Einkaufsnetz voller Waren mitgebracht. Offensichtlich will er es gerade dem Funktionär überreichen. Doch dieser hebt abwehrend seine linke Hand empor und sagt: „Bei uns hier ist die Unsitte der Geschenkemacherei verpönt!“ Gleichzeitig streckt er aber dem Besucher mit der anderen Hand, weit unter der Tischplatte, einen Zettel zu. Darauf ist zu lesen: „Meine Wohnadresse lautet ...“ Die Karikatur ist versehen mit der Bildlegende: „Heimlich nach Chencang marschieren.“

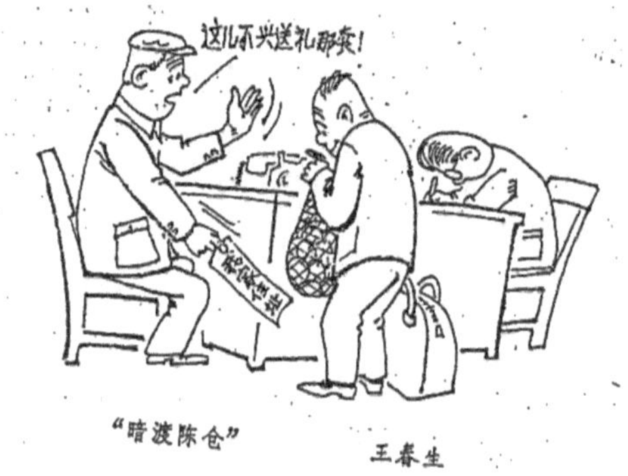

„半月談“ (Ban Yue Tanj, Halbmonatsgeplauder), Beijing, 10. 11. 1985, S. 41

Strategemprävention

„Was jedermann für ausgemacht hält, verdient am meisten untersucht zu werden“ (Lichtenberg). Ist man davon überzeugt, dass man den einzigen Weg, der dem Opponenten offen steht, vollkommen unter Kontrolle hat, sollte man sich gleichwohl nicht in Sicherheit wiegen. Vielmehr sollte man sich in den Opponenten hineinversetzen und nach Alternativwegen forschen, die ihm zu Gebote stehen. Hat das abzusichernde Gebiet unklare Konturen, sollte man sich in möglichst alle Richtungen vorsehen, sodass sich dem Opponenten keinerlei Lücke darbietet. Man sollte ständig umfassend beobachten, was der Opponent nach sämtlichen Seiten hin unternimmt.

Strategemrisiko

Der Zweitweg könnte statt zum gewünschten Ziel ins Abseits führen.

Beispiele

Auf einem Umweg zum Marktführer

In der VR China erkannte man, dass man auf dem Gebiet der fossil betriebenen Autos nicht imstande war, das Niveau westlicher Autofirmen zu erreichen.

So begann man in China nach der Jahrhundertwende den Pfad der Produktion von Verbrennerautos nicht mehr länger als den Königsweg zu betrachten und begab sich – was man im Westen, wo man auf die herkömmliche Autoproduktion fixiert war[10], nicht wahr oder nicht ernst genommen hat – auf den Weg zur Entwicklung von Elektroautos[11], mit dem Ergebnis, dass sich die VR China „bei Elektroautos gerade als globaler Marktführer behauptet“[12], dass „niemand weltweit so viele E-Autos im Jahr baut wie BYD“[13], ja dass „der Autobauer BYD Tesla überrundet“ (*NZZ*, 04.01.2024, S.21).[14] BYD bedeutet „Build Your Dreams“. Diese Mitte der 1990er-Jahre gegründete Firma in der Tech-Hochburg Shenzhen, die einen Großteil der Komponenten für ihre E-Autos, E-Busse und E-Sattelschlepper selber herstellt[15] und als „neuer Weltmarktführer für Elektroautos“ bezeichnet wird[16], besichtigte ich am 21.03.2012 im Rahmen einer Recherche über die Entwicklung der E-Autos im Auftrag des für marktstrategische Innovation bzw. Systeminnovation branchenübergreifend tätigen Schweizer Marktforschungsinstituts origo AG.[17]

Alles, was ich in beim Firmenbesuch erfuhr, entsprach genau, manchmal bis in die Formulierungen hinein, den Vorgaben in den von mir vor der Reise nach China konsultierten öffentlich zugänglichen amtlichen chinesischen Dokumenten über die Förderung von „Neoenergieautos“, ein in der VR China bevorzugter Terminus, der breiter ist als der Ausdruck „E-Auto“.

Auf der Überholspur zum Brillen-Giganten

Abseits ausgetretener Pfade gelang dem Hamburger Günther Fielmann (1939–2024) der Aufstieg vom kleinen Optiker in Cuxhaven in Niedersachsen[18] zum europäischen Brillen-Giganten und zu einem der größten Unernehmer Deutschlands.[19] Heute beschäftigt die Fielmann-Gruppe mehr als 23 000 Mitarbeitende und erzielt einen Jahresumsatz von über 2,3 Milliarden Euro. In Deutschland geht jede zweite Brille über einen Fielmann-Ladentisch.[20]

Seinen Erfolg verdankte Fielmann dem Umstand, dass er einiges anders machte als seine damaligen Optikerkollegen. Er begnügte sich mit einem geringeren Aufpreis auf die Produktionskosten einer Brille, schaltete den Zwischenhandel aus und gab Garantien an die Kunden.[21]

Waren Optikergeschäfte früher noch so etwas wie Apotheken, in denen Männer im weißen Kittel die Fassungen aus der Schublade holten, so richtete Fielmann seine Läden als Boutiquen ein, in denen die Kunden die ganze Auswahl sahen und Brillen selber anprobieren konnten.

Eine Marktlücke erkannte Fielmann bei den sogenannten Kassenbrillen – also den Sehhilfen, die von der Krankenkasse bezahlt wurden. Die „Auswahl“ bestand damals aus gerade einmal sechs unterschiedlichen Modellen für Erwachsene. Für Kinder waren es zwei.

Der junge Optiker tourte durchs Land und klapperte eine Krankenkasse nach der anderen ab, um sie von neuen Brillenmodellen zu überzeugen.

Zunächst stieß seine Idee nur bei einer kleinen Ortskrankenkasse im friesischen Esens auf Interesse. Als er schließlich mit der Allgemeinen Ortskrankenkasse einen Vertrag über 90 Brillenmodelle in 640 Material- und Farbvarianten schloß, zogen bald auch andere Kassen nach. Fielmanns Hartnäckigkeit hatte sich ausgezahlt.[22]

Mit der Expansion seines Unternehmens und innovativen Serviceleistungen wie der Zufriedenheits- und Geld-zurück-Garantie prägte er fortan eine neue Unternehmenskultur.[23] Er verlagerte die Brillenproduktion nicht ins Ausland. Vielmehr baute das Unternehmen im Jahr 2000 einen großen Produktions- und Logistikstandort in Rathenow, an dem heute über 1000 Mitarbeitende jährlich Millionen von Brillengläsern fertigen und an die über 1000 Niederlassungen versenden.[24]

Joint-Venture-Verhandlungen zur Informationsbeschaffung

Amerikaner wollten wissen, ob ein bestimmter chinesischer Hafen militärisch genutzt werde. Um das herauszufinden, traten sie mit chinesischen Partnern in eine Joint-Venture-Verhandlung betreffend den Ausbau dieses Hafens. Die Verhandlungen benutzten die Amerikaner, um herauszufinden, welche Bewandtnis es mit diesem Hafen hatte. Schließlich stellten sie fest, dass es sich tatsächlich um einen zivilen Hafen handelte. Darauf brachen sie die Joint-Venture-Verhandlungen ab. Das von den Amerikanern angepeilte Joint Venture war „das Instandsetzen der Holzstege“, aber auf einem heimlichen Weg gelangten sie nach „Chencang“, also zu bestimmten Informationen.

Über Japaner heißt es, sie zögen Verhandlungen über ein Joint Venture oder sonstige Investitionen häufig in die Länge. Dabei gehe es ihnen häufig gar nicht um einen Geschäftsabschluss, sondern darum, die Verhandlungen für Industriespionage auszunutzen. Mit einem Unternehmen in der Provinz Anhui hätten Japaner derartige Verhandlungen durchgeführt, aber nur, um die Produktionsgeheimnisse des Xuan-Qualitätspapiers für traditionelle chinesische Malerei und Kalligrafie auszukundschaften. Das Ergebnis besteht darin, dass die Chinesen ihr einmaliges Know-how verloren und dass „heute das weltweit beste Xuan-Papier in Japan hergestellt wird“ (Li, S. 207).

5.1.5 Strategem Nr. 10: Hinter dem Lächeln den Dolch verbergen

笑裏藏刀

Kernghehalt:

Strategem der Doppelzüngigkeit; *Januskopf-Strategem*

Erläuterung:

Man verdeckt üble Absichten durch äußerliche Freundlichkeit, schöne Worte und Liebenswürdigkeiten.

Das „Lächeln“ kann aus vorgespiegelter Ehrlichkeit und falschem Mitgefühl bestehen, womit man beim Gegenüber echte Ehrlichkeit und echtes Mitgefühl mobilisiert, um davon zu profitieren (Chen 2, S. 103).

Charmeoffensive und Schädigung können nacheinander geschehen. So kann man aber nur mit einem Opponenten verfahren, mit dem keine allzu großen Differenzen bestehen und der auf „Streicheleinheiten“ ansprechbar ist. Bei einem brutalen Opponenten, der sich nicht um die Finger wickeln lässt, wird dieses Strategem verpuffen.

Im Hinblick auf das Geschäftsleben werden zwei konstruktive Anwendungen dieses Strategems unterschieden: 1. Es wird insbesondere auf PR-Aktivitäten bezogen und abgeschwächt im Sinne von „Hinter dem Lächeln die wahren Absichten verbergen“ verstanden (Yao, S. 78). 2. Es wird beispielsweise auf Verhandlungen bezogen und beinhaltet dann, im Auftreten freundlich und sanft, im Innern aber unbeugsam und hart zu sein. Dem entspricht die lateinische Formel „suaviter in modo, fortiter in re“: die eigene Sache zwar höflich, aber unbeugsam vertreten.

Strategemradius

1763/64 wurden während des *French and Indian War* im Auftrag des britischen Oberkommandierenden Jeffrey Amherst an Indianer mit Pocken verseuchte Decken verteilt (*Die Zeit*, 24.01.2002, S. 16).

In seinen ersten Präsidentschaftsjahren gelang es François Mitterrand, die einst machtvolle Kommunistische Partei Frankreichs durch intensive Umarmung beinahe zu ersticken (*WW*, 11.01.1996).

In E-Mail-Nachrichten werden Computerviren unter Namen wie „I love you“ verbreitet (Li, S. 217).

Strategemprävention

Schon Konfuzius warnte: „Glatte Worte und einschmeichelnde Mienen sind selten mit Menschlichkeit gepaart.“[25] Auf Freundlichkeitsbekundungen eines Unbekannten und erst recht eines Gegners sollte man wachsam reagieren. Vor attraktiven Dingen, deren Herkunft undurchsichtig ist, sollte man sich in Acht nehmen. Vorsicht vor Schmeichlern!

Strategemrisiko

Wirkt das „Lächeln“ gekünstelt, ist es kontraproduktiv und weckt Misstrauen. Das „Messer“ wird dann nicht völlig verdeckt sein (Yu 1993, S. 88). Wenn man das Strategem Nr. 10 gegen einen unbarmherzigen Gegner einsetzt, läuft man Gefahr, von diesem noch geringer eingeschätzt zu werden und ihn zu noch härteren Maßnahmen zu provozieren.

Beispiel

Der enthusiastische Empfang

Der Generalmanager A einer französischen Firma flog persönlich wegen eines wichtigen Geschäftes nach Japan, um dort den Verhandlungen auf höchster Ebene beizuwohnen. Der Flug hatte 13 Stunden gedauert. Kurz vor der Ankunft in Japan sagte der erschöpfte A zu seinen Begleitern, was er nach der Landung brauche, sei eine erfrischende Dusche und ein erquickender Schlaf: „Wir werden also nirgends hingehen, sondern unmittelbar das Hotel aufsuchen." Kaum aber hatte er über die Gangway das Flugzeug verlassen, wurde er von einem piekfein gekleideten jungen Mann empfangen. Mit überströmender Herzlichkeit sagte er, dass der Generalmanager der japanischen Firma zur Bewillkommnung der ausländischen Gäste ein Abendbankett organisiert habe. Er warte ungeduldig auf das Eintreffen der Delegation. Bei diesen Worten verbeugte sich der junge Japaner ein ums andere Mal. Seine überschwängliche Freundlichkeit verbot eine ablehnende Reaktion. So blieb A und seinen Begleitern nichts anderes übrig, als sich zu dem Bankett zu begeben. Speis und Trank wurden überreichlich kredenzt, und die Freundlichkeit des japanischen Gastgebers sprengte alle Erwartungen. A vermochte schon gar nicht mehr zu zählen, wie viele Japaner ihm bereits zugeprostet hatten und wie oft sein Glas mit Alkohol schon nachgefüllt worden war. Und in der Tat empfand er den Abend als sehr angenehm. Erst spät in der Nacht gelangte er in sein Hotel. Sehr früh am anderen Morgen klopfte es bereits an seiner Tür. Ein Bote sagte ihm, die japanische Verhandlungsdelegation warte bereits seit längerem auf ihn. Eilig wusch sich A und hastete zum Verhandlungsort. Die Japaner waren alle frisch und ausgeruht, wogegen er und seine Begleiter noch halb benommen von der vorhergehenden Nacht waren. Kein Wunder, dass er bei der nun folgenden Verhandlung den Kürzeren zog. In dem überaus freundlichen Empfang der Japaner war die Absicht verborgen, ihm ein Bein zu stellen (Yu 1993, S. 91, Yao, S. 79 f.).

5.1.6 Strategem Nr. 24: Einen Weg [durch den Staat Yu] für einen Angriff gegen [dessen Nachbarstaat] Guo ausleihen [, um nach der Besetzung von Guo auch Yu zu erobern]

假道伐虢

Kerngehalt: *Zwei-Stufen-Strategem; Doppelziel-Strategem; Strategem der Endzielverschleierung*

Erläuterung: Ein Nahziel A und ein Fernziel B können nur mithilfe des Opponenten erreicht werden. Diesem wird aber aber nur das harmlose Nahziel A offen gelegt, das für ihn fatale Fernziel B aber wird verschleiert.

Im geschäftlichen Bereich wird das Strategem im angestammten Sinn beispielsweise dahingehend verstanden, dass die Firma A mit der Firma B eine Fusion eingeht und dank dieser Stärkung den Konkurrenten C aus dem Wege räumt, um später auch B zum Verschwinden zu bringen. Neben dieser wörtlichen Auslegung des Strategems wird bisweilen lediglich der Aspekt des „Ausleihens eines Weges“ hervorgehoben. Dann gilt es bereits als eine Anwendung des Strategems Nr. 24, wenn man für eine Problemlösung einen ausgefallen Weg findet (Lin 1995, S. 136).

Strategemradius

Hegel (1770–1831) prägte den Ausdruck „List der Vernunft" (*36 Strategeme 2*, S. 335 ff.). Beispiel: Ein Mensch will Böses, aber letztlich kommt – gegen den Willen des Betreffenden – etwas Gutes heraus. Sagte nicht Dietrich Bonhoeffer: „Ich glaube, dass Gott aus allem, auch aus dem Bösesten, Gutes entstehen lassen kann und will"? Man könnte auf die von Mao inszenierte „Kulturrevolution" (1966–1976) verweisen. Das Ideal des Rechtsstaates wurde damals mit Füßen getreten, Recht und Gesetz wurden weitgehend abgeschafft. Dieses Ziel erreichte Mao. Doch längerfristig machten die schrecklichen Folgen der „kulturrevolutionären" Verneinung des Rechts Chinesen gerade in den führenden Ebenen bewusst, dass es ohne Gesetzesrecht nicht geht. So bewirkte Mao etwas, was nicht er selbst, sondern – aus Hegels Sicht – die List der Vernunft auf dem Umweg über Maos Treiben in China erreichen wollte.

Ausdrücklich auf das Wirken der „List der Vernunft" zählt Michael Stürmer, wenn er hofft, dass auf dem Umweg über die Einführung des Euro „den Europäern mehr politische Handlungsfähigkeit und Integration" aufgezwungen werde, „als die Politiker zwischen Maastricht 1992 und Amsterdam 1997 zu schaffen wussten" (*NZZ*, 20.02.1998, S. 5). Denn „hinter der Europäischen Währungsunion (EWU) steht ein politischer Trick, dem die Europäische Union viele frühere Erfolge und sogar ihre Geburt verdankt: Das Interesse der Wirtschaft an großflächiger Liberalisierung wurde als Motor der politischen Einigung Europas eingesetzt" (*Der Bund*, Bern 04.05.1998, S. 5). Aus der Optik des Strategems Nr. 24 heißt das: Wirtschaftskräfte wurden eingesetzt, um die nationalen Alleingänge ökonomischer Natur in Europa zu eliminieren. Das leuchtete allgemein ein, und alle machten mehr oder weniger begeistert mit. Im Endeffekt werden dann aber die Nationen Europas auch politisch ausgeschaltet. Dies hatte indes nicht jeder, der die wirtschaftliche Einigung erstrebte, wirklich gewollt. Die politische Einigung wird aber infolge der durch die wirtschaftliche Einigung ausgehenden Zwänge unausweichlich und unabwendbar sein, werden doch durch den Euro „die Einheit von Wirtschaftsraum, Sozialraum und Staat aufgelöst" und den Staaten „die Instrumente der bisherigen nationalen Währungspolitik – Zins- und Wechselpolitik" (Werner Weidenfeld, *NZZ*, 10.07.1998, S. 5) weggenommen. So diente, im Rückblick gesehen, jede in aller Offenheit durchgeführte Maßnahme zur wirtschaftlichen Einigung (wie etwa die Einführung des Euros) gleichzeitig dem von gewissen weitsichtigen Politikern eher verdeckt anvisierten Ziel einer letztendlichen politischen Einigung Europas (s. auch Klaviatur, S. 173 ff.). Das Strategem ist allerdings missglückt. „Die Währungsunion hat Europas Länder einander nicht nähergebracht".[26]

Strategemprävention

Bei einem Ziel, das man anstrebt oder das einem von anderen Personen gesetzt wird, sollte man sich immer fragen, ob man nicht der Verwirklichung eines übergeordneten verdeckten Ziels, das man nicht gutheißt, Vorschub leistet, ohne es zu wollen. Wer das bedenkt, wird bei sogenannten „strategischen Allianzen" oder bei Fusionen, aber auch bei anderen wirtschaftlichen Kooperationen besonders wachsam sein. Man muss wissen, dass die eigene Gier, Ignoranz und Vertrauensseligkeit Ansatzpunkte sein können, die einen dazu prädestinieren, zum Opfer des Strategems Nr. 24 auserkoren zu werden (Yu 1993, S. 240 f.). Will man gemäß einer abgeschwächten Lesart des Strategems Nr. 24 vermeiden, dass sich die Konkurrenz „einen Weg ausleiht", um die Oberhand zu gewinnen, sollte man diesen Weg rechtzeitig ausloten und gegebenenfalls selbst in Beschlag nehmen.

Strategemrisiko

Der „Weg“, den man sich „ausleiht“, kann sich als Holzweg erweisen.

Beispiel

Herr Li gab per Anzeige bekannt, er wolle eine Wohnung verkaufen. Ihm schwebte ein Preis von 50 000 Dollar vor. Interessenten, die sich meldeten, boten 30 000, 35 000 und 40 000 Dollar an. Gerade wollte Herr Li die Anbieter von 40 000 Dollar genauer unter die Lupe nehmen, da meldete sich ein neuer Interessent mit einem Angebot von 45 000 Dollar und wollte sofort 5000 Dollar anzahlen. Mit 45 000 Dollar war Herr Li sehr zufrieden. Deshalb gab er diesem neuesten Interessenten den Zuschlag. Gleichzeitig sandte er allen anderen Interessenten eine Absage. Und nun wartete er auf den Abschluss des Handels. Doch der ins Auge gefasste Käufer ließ nichts mehr von sich hören. Nach mehreren Tagen hielt es Herr Li nicht mehr aus, und er griff zum Telefon. Sein Gegenüber schockierte ihn mit der Mitteilung, seine Frau finde 45 000 Dollar zu viel. Sie habe bereits andernorts eine billigere Wohnung gefunden. Ob man nicht noch einmal über den Preis verhandeln könne?

Herr Li war außer sich. Doch musste er seinen Ärger hinunterschlucken. Denn sein Gegenüber war der einzige übrig gebliebene Interessent. Und Herr Li wollte doch möglichst schnell seine Wohnung loswerden. Also blieb ihm nichts anderes übrig, als erneut über den Preis zu verhandeln. Schließlich einigte man sich auf 30 000 Dollar.

Durch sein nicht ernst gemeintes hohes Preisangebot hatte der Käufer zunächst Herrn Li betört und veranlasst, selbst alle Konkurrenten des Käufers auszuschalten. Nun hatte der Käufer plötzlich Oberwasser, während dem Verkäufer praktisch die Hände gebunden waren. Darauf bezwang der Käufer den Verkäufer und rang ihm einen günstigen Verkaufspreis ab – aus chinesischer Sicht ein typisches Beispiel für die Anwendung des Strategems Nr. 24 (Yu 1993, S. 247 f.).

5.1.7 Strategem Nr. 25: [Ohne Veränderung der Fassade eines Hauses in dessen Innerem] die Tragbalken stehlen und die Stützpfosten austauschen

偷梁换柱

Kerngehalt: *Auskernungsstrategem*

Erläuterung: Beim Strategem Nr. 25 wird heimlich der Inhalt eines Gegenstandes ausgewechselt, meist im Sinne einer Verschlechterung. Einem Leib die Seele stehlen, den Körper aber intakt lassen.

Äußerlich gesehen, bleibt alles beim Alten, aber der Schein trügt. Im deutschen Sprachraum ist manchmal von „Etikettenschwindel" bzw. „Mogelpackung" die Rede.

Gegenstand der Auskernung sind irgendwelche Sachen, Unternehmen, Organisationen, die nach außen hin gleich bleiben, intern aber umgemodelt werden – auch Zitate, deren Wortlaut nicht angetastet, deren Inhalt aber verändert wird.

Strategemradius

Durch den ohne großes Aufsehen vollzogenen Erwerb von Aktienmehrheiten ändern sich die Eigentümerverhältnisse eines Unternehmens, das nach außen hin dasselbe bleibt. Als Beispiel wird auf den Hongkonger Tycoon Li Ka-Shing (geb. 1928) verwiesen (Chen 2, S. 259 f.), der – aus chinesischer Sicht still und heimlich vor allem durch Aktienkäufe – ehemals englische Hongkonger Unternehmen erwarb und so in chinesische Unternehmen umwandelte. Dadurch sowie durch anderweitige Geschäftserfolge wurde Li Ka-Shing mit einem geschätzten Vermögen von 15 Milliarden US-Dollar zu einem der reichsten Männer der Welt.

Ein Coiffeursalon, der den alten Service ständig ummodelt und durch neue Dienstleistungen ersetzt oder ergänzt, z. B. das Fotografieren von frisch frisierten Kundinnen, wird als Anwender des Strategems Nr. 25 betrachtet: Von außen gesehen ist es stets das gleiche Geschäft, aber gehen die Kunden hinein, stoßen sie immer wieder auf Überraschungen (Yao, S. 200 ff.). Das Auswechseln alten Materials durch neues Material bei der Herstellung eines äußerlich gleich bleibenden Gebrauchsgegenstandes gilt auch als Umsetzung des Strategems Nr. 25 (Yu 1994, S. 204 f.).

Muss eine alte Führungsriege aus einem leitenden Gremium abtreten, kann sie das Strategem Nr. 25 so einsetzen, dass bei der sie selbst betreffenden Auskernung des Gremiums Personen nachrücken, die ganz in ihrem Sinne wirken werden (Yan, S. 75).

Bei einer Verhandlung kann die Anwendung des Strategems Nr. 25 darin bestehen, plötzlich die eigene Verhandlungsdelegation auszutauschen und das Gegenüber mit neuen Leuten zu konfrontieren. Auf diese Weise können schon gemachte Konzessionen zurückgeschraubt, Weichen neu gestellt, Verzögerungen herbeigeführt werden. Beispiel: Ein chinesischer Manager schickt erst seine Untergebenen in die Verhandlungen mit der Anweisung, eine harte Position zu vertreten. Ist die Verhandlung festgefahren, taucht unversehens der Chef höchstpersönlich auf und nimmt die Verhandlung in die Hand. Nun besteht die gute Chance, dass die Gegenpartei, die sich das Geschäft nicht entgehen lassen will, das Auftauchen des Chefs als letzten Rettungsanker ansieht, ihn entsprechend entgegenkommend behandelt und zu Konzessionen bereit sein wird.

Strategemprävention

Man sollte seine „Balken“ und „Pfosten“ nicht aus den Augen verlieren, deren Zustand bestens kennen und sie hegen und pflegen - auch mit Blick auf Verbündete. Bei Gesprächen und Verhandlungen sollte man vor Auskernungen auf der Hut sein. Zitiert z.B. der Opponent eine Aussage, die man gemacht hat, sollte man genau hinhören. Zitiert er falsch oder unterschiebt er eine ganz andere Aussage, dann muss man dies unverzüglich richtig stellen. Man soll sich klar und unmissverständlich ausdrücken, damit man Auskernungen bzw. Umdeutungen dessen, was man gesagt hat, nicht Vorschub leistet.

Strategemrisiko

Wenn man bei einem Opponenten die „Balken“ und „Pfosten“ auswechselt, führt dies in der Regel lediglich zu dessen Schwächung, nicht aber zur vollständigen Kontrolle über ihn oder gar zu seiner Vernichtung. Gegebenenfalls gibt man dem Opponenten sogar die Gelegenheit, sich mit neuen „Balken“ und „Pfosten“ auszustatten und den Strategemanwender auszustechen. So etwa geschah es teilweise mit Deutschland, das nach dem Zweiten Weltkrieg sehr vieler „Balken“ und „Pfosten“ verlustig ging, dadurch aber gezwungen war, ganz neue Industrieanlagen usw. aufzubauen und schnell wieder Spitzenpositionen zu gewinnen.

Beispiele

Finanzspritze durch den Verkauf fremder Autos

Am 14.04.1988 schlossen eine chinesische Geschäftsstelle der japanischen Elektrogerätefirma A und die chinesische Maschinenfabrik B einen Leasingvertrag ab. Gemäß diesem vermietete die Firma A der Firma B für einen Betrag von 31 000 US-Dollar zwei Fengtian-Limousinen für die Zeitspanne von 54 Monaten. Beide Fahrzeuge waren nach Ablauf der 54 Monate der Firma A zurückzugeben. Am 30.04.1988 erhielt die Firma B die Fahrzeuge, für die sie im Oktober 1989 die Leasingkosten beglich. Später geriet die Firma B in finanzielle Schwierigkeiten. In ihrer Not verkaufte sie die beiden Autos zu einem hohen Preis. Anfang 1992 kaufte die Firma B zwei nahezu schrottreife Fahrzeuge desselben Modells. Am 10.10.1992 nahm die Firma A ihre beiden Autos zurück. Doch sie entdeckte, dass die Autos extrem abgenutzt waren. Sie schaltete eine Rechtsanwaltskanzlei ein. Diese brachte den Fall vor Gericht und beschuldigte die Firma B, „die Balken gestohlen und die Stützpfosten ausgetauscht" zu haben, indem sie die Originalautos illegal veräußert und durch schrottreife Vehikel ersetzt habe. Das Gericht gab der Klägerin Recht und verurteilte die Firma B zu Schadenersatzleistungen.[27]

In diesem Fall wurde das Strategem Nr. 25 in krimineller Weise angewandt und entsprechend sanktioniert.

Antilope statt Rehrücken

Gegenüber den zu 99 % ahnungslosen Kunden lässt sich mit einer billigen Fleischsorte eine teurere ersetzen und auf diese Weise der Gewinn maximieren. In Zahlen: Rehrücken kostete ca. 20 Euro pro Kilo, Antilope nur etwa 5 bis 10 Euro; zwischen Huhn und Pute lagen 40 % Preisunterschied; Separatorenfleisch gab es bereits für circa 15 Cent je Kilo (*FAZ*, 16.11.1998, S. B.8). So kam es vor, dass als Rehrücken verkauft wurde, was in Wirklichkeit billiges anderes Fleisch war. Um sich gegen strategemische Nahrungsmanipulationen zu schützen, greifen chinesische Kunden bisweilen ihrerseits zu strategemischen Gegenmaßnahmen (s. *Strategeme 2*, 25.9).

5.2 Vorspiegelungsstrategeme

Eine nicht vorhandene Wirklichkeit wird vorgegaukelt: Strategeme Nr. 7, 27, 29, 32, 34.

5.2.1 Strategem Nr. 7: Aus einem Nichts etwas erzeugen

無中生有

Kerngehalt: *Kreator-Strategem*

Erläuterung: Das „Nichts“ ist kein Vakuum, sondern z. B. eine Mücke, aus der man einen Elefanten macht (Chen 1, S. 74) oder eine „verrückte Idee“, die sich als Goldgrube erweist (Chen 1, 78).

Das Strategem Nr. 7 ist technisch hybrid, denn es gehört je nachdem zur Kategorie der Vorspiegelungs- oder der täuschungsfreien Ausmünzungsstrategeme.

1. Meist wird das Strategem als Vorspiegelungsstrategem verstanden. Man gewinnt einen Vorteil, indem man ein Trugbild vorgaukelt, das Blaue vom Himmel verspricht, etwas aus der Luft greift oder eine Placebo-Handlung vornimmt. Der Bogen spannt sich von legitimen Übertreibungen bei der Anpreisung eines Produkts bis zur Lüge und zu kriminellen Betrügereien (Yao, S. 55).
2. Setzt man das Strategem Nr. 7 als innovatives bzw. disruptives Ausmünzungsstrategem ein, dann macht man sich das schier unerschöpfliche Potenzial der vom Menschen noch ungeformten brachliegenden Wirklichkeit zunutze. Dank einer konstruktiven Vision – also zunächst eines Luftgebildes –, die man in die Wirklichkeit überführt, gelangt man zu einem Erfolg oder spielt man

> ein Gegenüber aus. Gerade in der Wirtschaft steht diese Seite des Strategems Nr. 7 im Vordergrund, denn „der Geschäftskrieg ist in Wirklichkeit ein Kreativitätswettstreit“ (Chen 1, S. 79). Man überflügelt die Konkurrenz dank kühner, in Leerräume der Forschung und Entwicklung vorstoßender Ideen und mit phantasievoll-schöpferischem Vorausdenken anstelle bloß alltagstrottverhafteten Nachdenkens. Es gilt, die unglaublich vielfältige Gestaltbarkeit des Wirklichen – etwas, was listenblinden Schlafmützen entgeht – mithilfe menschlicher Phantasie auszuloten und zu verwerten.

Weltübergreifende geistige Offenheit und vernetzendes Denken sind gefragt. „‚Die Geschichte hat keinen Sinn‘, sagte Karl Popper, um sogleich hinzuzufügen, *dass wir ihr einen Sinn geben können*“ (*NZZ*, 12.11.2001, S. 27). Man wird als Mensch, ohne gefragt zu werden, in diese Welt geworfen. Es liegt an jedem, sich vom Vorgegebenen nicht allzu sehr lähmen zu lassen, sondern die Möglichkeiten zu nutzen, um „sich permanent neu zu erfinden“. Das Leben mag durch die technische Zivilisation entzaubert worden sein. Verzaubern wir es wieder – durch hehre Ziele, die wir uns setzen, durch Ideale, die wir aufbauen, warum nicht mittels einer Religion, oder durch Freude über liebenswerte Kleinigkeiten! (*Weglaufen* 2023, S. 43 f.) „Die Wirklichkeit ist die Illusion, die wir uns von ihr machen“ (Günter Rohrbach, *FAZ*, 29.11.2001, S. 45).

Strategemradius

Das Strategem Nr. 7 als Vorspiegelungsstrategem

Man vermengt nach der Losung „xu xu shi shi (leer leer voll voll)“ in seinen Aussagen Wahres mit Falschem oder in seinem Warenangebot echte mit unechten Waren und verwirrt so das Gegenüber in einer Weise, dass es auch falsche Aussagen für wahr und auch unechte Waren für echt hält (Zhang, S. 76).

Ein Hirtenbub, der auf einem Hügel ein weidendes Schaf bewachte, rief um Hilfe, denn ein Wolf sei gekommen. Die Leute eilten auf den Hügel, um festzustellen, dass der Junge sie zum Narren gehalten hatte. Später führte der Junge diese Szene noch mehrmals durch, aber niemand nahm von seinen Hilferufen Notiz. Als dann ein Wolf kam und der Junge im Ernst losschrie, kam niemand, und der Wolf fraß das Schaf. Wer diese Geschichte listig umdreht, wird immer wieder neuen blinden Alarm – also ein „Nichts" – auslösen, um später ungehindert die Tat – also ein „Etwas" – ausführen zu können (Yu 2003, S. 35 f.).

Eine taiwanesische Waschmaschine belegte in der Gunst der Kunden hinter drei ausländischen Marken nur den vierten Platz. Das Problem der Waschmaschine war ihr schwach ausgeprägtes Eigenprofil. Die von der Waschmaschinenfabrik angeheuerte Werbefirma entdeckte in der Waschtrommel des Apparats vier kleine, von außen gut sichtbare Kläppchen. Die Konstrukteure sagten, diese Kläppchen seien nur aus ästhetischen Gründen eingebaut worden. Irgendeine technische Funktion komme ihnen nicht zu. Man könne den Kläppchen, wenn man es unbedingt wolle, einen minimalen Einfluss auf den Waschvorgang nachsagen. Diese Besonderheit der Waschmaschine machten sich nun die Werbefachleute zunutze. Sie schufen für den mit den vier Kläppchen versehenen Apparateteil einen ganz neuen Namen, nämlich „gekoppelter Drehmechanismus", beschrieben eindrucksvoll die positiven Auswirkungen des „gekoppelten Drehmechanismus" auf den Waschvorgang und verhalfen so der Waschmaschine zu einem Verkaufsboom (Chen 1, S. 79 ff.).

Pseudokunden (tuo) werden von chinesischen Geschäften oder Straßenläden angestellt. Wenn ein echter Kunde unschlüssig vor einem Produkt steht, drängen sie sich vor und „kaufen" genau dieses Produkt, vielleicht noch mit einem Schwall lobender Worte, die der unschlüssige Kunde natürlich hört. Durch den begeisterten Pseudokunden soll er zum Kauf animiert werden. Derartige Pseudokunden gibt es in China in verschiedenen Branchen und Variationen (Yu 1994, S. 234 f.).

Kreative Buchführung, Scheinfirmen, Scheinabrechnungen, Scheingeschäfte; Börsengurus, die (abgesehen von ihrem etwaigen Insiderwissen) zwar nichts über die Zukunft wissen, aber so tun, als wüssten sie etwas; die gestützt auf ihren Nimbus die Stimmung anheizen und so Geld verdienen – all das sind Ausdrucksformen des Strategems Nr. 7.

Das Angebot an Detox-Produkten ist riesig. Angeblich können sie den Körper von Schadstoffen befreien oder den Darm reinigen. Doch „Detox-Produkte haben keinen wissenschaftlich belegten Nutzen. Im Gegenteil: Eine solch einseitige Ernährung kann für belastete Personen auch gefährlich sein. Ein gesunder Körper kann sich dank Leber und Nieren selber von Giftstoffen befreien. Claudia Vogt, Ernährungsberaterin am Universitätsspital Zürich, hat deshalb auch eine klare Meinung zu Detox-Produkten: ‚Detox ist eine Erfindung der Industrie, um den Leuten das Geld aus der Tasche zu ziehen. Das Einzige, was wirklich entschlackt wird, ist das Portemonnaie.'"[28]

Elizabeth Holmes, die ehemalige Chefin des Start-ups *Theranos*, hat mit einem weitgehend unwirksamen Blutschnelltest, der angeblich 240 Krankheiten nachweisen konnte, Hunderte Millionen Dollar von Investoren ertrogen. Der Wert ihrer Firma betrug einst geschätzte neun Milliarden Dollar. Investoren glaubten an das Potenzial von *Theranos*, das laut Holmes das Gesundheitswesen revolutionieren sollte. 2018 musste *Theranos* den Betrieb einstellen. Holmes, die die Betrugsvorwürfe bis zuletzt abgestritten hatte, wurde 2022 zu über elf Jahren Haft verurteilt.[29]

Um die Rothschilds rankt sich eine Unzahl von Legenden. Die wohl berühmteste hängt mit der Schlacht von Waterloo am 18.06.1815 zusammen. Die Londoner Börse wartete damals gespannt auf den Ausgang. Sollte Napoleon siegen, dann müssten die Kurse langfristiger Staatsanleihen fallen. Bei einer Niederlage des Korsen hingegen, so rechnete man, würde ein Kursanstieg die Folge sein. Den Rothschilds gelang es mittels ihres hauseigenen ausgeklügelten Kuriersystems als Ersten, die Nachricht von der Niederlage Napoleons nach England zu bringen, was einen Börsencoup ermöglichte, wie man ihn bis dahin nicht gekannt hatte. Kolportiert wird, dass Nathan Rothschild, Chef des Londoner Bankhauses, sich damals an der Börse aufhielt, regungslos vor seiner „Säule" stehend. Im Wissen um den Ausgang der Schlacht von Waterloo investierte er nicht, sondern verkaufte. Das Schicksal der Anleihen schien besiegelt zu sein. Je mehr er verkaufte, desto stärker sank der Kurs. „Rothschild", flüsterte man sich in den Gängen zu, „muss es wissen: Die Schlacht von Waterloo ist verloren." Bis Nathan plötzlich zu kaufen begann, und zwar zu einem Preis, den er selbst bestimmt hatte. Als die Siegesnachricht kurz darauf in London bekannt wurde, schoss der Kurs der Papiere in die Höhe. „Die Rothschilds verdienten Millionen."[30]

„*Gerüchte* sind das Allerfurchtbarste. Man kann sie nicht sehen, man kann sie nicht fassen, sie sind ohne Schatten und ohne Gestalt – ein bloßes Mundwerk entscheidet über Gedeih und Verderb. Ein einziger Satz kann einen Menschen in den Selbstmord treiben und einen Helden zur Kapitulation bewegen. Schon mancher Gegenspieler wurde mit einer bloßen Gerüchteoffensive, ohne dass man mit ihm die Klingen zu kreuzen brauchte, ausgeschaltet" (Chen 1, S. 73).

„Wenn einer über mich eine infame Behauptung in die Welt setzt und diese von einem ehrbaren Verlagshaus abgedruckt wird, dann wird die Behauptung Teil der medialen Wirklichkeit, und jeder schreibt sie vom anderen ab“ (Ringier-Chefpublizist Frank A. Meyer, in: *Das Magazin*, Wochenendbeilage zum *TA*, Nr. 29, 20.07.2002, S. 12).

Das Strategem Nr. 7 als Ausmünzungsstrategem

Die Krippe feierte 2023 ihren 800. Geburtstag. Der Erfinder der Krippe, Franz von Assisi, hatte an Weihnachten 1223 die Idee, die Weihnachtsgeschichte vom fernen Bethlehem ins eigene Leben hinein zu holen. Und so arrangierte er in einer Höhle bei Greccio eine Krippe mit Heu und mit echten Tieren. Im Unterschied zur heutigen Krippe war aber die Krippe leer. Franz von Assisi hatte nicht vor, diese Lücke einfach zu füllen. Er wollte mit der leeren Krippe vielmehr beim Publikum die Sehnsucht nach dem göttlichen Kind wecken. Durch das „Nichts“, die leere Krippe, sollten also fromme Gefühle erzeugt werden.[31]

Ihren Kindern gegenüber verknüpfen viele Eltern die Realität mit einer erfundenen Geschichte, so das real existierende Osterfest mit dem Osterhasen, und sie erzählen ihren Kindern, das Christkind oder der Weihnachtsmann bringe die Geschenke an Weihnachten.[32] Es wird eine Fantasiewelt aufgebaut. Aber aus diesem „Nichts“ wird etwas erzeugt: Es wird der Alltag der Kinder ein wenig verzaubert. Das Strategem Nr. 7 wird konstruktiv eingesetzt. „Wenn die Eltern ehrlich sind und das Kind in seinem natürlichen Rhythmus wachsen lassen, dann ist die Erkenntnis, dass der Weihnachtsmann keine reale Person ist, ein ganz normaler Entwicklungsschritt, der nicht alle Bereiche erschüttert. Das Kind wird nicht allgemein an der Autorität oder Ehrlichkeit der Eltern zweifeln.“[33]

„Man erzeugt Produkte nicht, um Bedürfnisse der Konsumenten zu befriedigen, sondern um neue Bedürfnisse der Kunden zu schaffen“, sagte Honda Soichiro (1906–1991), einer der bedeutendsten Industriellen Japans, dessen Milliardenunternehmen die meistverkauften Motorräder der Welt herstellte (Yu 1994, S. 59).

Man erfindet für ein Produkt eine neue Anwendungsmöglichkeit, etwa indem man glatzköpfigen Mönchen Kämme zum Massieren der juckenden Kopfhaut andreht (Zhou 1992, S. 18).

Die amerikanische Unterhaltungsindustrie hilft durch immer wieder neue Trends und Modeströmungen aller Art, die Langeweile, die vergnügungssüchtige Menschen in aller Welt nicht ertragen können, zu vertreiben und das Bedürfnis nach Abwechslung zu befriedigen. So übt sie eine globale Faszination aus.

Böse Zungen behaupten, den Dreikönigstag habe die Bäckerzunft erfunden, um mit einem kulinarisch unspektakulären Gebäck das Januarloch in der Kasse zu füllen (*Zürichsee-Zeitungen*, Stäfa 05.01.2002, S. 25).

Strategemprävention

Tritt das Strategem Nr. 7 als Vorspiegelungsstrategem auf, wappnet man sich dagegen durch Verzicht auf Leichtgläubigkeit, z. B. dann, wenn „ausgerechnet die Regierung, die allenthalben vor Verschwörungstheorien warnt, selbst Schauermärchen verbreitet“[34] oder bei einem Schockanruf, durch den man mit einer erfundenen, aber glaubwürdig klingenden Nachricht über eine Notlage emotional so stark unter Druck gesetzt wird, dass man den Anweisungen des Anrufers Folge leistet.[35] Die Folgen der Gutgläubigkeit sind fatal.[36] Wer zu vertrauensselig ist, lässt sich leicht übers Ohr hauen (Yu 1993, S. 64). Hinterfragen kann selten schaden. Skepsis ist oft gesund. Das Wort von der „Entzauberung“ der Lebenswelt kennzeichnet ein angebliches Wesensmerkmal der modernen Gesellschaft. Gerade sie ist aber in Wirklichkeit voll von falschem Zauber. Ihm gilt es, nicht zu erliegen. Dazu verhilft die aus der Kenntnis des Strategems Nr. 7 gewonnene Einsicht, wie unendlich viele Möglichkeiten es gibt, hanebüchene Konstrukte in die Welt zu setzen, die jeder Realität entbehren. Viele „Realitäten“ sind reine Luftgebilde, die man als solche bloßstellen und unschädlich machen kann. Insbesondere in einer heftigen Auseinandersetzung sollte man sich davor hüten, eine Mücke in die Welt zu setzen, um dem Gegenüber nicht die Gelegenheit zu geben, daraus einen Elefanten zu machen, oder um eine chinesische Wendung zu benutzen: „wu xian shang gang“ ([etwas Kleines] maßlos aufbauschen).

Wenn sich ein Gerücht zu lange verbreitet, lässt es sich kaum mehr aus der Welt schaffen. Gegen ein falsches Gerücht sollte man daher unverzüglich einschreiten. Sofern man überhaupt noch die Chance hat, zu Wort zu kommen (bei einem mächtigen Strategemanwender ist dies leider nicht immer der Fall), sollte man das Strategem beim Namen nennen und, das Strategem Nr. 30 anwendend, den Strategemanwender auffordern, die Richtigkeit des Gerüchts zu beweisen. Auf keinen Fall darf sich der Betroffene mit dem falschen Gerücht inhaltlich auseinander setzen, denn damit hilft er nur dem Strategemanwender. Er vergrößert das Gerücht mit jedem unnötigen Wort und verhilft ihm zu noch mehr Verbreitung. Als unbeteiligter Dritter sollte man ein Gerücht, sofern es wichtig erscheint, überprüfen. Ist es unüberprüfbar, beachte man es nicht weiter, sonst wird man auch noch zum Strategemopfer. Der Gerüchtevorbeugung dient glasklare Information. Entschieden ist unter Einsatz der Gesetze gegen kriminelle Anwendungen des Strategems Nr. 7 wie Verleumdung, Betrug, Warenfälschung usw. vorzugehen.

Strategemrisiko

Gerüchtemacherei steht stets auf brüchigem Boden und kann zu Bumerangeffekten führen. Ehrliche Leistung ist allemal der bessere Weg zum Erfolg als das Anschwärzen der Rivalin oder des Rivalen. In der Auseinandersetzung mit Feinden im Rahmen von militärischen, politischen und diplomatischen Auseinandersetzungen wird die Anwendung dieses Strategems in der chinesischen Fachliteratur zwar als manchmal unumgänglich angesehen, gleichzeitig aber auch als „zweischneidiges Schwert“ bezeichnet, mit dem man bei geschicktem Einsatz dem Feind einen schweren Schlag zu versetzen vermag, mit dem man sich bei ungeschicktem Gebrauch aber auch ins eigene Fleisch schneiden kann (Chen 1, S. 74). Beim Gebrauch des Strategems Nr. 7 als Ausmünzungsstrategem muss man aufpassen, dass sich ein „toller“ Einfall nicht als Schnapsidee erweist.

Beispiele

Eine Sagengestalt als Geldbringer

Das japanische Städtchen Ina wollte das „rauchlose Gewerbe“, nämlich den Tourismus, ankurbeln. Dazu benötigte man aber irgendeine Attraktion. Um eine solche zu finden, gründete die zuständige Behörde eine Arbeitsgruppe, die in alle Himmelsrichtungen rund um die Stadt ausschwärmte und Informationen über volkstümliche Bräuche und Sagen sammelte. Dabei stieß sie auf die legendäre lokale Heldenfigur Kantaro. Diese wurde nun nach Strich und Faden ausgeschlachtet. Wenig später überragte den Bahnhof der Stadt eine riesige Bronzestatue dieses Ortsheroen. In den Buchläden wimmelte es plötzlich an Büchern über dessen wunderbare Taten zugunsten der Armen und Notleidenden. Alle möglichen Devotionalien wie Nachbildungen der Waffen und Gürtel des Heroen sowie ihn darstellende Bilder und Figuren wurden an Verkaufsständen angeboten, die wie Pilze aus dem Boden schossen. Sogar Lieder über ihn konnte man die Einwohner der Stadt singen hören. Der Song *Ina no Kantaro* wurde sogar ein nationaler Hit. Nach nicht langer Zeit war das Ziel erreicht und die Stadt zu einer Touristenhochburg geworden (Chen 1, S. 75).

Hoher Wuchs dank Einlegesohlen

Chinesische Geschäftsleute preisen nutzlose Einlegesohlen mit dem windigen Versprechen an, dass sie zu körperlichem Wachstum verhelfen. Dadurch werden viele kleinwüchsige Chinesen und Chinesinnen zum Kauf dieser Sohlen verleitet und die Kaufleute reich. Eine derartige Anwendung des Strategems Nr. 7 wird in China nicht gutgeheißen (*Satire und Humor*, Beijing, 20. 9. 2000, S. 5).

5.2.2 Strategem Nr. 27: Verrücktheit mimen, ohne das Gleichgewicht zu verlieren

假痴不癲

Kerngehalt: *Narren-Strategem*; *Greenhorn-Strategem*; *Till-Eulenspiegel-Strategem*; *Unschuldslamm-Strategem*; *Mauerblümchen-Strategem*

Erläuterung: „Verrücktheit“ steht stellvertretend für einen vorgetäuschten geistigen oder körperlichen Mangel oder für irgendeine vorgegaukelte Schwäche. Man stellt sich taub, steckt den Kopf in den Sand, schaut weg, spiegelt Krankheit, Schwäche, Ignoranz, Ahnungslosigkeit, Bedeutungslosigkeit, kurz irgendein Manko vor. Es ist das Strategem eines vorgespiegelten geistigen oder körperlichen Defekts.

Auch „Einfalt“ ist ein Gut. Also führt man sich in gewissen Situationen auf wie der brave Soldat Schweijk. Oder man stellt sich tot, wie ein Mädchen aus Jena, das so eine Vergewaltigung überlebte. Man setzt durch scheinbare Unbedarftheit die Wachsamkeit des Gegenübers außer Funktion, um im entscheidenden Augenblick die Oberhand zu gewinnen oder um eine brenzlige Situation zu überbrücken. Oder man tut so, als ob man nicht versteht, worum es geht, z. B. dann, wenn von einem eine Handlung erwartet oder verlangt wird, die man verhindern oder abwehren will. Unter dem Deckmantel der Unwissenheit sabotiert man das Geschehen. Manchmal schweigt man lieber klug, als dass man dumm redet, ja „man soll der Schweigsamkeit zuliebe bisweilen sogar auf gute Gespräche verzichten".[37] Ein Understatement geht über ein Overstatement. „Sage nicht alles, was du weißt, aber wisse immer, was du sagst" – so ein bekannter Ausspruch. Man beantworte nur exakt das, was gefragt wird, und hole nicht weiter aus. „Mehr kaufen als verkaufen" (arabisches Sprichwort), also weniger ausplaudern und mehr zuhören, was der andere sagt. Bei Verhandlungen erst einmal den anderen reden lassen und die eigenen Absichten verbergen (Yu, 1994, S. 91). Notfalls setzt man ein Pokergesicht auf. Dank kreativer Ignoranz wird man vielfach überhaupt erst zu einem guten Gesprächspartner. Wer nicht hier und da Unwissenheit vorspiegelt, würde die Gesprächsrunde, die ihm längst Bekanntes erzählt, bald entmutigen. Tiefstapeln, vor allem angesichts misstrauischer Vorgesetzter, die befürchten, man könnte gegen sie das Strategem Nr. 30 anwenden!

Das Strategem Nr. 27 ist anwendbar gegenüber Vorgesetzten, Bettlern, Provokateuren, Konkurrenten im Job, aber auch gegenüber Kindern und Freunden. Fehler eines Sprösslings verzeiht man bisweilen, indem man so tut, als habe man nichts bemerkt. Drückt man ein Auge zu und lässt fünf gerade sein, kann man gar manche zwischenmenschliche Gewitterwolke unbehelligt an sich vorüberziehen lassen. Manchmal ist es empfehlenswert, gute Miene zum bösen Spiel zu machen.

„Wenn man im Kleinen nicht nachsichtig ist, so stört man große Pläne“.[38]

Strategemradius

Als US-Staatssekretär täuschte *Henry Kissinger* (1923–2023) 1971 bei einer Visite in Pakistan Magenbeschwerden vor, konnte so diskret von der Bildfläche verschwinden und unbemerkt einen Blitzbesuch in Peking durchführen, wo er US-Präsident Nixons historischen China-Besuch (1972) vorbereitete.

Kerngesunde Angestellte lassen sich manchmal krankschreiben, vereinzelte Scheininvalide kassieren die Invalidenrente (*Strategeme 2*, S. 454 ff.).

Mao-Nachfolger *Deng Xiaoping* (1904–1997) formulierte Chinas außenpolitische Richtlinie „für die nächsten 50 Jahre. Sie lautet: ‚Taoguang yanghui‘. Auf Deutsch bedeutet das: sich vorerst bedeckt halten und im Stillen die eigene Stärke entwickeln“ (*FAZ*, 29.10.2001, S. 48).

„Ignorieren und aussitzen“ (*Badische Zeitung*, 29.05.2002, S. 1) – das war die Devise von FIFA-Chef *Josef Blatter* angesichts massiver Vorwürfe. Auf diese Weise sicherte er sich seine glänzende Wiederwahl als FIFA-Boss. „Olaf Scholz wäre wohl nicht dort, wo er heute ist, wenn er nicht fähig wäre, unschöne Teile der Realität zu ignorieren.“[39]

Bei Verhandlungen gilt bisweilen: Es ist klug, ein bisschen dumm zu sein, z. B. ein und dieselbe Frage immer wieder zu stellen, vielleicht an verschiedene Mitglieder der Verhandlungsdelegation der Gegenseite. Auf diese Weise kann man womöglich Schwächen in deren Position entdecken.

Strategemprävention

Wichtig ist die hellwache Beobachtung eines sich schwach gebenden Gegenübers. Meldet sich z.B. jemand ständig krank, kann man ihm einen überraschenden Hausbesuch abstatten. Gutgläubigkeit ist gut, Nachkontrolle aber oft besser. Vor Leuten, die sich harmlos geben, auf der Hut sein!

Strategemrisiko

Harmlosigkeit kann dubios wirken und den Opponenten alarmieren. Stellt man sich, mit eigenem Fehlverhalten konfrontiert, naiv und weiß von nichts, kann das ins Auge gehen. Nicht alles lässt sich durch Wegschauen lösen. Gewisse verdrängte und ungelöste Probleme wachsen einem schließlich über den Kopf. So die „illegale Einwanderung, vor der wir lange Zeit die Augen verschlossen und die wir hingenommen haben“ (*Die Zeit*, 11.07.2002, S.3). Manches schafft man durch Totschweigen nicht aus der Welt. Sich wie die drei Affen die Augen, die Ohren und den Mund zuhalten und nichts sehen, hören und sagen ist manchmal langfristig gefährlich. In der europäischen Politik zeigte der Kosovo-Konflikt, wohin die Verdrängung krisenhafter Prozesse führt (*Die Zeit*, 18.11.1999, S.15), nämlich im Frühjahr 1999 zu einem Krieg. Westliche Staaten haben lange Zeit Gräueltaten von Saddam Hussein ignoriert (*NZZ*, 28.01.2004, S.2), mit unheilvollen Konsequenzen. Kassandra zum Schweigen zu bringen kann tödlich sein. Weil man in den Chefetagen mancher Unternehmen angesichts einer sich abzeichnenden Krise die Fakten zu lange verdrängt, auf bessere Zeiten hofft und Gegenmaßnahmen unterlässt, kann eine Krise überhaupt erst fatale Folgen zeitigen. Die Auffassung, Mängel erledigten sich am besten dadurch, dass man sie verschweigt, ist manchmal falsch. Im Gegenteil: Die Untersuchung von Mängeln kann das Vertrauen in die Selbstheilung des betreffenden Systems festigen.

Beispiel

Japaner – schwer von Begriff

Drei Vertreter einer japanischen Flugzeugfirma reisten in die USA, um über ein Geschäft zu verhandeln. Die amerikanische Verhandlungsdelegation bestand aus zahlreichen blitzgescheiten, bestqualifizierten hochrangigen Kaderleuten. Die erste Gesprächsrunde, die um acht Uhr vormittags begann, benutzten die Amerikaner zu einer zweieinhalbstündigen hollywoodreifen Präsentation ihrer Firma und des Produktes, das sie den Japanern verkaufen wollten. Kein technisches Hilfsmittel ließen sie bei ihrer mit höchster Perfektion inszenierten Selbstanpreisung aus. Während der gesamten Vorführung sagten die Japaner kein Wort. Still saßen sie da. Nach zweieinhalb Stunden stand der amerikanische Delegationsleiter auf, knipste das Licht im Raum wieder an und strahlte ob der gelungenen Darstellung über das ganze Gesicht. Nun wandte er sich den Japanern zu und fragte sie: „Bitte schön, was denken Sie nun?“ Ein Japaner, der äußerst freundlich lächelte, entgegnete: „Ich hab’s noch nicht verstanden.“ Als der Amerikaner das hörte, erbleichte er. „Was meinen Sie damit? Was haben Sie nicht verstanden?“ Nun ergriff ein anderer Japaner das Wort und sagte mit ausgesuchter Höflichkeit: „Wir haben alles insgesamt nicht verstanden.“ Der Amerikaner verlor beinahe die Fassung, unterdrückte seinen Zorn und fragte: „Von wann an habt Ihr unseren Vortrag nicht verstanden?“ Nun sprach der dritte Japaner: „Vom Augenblick an, da das Licht ausging und die Lichtbildpräsentation begann, haben wir nichts mehr verstanden.“ Der Amerikaner musste sich an die Wand anlehnen. Er lockerte seine Krawatte. Er sah recht verzweifelt aus. Erneut wandte er sich an die Japaner: „Nun hm, hm, was wünschen Sie denn nun, was wir tun sollen?“ Die drei Japaner antworteten: „Könnten Sie den ganzen Bericht noch einmal wiederholen?“

Der chinesische Kommentar: Die Japaner gossen in dem Augenblick, da die Amerikaner von der großartigen Wirkung ihres Vorgehens überzeugt waren und glaubten, ihr Produkt zu einem teuren Preis an den Mann bringen zu können, eine Wanne kalten Wassers über sie. Indem sich die Japaner dumm stellten und das Ganze wiederholt haben wollten, zerstörten sie die Siegesgewissheit und das Selbstvertrauen der Amerikaner. Die Japaner beherrschten die Szene. Und im Ergebnis gelang es ihnen, den Preis erheblich herabzudrücken und einen für sie günstigen Handel abzuschließen (Yu 1994, S. 219 f.).

5.2.3 Strategem Nr. 29: Einen [dürren] Baum mit [künstlichen] Blumen schmücken

樹上開花

Kerngehalt: *Strategem der Scheinblüte*; *Imponier-Strategem*; *Schminke-Strategem*

Erläuterung: Der „dürre Baum" symbolisiert eine mickrige Wirklichkeit, die „künstlichen Blumen" stehen für prächtige Hilfsmittel, mit denen man die miserable Realität verschönert. Schönreden, schönrechnen und eine kreative Buchführung können zur Vorspiegelung einer glänzenden Geschäftslage beitragen. Hauptanliegen des Strategems ist nicht die Dissimulation, also das bloße Verbergen einer hässlichen Sachlage, obwohl dieser Gesichtspunkt auch eine Rolle spielt, sondern das Vorspiegeln einer in Tat und Wahrheit gar nicht vorhandenen Kraft, Stärke, Größe, Bedrohung usw.

Strategemradius

In gewissen chinesischen *Kaufhäusern* sind prächtige Rolltreppen installiert. Doch während über 300 Tagen im Jahr stehen sie still, jeweils mit dem Hinweis: „Unter Reparatur".

Nur an Festtagen nehmen sie den Betrieb wieder auf. In Wahrheit dienen die Rolltreppen weniger den Kunden als der bloßen Dekoration und der Imagepflege („Rolltreppen stellen sich krank“, *RR*, 30.08.1995, S.10).

Chinesen verstehen sich sehr gut darauf, für ausländische Gäste eine große Show aufzuziehen, mit Schwärmen von Flaggen schwingenden und Lieder singenden Kindern an den Straßenrändern, dem Vorzeigen von Musterbetrieben, großartigen Banketts, für den Besuchstag eigens sauber hergerichteten Straßen usw. Gerade bei westlichen Geschäftsleuten kann dadurch eine euphorische Stimmung bewirkt werden, in denen sie leicht irgendwelche Zusagen machen (Brahm, S.83f.).

In einem Shanghaier Kaufhaus gelangten 1982 neue Sets zu je sechs hochfüßigen schön geformten Weingläsern von bester Qualität ins Sortiment. Auf den Verkaufsregalen wurden sie jedoch kaum beachtet. Nur zwei bis drei Sets pro Tag konnten abgesetzt werden. Später kamen einige junge Verkäuferinnen auf eine Idee. Sie füllten die Weingläser mit Wasser, in das sie einige Tropfen roter Tusche gossen. Jetzt hatten die vorher durchsichtigen, farblosen Gläser plötzlich eine Ausstrahlung, sie sahen wie mit Wein gefüllt aus und zogen die Aufmerksamkeit der Kunden auf sich. Der tägliche Verkauf stieg auf 30 bis 40 Sets.

Auch andere Werbemaßnahmen, die ein Produkt mit einer großartigen Aura versehen, wie die eine Ware überhöhende Schaufensterdekoration oder Verpackung (hierin sind Japaner wahre Meister), eine raffinierte Beleuchtung, das Ausnützen von Großereignissen oder sonstigen Veranstaltungen, Gutachten von echten oder angeblichen Experten und die Assoziation eines Produkts mit einer berühmten Persönlichkeit gelten als Anwendungen des Strategems Nr.29 (Zhou 1992, S.92; Ye, S.286f.; Chen 1, S.294). Kaufhäuser schmücken sich mit billigen, qualitativ hoch stehenden Sonderangeboten, um Kunden anzulocken – mit dem Hintergedanken, dass sie auch noch in anderen Warenabteilungen ihr Geld lassen werden (Yu 1994, S. 54).

Es besteht der Verdacht, dass in den USA „mehrere *Strom- und Gasanbieter* ihre Umsätze durch Luftbuchungen aufgebläht haben" (*Handelsblatt*, 23.05.2002, S. 14). Der Telekom-Riese *WorldCom* „blähte den Gewinn auf", indem er „laufende Kosten als Investitionen verbuchte" (*TA*, 23.06.2002, S. 23). Die Profite wurden so „um knapp 4 Milliarden Dollar aufgeblasen" (*Zürichsee-Zeitungen*, 23.07.2002, S. 17). „In den Jahren 1999 bis 2001 wurden massiv Umsätze geschönt und Kosten versteckt, was in künstlichen Gewinnen von über 11 Milliarden US-Dollar resultierte" (*NZZ*, 03.03.2004, S. 21). Die Strategemanwendung war vergeblich. Denn wenig später schockierte WorldCom weltweit Anleger und Beschäftigte mit dem größten Konkurs in der amerikanischen Geschichte. 180 Milliarden US-Dollar an Vermögen wurden ausradiert.

In England wurden *Herden* kurzfristig aufgebläht – zum Bezug von Subventionen (*NZZ*, 28.03.2001, S. 60).

Humanitäre Hilfe: Rund 150 000 Flüchtlinge schienen in Guinea verloren gegangen zu sein. Im Lager Kolomba, wo zuvor laut den offiziellen Zahlen 25 000 Flüchtlinge versorgt worden waren, fand das UNO-Hochkommissariat für Flüchtlinge nur 3000 Personen vor. Die wahrscheinlichste Erklärung für die massive Diskrepanz zwischen Statistik und Realität: „Die Zahlen der Lagerinsassen waren vorsätzlich aufgebläht worden. Dafür gibt es verschiedene Gründe. Zum einen können die zu viel verteilten Hilfsgüter auf dem Markt in Bargeld getauscht werden, was der persönlichen Bereicherung dienen kann oder auch der Aufrüstung einer Guerilla-Armee. Zum anderen werden in solchen Gebieten jeweils größere Teile der ansässigen Bevölkerung zu registrierten Flüchtlingen. Sie erhalten damit nicht nur Zugriff auf Hilfsgüter, sondern auch auf effiziente und kostenfreie Gesundheitsversorgung. Und schließlich dient die Aufblähung der Zahlen auch den Hilfsorganisationen, die ihre solcherart geschönten Tätigkeitsberichte als Hauptinstrument bei der Suche nach neuen Geldmitteln einsetzen" (*NZZ*, 08.06.2001, S.7).

Anlagebetrüger geben sich den Anstrich von Seriosität und „leimen" damit ihre Opfer. „Da wird einiges in eine noble Adresse, in Hochglanzprospekte oder Internetauftritte investiert. Beliebt ist die Mitgliedschaft bei seriös klingenden Verbänden. In Deutschland wirkt ein Firmensitz in der Schweiz vertrauenerweckend" (*SZ*, 25.11.2001, S.85). Betrüger inspizieren aufs genaueste feine Restaurants und Erste-Klasse-Hotels, wo sie ihre Opfer empfangen und durch ihre Vertrautheit mit der Lokalität – sie wissen, wo sich die Toiletten befinden und kennen angeblich sogar die Namen von Köchen – von der eigenen Seriosität überzeugen. Sie schmücken sich also mit dem Ambiente der luxuriösen Umgebung und geben sich so den Anstrich von Reichtum und Glaubwürdigkeit, worauf die Opfer jede Wachsamkeit fahren lassen (Zhou 1992, S.91).[40]

Wer heute einen Staubsauger kauft oder ein Hotelzimmer bucht, liest in aller Regel Bewertungen im Internet. Kein Unternehmen kann sich schlechte Bewertungen im Internet leisten: 60% aller Kaufentscheidungen werden durch Bewertungen beeinflusst, besagt eine Studie der EU-Kommission. Für Unternehmen ist es leicht, Online-Bewertungen zu kaufen. Mittlerweile ist eine eigene Industrie damit beschäftigt, Sternebewertungen aufzupolieren.[41]

In Gesprächen und Veröffentlichungen kann man seiner eigenen Meinung mehr Gewicht verleihen, wenn man sie durch – womöglich erfundene – Zitate großer Geister schmückt. Nicht zu vergessen: Kleider machen Leute!

Strategemprävention

Man muss unterscheiden lernen zwischen der glänzenden Fassade und dem, was dahinter verborgen sein könnte. Mit der bloßen Fassade darf man sich nicht zufrieden geben – ein allzu schönes Außenbild sollte zu Misstrauen Anlass geben. Durch großartige Statistiken und imposante Fachgutachten soll man sich nicht beeindrucken lassen – sie sind oft das Papier nicht wert, auf dem sie stehen.

Strategemrisiko

„Zu schön, um wahr zu sein" – dieser Spruch sollte bei einer Anwendung des Strategems Nr. 29 bedacht werden. So sollte das Aufpolieren von Sternebewertungen keine Option sein.[42]

Wenn man die Schminke zu dick aufträgt, verfehlt sie ihre Wirkung. Wird vorübergehend geschönt, weil man einen kurzfristigen Missstand verbergen will, kann das Strategem gelingen und unentdeckt bleiben. Wird aber etwas ungeschickt geschönt, dann ist die Wirkung kontraproduktiv.[43] Versucht man, strukturelle Mängel mit einem gefälligen Scheingebilde dauerhaft zu verdecken, dürfte sich die List als ein Schildbürgerstreich entpuppen. Da ist es doch besser, unlistig der Wirklichkeit in die Augen zu schauen, jedermann reinen Wein einzuschenken, die Ärmel hochzukrempeln und beherzt das System zu reformieren.

Beispiele

Fujiyama mit Currygipfel und Bankgebäude mit Riesen-Swatch

„Der Fujiyama wird sein Gesicht ändern!" So tönte es vor einigen Jahren vonseiten der japanischen Firma SB. Sie kündigte an, von mehreren Hubschraubern aus das von ihr hergestellte gelbe Curry-Pulver auf den schneeweißen Fujiyama-

Gipfel zu streuen. Die Bevölkerung werde dann einen Fujiyama mit goldener Spitze erblicken. Mit dieser Ankündigung wollte die Firma den Absatz ihres schwer verkäuflichen Curry-Pulvers ankurbeln.

Aber schon ging ein Sturm der Entrüstung los. Die Firma SB wurde mit Kritik überhäuft. Alle Massenmedien verurteilten sie unisono. Der Fujiyama sei doch das Symbol Japans. Wie könne sich die Firma SB erlauben, seinen Kopf zu verändern und sein Gesicht auszuwechseln!

Diese geharnischte Reaktion passte der Firma SB genau ins Konzept. Sie stand im Mittelpunkt des allgemeinen Interesses. Mit viel Lärm um nichts hatte sie die allgemeine Aufmerksamkeit auf sich gezogen. Nach einiger Zeit ließ die Firma SB verlauten, sie habe aufgrund der heftigen Ablehnung in der japanischen Öffentlichkeit alles noch einmal überdacht und sei zum Entschluss gelangt, den Plan, den Fujiyama mit Curry-Pulver zu bestreuen, aufzugeben. Gleichzeitig bekundete sie den Japanern ihre Gefühle des Bedauerns.

Nun benutzten die Leute auf einmal Redenswendungen wie „Ist der Reichtum groß, dann ist das Benehmen großzügig“, „Enorm stark“, „Den einmal erkannten Irrtum hat sie unverzüglich korrigiert“ usw. und lobten die Firma SB über den grünen Klee. Sie war in aller Munde. Und ihr Curry-Pulver fand endlich reißenden Absatz.

Der Fujiyama diente der Firma SB als „Baum“, auf dem sie ihre „Blume“, das Curry-Pulver, wenn auch nur virtuell und imaginär und offensichtlich recht kostengünstig, in Szene zu setzen verstand.

Ähnlich gestaltet war eine PR-Aktion zugunsten der Swatch. Nachdem die neue Schweizer Uhr zur Abwehr der japanischen Armbanduhroffensive entwickelt worden war, musste sie bekannt gemacht werden. Wie das geschah, schildert Nicolas G. Hayek, damals Berater der schweizerischen Uhrenindustrie und später Leiter der Swatch-Gruppe: „Die Botschaft Swatch lautet ‚höchste Qualität, tiefster Preis, Provokation und Spaß am Leben'. Und wie haben wir sie vermittelt? Nicht, indem wir für Millionen Franken – die wir sowieso nicht hatten – große Reklame machten, nein! Wir haben das teuerste Hochhaus im Bankenviertel von Frankfurt ‚organisiert' – damals war es die Commerzbank. Nun, wir überzeugten den Vorsitzenden, eine 140 Meter große funktionierende Swatch am Gebäude seiner Bank aufzuhängen. Anfangs meinte er, wir seien alle verrückt – und wenn die Uhr auf die Straße runterfiele, hätten wir einen Haufen Tote und Verletzte. Daraufhin konsultierten wir auch die Stadtväter und Stadtplaner von Frankfurt (sie waren sehr kooperativ), erhielten die Bewilligung und konnten schließlich unsere farbige Swatch aufhängen. Daneben haben wir geschrieben „60 DM, Swiss". Mehr nicht. Wir ließen sie vier Tage hängen – danach wusste jeder Deutsche, was Swatch war. Und der ganze Spaß kostete uns rund 70 000 Euro. So haben wir die Botschaft aufgebaut, die sogenannte Swatch Message."[44]

Die geschönte Apfelschorle

Von vielen Speisen wissen die Kunden gar nicht, woraus sie bestehen. Sie kaufen die Speisen, *da sie sich gefällig präsentieren.* So färben Nitritpökelsalz und Ascorbinsäure die Wurst rot. Apfelschorle besteht zu 60 % aus Apfelsaft. Der wird meist aus Konzentraten zusammengerührt. Weil die Apfelfrische dabei oft auf der Strecke bleibt, schönt man gerne mit Aromastoffen.

„Grüner Papagei mit Schnabel" statt „Spinat"

Einmal erschien der chinesische Kaiser überraschend bei einem Bauern. Dieser konnte ihm nur gerade Spinat zum Essen anbieten. Damit die Mahlzeit nicht so ordinär wirkte, gab man ihr den Namen „Hong zui lü yingwu“, also „Grüner Papagei mit rotem Schnabel“. Mit dem „grünen Papagei“ waren die grünen Spinatblätter und mit dem „roten Schnabel“ der rötliche Spinatstiel gemeint.

In der DDR nannte man Grillhähnchen bekanntlich „Goldbroiler“ (vom englischen „broil“). So wurde der Duft der weiten Welt vorgegaukelt.

Grünfärberei

Hunderte in Deutschland zugelassene Fonds geben sich ein grünes Image. Und investieren gleichzeitig in den Ausbau von Kohle, Öl und Gas. So erwähnt die Wochenzeitung *Die Zeit* einen Fond, der in seinem Namen mit Nachhaltigkeit wirbt, aber auch in BP, Shell, Total-Energies, Eni und Equinor investiert, Konzerne, die weltweit Öl und Gas fördern. Und gar nicht daran denken, es bald sein zu lassen. Nachhaltigkeit ist ein Verkaufsschlager. „Studie zu nachhaltigem Anlegen zeigt: Banken versprechen das Grüne vom Himmel – und halten wenig.“[45] Von 2020 auf 2021 stieg die Gesamtsumme nachhaltiger Geldanlagen in Deutschland um 65 %, zeigt der Marktbericht des Fachverbands FNG. Von 2021 auf 2022 um weitere 15 %.[46] Sustainability sells.[47]

Wer heute sein Geld am Finanzmarkt anlegen will, der landet schnell bei der Abkürzung ESG. Sie steht für die englischen Wörter Environment, Social und Governance. Damit sind die Kriterien Umwelt, Soziales und gute Unternehmensführung gemeint. Wer sie bei der Auswahl von Aktien und Anleihen berücksichtigt, kann von einer nachhaltigen Investition sprechen.

Oft halten Wertpapiere nicht, was ihr Label verspricht.

Die Organisation Urgewald hat 2168 in Deutschland zugelassene, als nachhaltig bezeichnete Anlagefonds ausgewertet. 36 % aller untersuchten ESG-Fonds investieren in mindestens ein Kohleunternehmen, 55 % in mindestens ein Öl- und Gas-Unternehmen. Darunter sind viele Fonds, die Formulierungen wie „Clean Energy“, „Carbon Transition“, „Low Carbon“, „Sustainability“ oder sogar „Climate“ im Namen tragen. Bloß: Das Klima hat mit solchen Investitionen keine Chance.[48]

Man kann hier wohl von „green washing“ bzw. „Grünfärberei“[49] sprechen. Hinter diesem Terminus „verbirgt sich eine Marketingstrategie, mit denen sich Unternehmen ökologischer darstellen möchten als sie es in Wirklichkeit sind.“[50] So hat in Großbritannien die Branchenaufsicht Anzeigen der Autobauer BMW und MG kritisiert, weil sie Elektroautos als emissionsfrei angepriesen hatten, was sie nicht sind.[51] „In der Summe oft irrelevantes grünes Engagement wird öffentlichkeitswirksam überbetont, um gleichzeitig von schädlichem Verhalten abzulenken.“ (Spiegel Online, 17.12.2009)[52] Wenn sich gestützt auf das Wort „Nachhaltigkeit“ „hunderte in Deutschland zugelassener Fonds ein grünes Image geben“, aber gleichzeitig in den Ausbau von Kohle, Öl und Gas investieren[53], dann kann man von einer Anwendung des Strategems Nr. 20 „Im Trüben fischen“ sprechen, insofern als das Wort „Nachhaltigkeit“ schwammig ist und unterschiedlich ausgelegt werden kann. In erster Linie aber dürfte eine Anwendung des Strategems Nr. 29 „Einen dürren Baum mit einer künstlichen Blume schmücken“ in Betracht gezogen werden können. Unter dem Gesichtspunkt dieses Strategems kann man verstehen, dass das Europäische Parlament am 17.01.2024 beschlossen hat, Nachhaltigkeitslabels, die nicht auf geprüften Zertifizierungsprozessen beruhen, zu untersagen.[54]

5.2.4 Strategem Nr. 32: Das Strategem der Öffnung der Tore [einer in Wirklichkeit nicht verteidigungsbereiten Stadt]

空城計

Kerngehalt:

1. *Strategem des vorgespiegelten Hinterhalts/Risikos; Warn-Strategem*
2. *Strategem der vorgespiegelten Gefahrlosigkeit; Entwarnungsstrategem*

Erläuterung: Dieses Strategem ist in China das wohl bekannteste aller 36 Strategeme. Das hängt mit einer legendären Anwendung des Strategems durch einen überaus populären Feldherrn und Staatsmann des 3. Jahrhunderts u. Z. zusammen (*36 Strategeme 2*, 32.1, 32.19). Während eines Feldzuges ließ er angesichts des überraschend heranrückenden Feindes die Tore der ungeschützten Stadt, in der er sich ohne genügend Truppen befand, öffnen und spielte zudem auf der Stadtmauer in Sichtweite des Opponenten in aller Seelenruhe auf seiner Wölbbrettzither. Der Gegner vermutete einen Hinterhalt und zog sich zurück.

Bei der Anwendung dieses Strategems im Geschäftsleben geht es je nach Bedarf darum, dem Opponenten eine „Fülle" oder eine „Leere" vorzugaukeln und ihn auf diese Weise zu bestimmten Schritten zu verleiten.

Strategemradius

In der Kriegsgeschichte haben plötzliche Truppenrückzüge, verbunden mit dem Zurücklassen leerer Landstriche, wiederholt den Argwohn des Gegners geweckt, der daraufhin, wie vom Strategemanwender gewünscht, abzog.

Im Rahmen der Kriminalitätsbekämpfung dienen während der Nacht hell erleuchtete Lampen oder der Lärm eines eingeschalteten Radios dazu, verlassene Häuser vor Dieben zu schützen.

Aus chinesischer Sicht „singen das Strategem der leeren Stadt“ Behörden und Ämter, die nach außen den Anschein der Geschäftigkeit erwecken, in Wirklichkeit aber leer sind, weil die Amtsträger die längste Zeit irgendwo einen Tee trinken oder sich anderweitig auswärts ihre Zeit vertreiben. In den 1970er-Jahren, als die Volksrepublik China triumphal in die UNO einzog, spielte sie gemäß einem bekannten belgischen Sinologen als Ganzes gekonnt auf den Tasten des Strategems Nr. 32: Der ganzen Welt gegenüber gab sie sich erfolgreich den Anstrich einer kommenden Macht, bei genauerem Hinsehen jedoch waren hinter den Kulissen nur Armut, Rückständigkeit und ein instabiles Regime zu erblicken (*36 Strategeme 2*, S. 623).

Bei einer Verhandlung kann sich die Partei, der intern das Wasser bis an den Hals steht und für die der Erfolg der gerade laufenden Verhandlung lebenswichtig ist, der anderen Partei gegenüber nichtsdestotrotz gleichgültig und uninteressiert gebärden: Sie kann – beispielsweise – durch eine Angestellte, die mitten in die Verhandlung platzt und die falsche Nachricht übermittelt, sie habe soeben den Business-Class-Flugschein für die morgige Reise zum Geschäftsabschluss nach Korea gebucht, den Eindruck vermitteln, glänzende Geschäfte mit anderen Partnern abschließen zu können – alles, um dem gegenüber sitzenden Verhandlungspartner keinerlei Schwäche zu zeigen und im Gegenteil bei ihm bestmögliche Vertragskonditionen herauszuschlagen (Zhang, S. 325 f.).

Strategemprävention

Zeigt einem der Opponent auffallend ostentativ eine „Leere“ oder eine „Fülle“, sollte man diese umfassend analysieren. Lässt sich die vorgezeigte „Leere“ oder „Fülle“ trotz aller Abklärungen nicht verifizieren, verharrt man in seiner Position und beobachtet den Opponenten geduldig. Früher oder später wird dann sein Strategem Nr. 32 der Entlarvung anheim fallen.

Strategemrisiko

Ein misstrauischer Gegenspieler wird herauszufinden versuchen und mit ziemlicher Sicherheit schnell ermitteln können, ob die „Leere“ der Stadt bloß vorgespiegelt oder real vorhanden ist. Das Strategem steht und fällt also mit der Leichtgläubigkeit oder dem Informationsstand des Opponenten. Es ist ein Vabanquespiel und kann leicht ins Auge gehen. Am besten sichert man sich durch flankierende Maßnahmen ab.

Beispiel

Durch Worte ein Vorratslager errichten

Ein kleines chinesisches Unternehmen benötigte für die Produktion Rohmaterial und trat daher in Verhandlungen mit einem Hongkonger Händler. Der Händler wusste, dass die chinesische Seite auf den Rohstoff dringend angewiesen war, und wollte aus diesem Umstand auf unverfrorene Weise Nutzen ziehen. Er forderte einen unverschämten Preis und führte sich zudem arrogant auf. Zum Glück für die chinesische Seite wusste er nicht, dass ihr Vorrat nur noch einen halben Monat reichte. Ohne Rohstoffnachschub drohte dem chinesischen Unternehmen der Produktionsstillstand. Obwohl der Vertreter der chinesischen Seite alle Register der üblichen Verhandlungskunst zog, wich der Hongkonger Kaufmann kein Jota von seiner harten Linie ab und wurde sogar ausfällig. Mitten in dieser ausweglosen Lage schlug der Chinese plötzlich auf den Tisch und erhob sich abrupt. Wutentbrannt sagte er: „Wenn Ihnen nicht wirklich an diesem Geschäft liegt, dann können Sie jetzt gehen. Wir haben noch Vorrat für eine ganze Jahresproduktion. Überdies planen wir in einem Jahr eine Umstellung auf ein anderes Produkt. Dann werden wir sowieso nicht mehr auf Sie angewiesen sein. Herr, bitte schön!“ Und mit diesen Worten wies er dem Hongkonger die Türe. Der war ganz verdattert. Seine Felle schienen davonzuschwimmen. Es drohte der Totalverlust eines jeglichen Profits. Nachdem er sich wieder beruhigt hatte, setzte er sich wieder hin und begann nun, mit dem Chinesen ernsthaft zu verhandeln. Es kam zu einem für beide Seiten befriedigenden Geschäftsabschluss.

Der chinesische Kommentar: Die chinesische Seite befand sich hier in einer äußerst schwachen Position, die in ihrem verheerenden Ausmaß dem Hongkonger freilich nicht bekannt war. Ihn täuschte dank seiner starken Worte der Chinese. Er spiegelte ihm Fülle vor, wo in Wirklichkeit die nahezu totale Leere herrschte. Dadurch versetzte er seinem Gegenspieler, der ja nicht mit leeren Händen abziehen wollte, einen tüchtigen Schrecken und veranlasste ihn, von seinem hohen Ross herabzusteigen. Hätte der Chinese ehrlich den verzweifelten Zustand seines Unternehmens offen gelegt, so der chinesische Kommentar, dann hätte dies der Hongkonger nur umso unbarmherziger ausgenutzt (Yu 1994, S. 272 f.).

5.2.5 Strategem Nr. 34: Das Strategem des leidenden Fleisches

苦肉計

Kerngehalt:

1. *Scheinüberläufer-Strategem*
2. *Opferstatus-Strategem*; *Mitleiderregungsstrategem*
3. *Strategem der Selbstgeißelung*; *Begütigungsstrategem*; *Canossa-Strategem*[55]

Erläuterung: Das Strategem der Selbstverstümmelung.

Man spielt sich als „Verfolgter" oder „Opfer" auf, wohl wissend, dass „Verfolgte" und „Opfer" automatisch Sympathien auf sich ziehen. Dank einer Selbsterniedrigung, Selbstschwächung, Selbstschädigung usw. mobilisiert der Strategemanwender irgendwelche Affekte, insbesondere Vertrauen. Im Geschäftsleben kann dieses Strategem auch als Ausmünzungsstrategem eingesetzt werden und ist insofern hybrid.

Strategemradius

Politik: Einen Tag nach einem auf ihn verübten Attentat wurde am 20. 03. 2004 der zur Wiederwahl angetretene Präsident Taiwans Chen Shuibian mit einer hauchdünnen Mehrheit von 0,2 % der abgegebenen Stimmen (30 000 Stimmen Vorsprung) wiedergewählt. Auf den Gegenkandidaten von der Kuomintang entfielen 49,9 % der Stimmen. Das Attentat bewirkte bei Chen Shuibian eine geringfügige Verletzung und wies diverse Ungereimtheiten auf. Da Chinesen Ereignisse, die ihnen merkwürdig erscheinen, mehr oder weniger automatisch unter dem Gesichtspunkt von Strategemen betrachten, erstaunt es nicht, dass nur sechs Tage später im chinesischsprachigen Internet unter dem Suchwort „‚Chen Shuibian' – das Strategem des leidenden Fleisches" über 1000 Einträge zu finden waren. Nebenbei bemerkt: Kein einziger westlicher Kommentator ist, soweit bekannt, auf die Idee gekommen, das Attentat, welches Chen Shuibian vermutlich die siegentscheidenden Stimmen einbrachte, unter einem strategemischen Gesichtspunkt zu betrachten. Im Gegenteil, westliche Presseorgane berichteten spöttisch über taiwanesische „abenteuerliche Verschwörungstheorien" (*NZZ*, 02.04.2004, S. 7).

Versicherungswesen: Eine japanische Versicherungsgesellschaft heuerte eine große Zahl von Witwen an und bildete sie zu Versicherungsagentinnen aus. Dank deren Einsatz erzielte die Firma enorme Gewinne. Die Witwen bewogen vor allem viele Ehefrauen dazu, ihre Ehemänner zum Abschluss von Lebensversicherungen zu überreden. Denn die Witwen, die von Haus zu Haus reisten, konnten auf ihr eigenes schlimmes Schicksal hinweisen: „Wenn mein Gatte eine Lebensversicherung abgeschlossen hätte, müsste ich mich jetzt nicht als Hausiererin durchschlagen" (Yu 1994, S. 286 f.).

Ausverkauf: In China werden Ausverkäufe oft unter Bezeichnungen angekündigt, die das große Leid, welches sie dem Geschäft zufügen, signalisieren, wie „Großer Wegwurfverkauf", „Große Ausblutung" usw. In diesem Zusammenhang sei an die das Strategem Nr. 34 zumindest entfernt widerspiegelnde chinesische Geschäftsmaxime „Bo li duo xiao (Geringer Profit, großer Umsatz)" erinnert.

Erziehungswesen: Von einer technischen Hochschule wird berichtet, sie schenke jedem Absolventen einen „Fingerring der Schande". Denn einst sei ein Zögling dieser Hochschule mit einem staatlichen Brückenbauprojekt beauftragt worden. Infolge seiner mangelhaften Planung sei die Brücke nicht lange nach der Inbetriebnahme eingestürzt. Darauf kaufte die Hochschule von dem Stahl, mit dem die Brücke erbaut worden war, und stellte daraus eine Kollektion solcher Fingerringe her.

Die Absolventen der Schule sollten den „Fingerring der Schande“ tragen, durch ihn täglich an das Fiasko mit der Brücke erinnert und damit zu Wachsamkeit gegenüber der eigenen Arbeit ermahnt werden.

Strategemprävention

Sensibilisiert durch dieses Strategem, sollte man den Mut aufbringen, gegenüber Leuten, die sich als Opfer und Verfolgte ausgeben, und dem durch solche Leute aktivierten eigenen Samariterreflex wachsam zu bleiben, um sich nicht von Pseudoopfern und Pseudoverfolgten um den Finger wickeln zu lassen. Denn „auch ‚Opfer‘ können es faustdick hinter den Ohren haben“ (*NZZ*, 09.02.1996, S.66). Während man falsche Opfer entlarvt, kann und soll man echte Opfer und Verfolgte aus voller Überzeugung und mit ganzem Herzen unterstützen.

Strategemrisiko

Dieses Strategem gilt als riskant (Yu 1993, S.372). Denn ohne irgendeine Form der Selbstschädigung funktioniert es nicht. Man muss daher das richtige Augenmaß bewahren und sehr aufpassen, dass nicht irreparable Nachteile zurückbleiben.

Beispiele

Armbanduhr-Regen

Als Werbemethode setzt man das Strategem Nr.34 ein, indem man ein Produkt in aller Öffentlichkeit größten Belastungsproben aussetzt und dann nachweist, dass es keinerlei Schaden davongetragen hat. Solche Härtetests im Geiste des Strategems Nr.34 sorgen für Vertrauen in die Qualität des Produkts.

So ließ eine japanische Uhrenfirma von einem Helikopter aus 1000 Metern Höhe eine große Menge ihrer damals noch nicht marktführenden Armbanduhren herunterregnen und verschenkte sie an die Finder, die allesamt bestätigen konnten, dass die Uhren trotz des Aufpralls tadellos funktionierten (Chen 1, S. 346). Zudem ließ die Firma 1000 Armbanduhren mit einer Schwimmvorrichtung ins Meer werfen. Einige Dutzend davon schwemmte es nach einiger Zeit an die Küste der damaligen Sowjetunion und noch später an die Küste der USA. Auch diesmal konnten die Finder bestätigen, dass alle Uhren trotz der langen Meeresreise perfekt liefen (Yao, S. 161 f.).

CEO-Gehalt: 1 US-Dollar

Als Führungsmethode bringt man das Strategem Nr. 34 in Form von selbstpeinigenden Vorgehensweisen (Lohnkürzungen bei sich selbst, Arbeit bis zur Erschöpfung vor aller Augen, Vollstreckung einer neu eingeführten harten Maßnahme zuerst gegenüber der eigenen Person usw.) zur Anwendung. Dadurch statuiert man an sich selbst ein Exempel (Chen 1, S. 346). Als Lee Iacocca 1979 den unmittelbar vor dem Ruin stehenden Chrysler-Konzern übernahm und rigide Sparmaßnahmen einleitete, reduzierte er sein eigenes Gehalt auf die symbolische Höhe von einem US-Dollar (*CM*, S. 1323). Die selbst auferlegte Qual kann man in die Qualität der eigenen Warenproduktion, die eigene Pein in Kampfgeist der Untergebenen umwandeln, die man auf diese Weise zu motivieren vermag. Als extrem hoch empfundene Managerlöhne sind das pure Gegenteil dieser Führungsmethode und dazu angetan, bei Untergebenen sowie in weiten Kreisen der Bevölkerung für böses Blut zu sorgen. Wer von anderen Einschnitte fordert, sollte sich aus der Sicht dieses Strategems nicht selbst die Taschen voll stopfen. Wenn die Eliten, die über Geld verfügen, die anderen an ihrem Erfolg nicht teilhaben lassen, „besteht die Gefahr, dass sich diese mit Gewalt nehmen, was ihnen zukommt. Wir sehen das an den Demonstrationen gegen die Globalisierung“ (*C*, 25.03.2004, S.41).

Das verlorene Glücksspiel

Chinesische Geschäftsleute verlieren bewusst z.B. ein Mah-Jongg-Spiel und damit womöglich auch Geld – mit dem Ziel, bei ihrem Spielpartner, der zugleich ihr Geschäftspartner ist, eine gute Stimmung zu schaffen.

Opiumkrieg und ungleiche Verträge

Noch ist man in der VRCh nicht auf die Idee gekommen, einen weltweiten Gedenktag an den von den Engländern begonnenen Opiumkrieg (1840–1842) zu lancieren, für dessen Einführung die VRCh zweifelsfrei eine Mehrheit in der UNO-Generalversammlung zu mobilisieren vermöchte. Bisher begnügt man sich mit einem nationalen Gedenktag am 28. Juni. Immer wieder wird auch der Zerstörung des Kaiserpalastes in Beijing durch europäische Truppen im Oktober 1860, ungleicher Verträge, durch die westliche Mächte Vorrechte in China erwarben, und vieler anderer Fakten gedacht, durch die sich China als Opfer ausländischer Aggression darstellen kann. Diesen Opferbonus können Chinesen bei Wirtschaftsvertragsverhandlungen mit westlichen Firmen, zumindest im Hintergrund, geltend zu machen versuchen. Auch der Hinweis, China sei ein Entwicklungsland, lässt an das Strategem Nr. 34 denken (Fang, S. 275; Brahm, S. 68).

Sich als Mörder ausgeben, um Aufmerksamkeit zu erheischen

Im April 2009 benutzt ein Investor, der sich als V. G. vorstellt, das Strategem Nr. 7 „Aus einem Nichts etwas erzeugen“. Zu diesem Zeitpunkt befindet sich der Grasshopper Club Zürich

(GC), der zweitälteste Verein in der Schweizer Fußball Liga, sportlich und finanziell in einer verzweifelten Lage. V.G. verspicht dem Klub 300 Millionen Franken. Er behauptet, einer arabischen Großfamilie mit 20 000 Mitgliedern anzugehören und 6000 Brüder und Schwestern zu haben. Er verfüge über 700 Milliarden Dollar. Not macht nicht immer erfinderisch, sondern manchmal auch listblind. Verblendet vom vermeintlichen Reichtum schenken Verantwortliche von GC den absurden Aussagen Glauben und unterzeichnen am 22. April 2009 mit V.G. gar einen Vertrag. Doch dann entpuppt sich V.G. als mittelloser Hilfsarbeiter, und GC, historisch gesehen der erfolgreichste Fußballklub der Schweiz, ist zu einer Lachnummer zusammengeschrumpft.

Die Karriere von V.G. begann mit einer ausgefallenen Anwendung des Strategems des leidenden Fleisches. Geboren am 08. Oktober 1965 in Tamm bei Stuttgart, wächst in kargen Verhältnissen auf, es gibt so wenig Geld wie Zuneigung von den Eltern. Ihm reicht es zum Besuch einer Sonderschule und zu Jobs als Hilfsarbeiter. „Er ist 19 Jahre alt, als er endlich einen Ausweg entdeckt, sich zu verwandeln“, erklärt der *Spiegel* im Januar 2013 in einer fünfseitigen Reportage das Phänomen V.G.

Auslöser für die Verwandlung des V.G. mittels des Strategems Nr. 32 ist ein Mord, der nahe seines Heimatortes begangen wird. V.G. geht zur Polizei und beschuldigt sich der Tat. Er bekommt die Aufmerksamkeit, die er nie gehabt hat, so zweifelhaft sie auch ist. Fast ein Jahr sitzt er in Untersuchungshaft, bis die Polizei ihn freilässt. Er ist nicht der Mörder. Im *Spiegel* wird er sagen, welch wunderbares Gefühl es gewesen sei, als potenzieller Mörder bedeutend zu sein.

V.G. hat seine Bestimmung gefunden: Er wird Schwindler. In den folgenden Jahren begeht er ein paar Gaunereien, Scheckbetrug, Urkundenfälschung etc. Gerne gibt er sich auch als

Dr. med. aus. Seine Karriere gipfelt in seinem Coup mit dem Zürcher Grasshopper Club. Gegen V.G. wird am 07. September 2011 Haftbefehl erlassen. Am 02. Mai 2012 verurteilt ihn das Amtsgericht Rottweil wegen gewerbsmäßigen Betrugs in fünf Fällen zu dreieinhalb Jahren Gefängnis. Nach 28 Monaten, zwei Herz- und einer Krebsoperation kommt er frei.[56]

5.3 Enthüllungsstrategeme

Eine unbekannte oder schwer zu kommunizierende Wirklichkeit oder Aussage wird raffiniert ermittelt oder vermittelt; Strategeme Nr. 13, 26.

5.3.1 Strategem Nr. 13: Auf das Gras schlagen, um die Schlangen aufzuscheuchen

打草驚蛇

Kerngehalt:

1. *Versuchsballon-/Testlauf-Strategem*
2. *Strategem der indirekten Abschreckung; Warnschuss-Strategem*
3. *Provokationsstrategem*

Erläuterung: Das Strategem zielt auf die Beschaffung und die Verbreitung von Information, und zwar in dreierlei Hinsicht.

1. Die Schlangen werden durch die Vibrationen, welche der Schlag auf den Boden auslöst, „aufgescheucht“, bewegen sich fort, bringen dadurch das Gras zum Rascheln und verraten so ihre Anwesenheit. So weiß der Strategemanwender schnell und

bequem, dass sich im Feld vor ihm – vielleicht giftige – Schlangen verstecken, und kann sich vorsehen (Chen 2, S. 134). „Auf den Busch klopfen."

2. Aus dem Blickwinkel der „Schlangen" gesehen, werden sie durch das Strategem gewarnt. Jemand bringt durch den Schlag nicht direkt auf die Schlangen, sondern auf das Gras zum Ausdruck, dass er die Schlangen, wenn sie sich nicht von selbst aus dem Staube machen, fangen und töten wird: „Ein Huhn töten, um den Affen einzuschüchtern."
3. Vom „Aufscheuchen" der Schlangen, das diese zum Rascheln veranlasst und den Strategemanwender über die Gefahr aufklärt, führt der Gedankengang zu einem dritten Verständnis des Strategems Nr. 13: Man bedient sich ausgefallener Signale, nicht um an eine schwer zugängliche Information heranzukommen, sondern um beim Signalempfänger eine aus dessen Sicht zwar spontane, aus der Sicht des Strategemanwenders aber planmäßig herbeigeführte Reaktion auszulösen. „Die Schlange aus ihrer Höhle locken."

Strategemradius

Versuchsballon-Strategem

Durch gezielte Verlautbarungen in der Presse kann man Reaktionen testen. Einen Gesprächspartner kann man mit einigen kurzen Bemerkungen reizen, damit er zu reden beginnt. Seinen Redefluss kann man mit wenigen provokativen Worten unterbrechen, um aus der Art seiner Reaktion seine wahre Meinung in Erfahrung zu bringen.

Während einer Verhandlung kann man Gerüchte organisieren, die an das Ohr der Gegenseite dringen, oder bestimmte interne Informationen durchsickern lassen oder Pseudogeheimnisse preisgeben oder plötzlich Druck ausüben – alles, um die Reaktion der Gegenseite zu beobachten. Durch das Stellen einer Serie von gut durchdachten rein hypothetischen Fragen (z.B.: Welches ist der Kaufpreis bei einer Verdopplung der Kaufmenge? Bei einer Verdreifachung der Vertragsdauer? Bei einer Verringerung der Garantiesumme?) lässt sich die Gegenseite ebenfalls abtasten (Yu 1994, S. 113).

Gemäß einer sehr abgehobenen Interpretation dieses Strategems werden das Marktgeschehen als „Gras", die Produkte der einzelnen Unternehmen als „Bambusstöcke" und die Marktpotenziale als „Schlangen" aufgefasst. Wer die durch die verschiedenen Produkte ausgelösten Signale richtig und schnell zu deuten versteht und darauf angemessene strategische und taktische Unternehmensentscheide trifft, wird mit seinen Produkten Erfolg haben (Yu 1994, S. 109).

Warnschuss-Strategem

In der Volksrepublik China gelten gewisse Maßnahmen der Verbrechensbekämpfung als Anwendung dieses Strategems: „Einen hinrichten, um hundert zu warnen" (Yu 2003, S. 67).

Der US-Ölmagnat John Paul Getty (1892–1976) soll den Grundstein für sein Vermögen mithilfe des Strategems Nr. 13 gelegt haben. Er heuerte einen lokalen Bankangestellten an, der an seiner Stelle an der Versteigerung eines Grundstücks teilnahm, in dem Erdöl vermutet wurde. Dies schreckte die anderen Interessenten ab, welche glaubten, der Banker handle für eine große Ölgesellschaft. Entnervt zogen sie sich zurück. So konnte er das Landstück ganz billig erwerben und später mit einem Riesengewinn verkaufen (Yao, S. 103 ff.).[57]

Provokationsstrategem

Bertrand Russel (1872–1970) begann einen Vortrag an der Beijing-Universität mit der Frage: „Welche Summe ergibt 2 + 2?" Im eben noch lärmigen Auditorium wurde es mucksmäuschenstill. Niemand wagte, etwas zu sagen. Denn man vermutete eine Falle. Darauf erteilte Russel die Antwort: „2 + 2 = 4." Und er fuhr fort: „Das wissen sogar Primarschüler. Ihr seid alles Universitätsstudenten. Wieso konntet ihr diese Frage nicht beantworten?" Und dann stieg er in seinen Vortrag ein, dem die von ihm aus ihrer Anfangslethargie gerissenen Zuhörer gespannt folgten (Yu 2003, S. 67 f.).

Bei einem *Vorstellungsgespräch* in China „schlägt man aufs Gras, um die Schlangen aufzuscheuchen" mit dem Ziel, die geistige Beweglichkeit von Stellenbewerbern schnell zu ermitteln. Zum Beispiel gibt man ihnen einen Kuchen in einer Schachtel. Dann stellt man ihnen die Aufgabe, den Kuchen in acht Teile zu zerschneiden und an acht Personen zu verteilen, aber unter der Bedingung, dass ein Stück in der Kuchenschachtel zurückbleibt. Angesichts dieser merkwürdigen Aufgabe zerbrechen sich viele Bewerber den Kopf, ohne zu einer Lösung zu gelangen. Sie sind durchgefallen. Doch dann gibt es Bewerber, welche den Lösungsweg schnell erfassen. Zuerst verteilen sie je ein Stück Kuchen an sieben der acht Personen. Das achte Stück legen sie in die Schachtel zurück und geben diese der achten Person. Damit haben diese Bewerber den Test, der ihren Einfallsreichtum zum Vorschein brachte, bestanden (*ZQB*, 11. 12. 2002, S. 12).

In der *Werbung* kann man „durch die List der Provokation und der Überraschung in die Hirne gelangen und dort die Markenbotschaft hinterlassen" (*Der Spiegel*, 26/2001, S. 70). Aber die Provokation kann auch kontraproduktiv und abstoßend sein. Daher ist hier Augenmaß unverzichtbar.

Mitten in einer *Verhandlung* kann man seine Papiere zusammenraffen und aus dem Verhandlungsraum stürmen – ebenfalls eine Anwendung des Provokationsstrategems Nr. 13.

Strategemprävention

Stellt man fest, dass die Verhandlungen unecht sind und nur dem Herauslocken möglichst vieler Informationen dienen, sollte man die Verhandlungen sofort abbrechen. Bei einer Fragenflut beantworte man schwerpunktmäßig diejenigen Fragen, in denen man die größten Stärken ausspielen kann und in deren Richtung man das Gegenüber lenken möchte. Auf keinen Fall lasse man sich nach Strich und Faden ausquetschen. Vorsicht mit „Was wäre, wenn ...“-Fragen!

Gerät man wegen der Handlung eines anderen in eine Gefühlswallung, in der man sich zu einer sofortigen Reaktion gedrängt fühlt, sollte man sich gleich fragen, ob diese nicht genau einem möglichen Kalkül des anderen entspricht oder ob sie der andere nicht zu seinen Gunsten ausschlachten kann. Bejaht man eine dieser Fragen, dann unterlasse man die Reaktion. Sich nicht provozieren lassen! Lockfragen erkennen!

Strategemrisiko

Der Versuchsballon, den man starten lässt, muss gut konzipiert sein, sonst sind die Ergebnisse wertlos. Wild losgelassene Versuchsballons bringen nichts. Keine schlafenden Hunde wecken!

Legt man ein Windei zur Unzeit oder ungekonnt, um das Terrain abzuklopfen, können die Adressaten zu unerwartet harschen Gegenreaktionen herausgefordert werden, die einem schaden.

Beispiele

Versuchsballon-Strategem: Der informative Preisschreck

Ein ausländischer Geschäftsmann A wollte in China Aromastoffe kaufen. In der Verhandlung bot A 40 US-Dollar pro

Kilo. Die Chinesen wussten nicht, woran sie waren und verlangten 48 Dollar. Erschrocken schüttelte A den Kopf und stammelte: „Nein, nein, das ist viel zu teuer. Mehr als 45 Dollar pro Kilo kann ich auf keinen Fall zahlen." So hatte er, gereizt durch die hohe chinesische Preisforderung, unwillkürlich seine oberste Limite ausgeplaudert. Das Geschäft wurde zu 45 Dollar pro Kilo abgeschlossen, also zu einem höheren Preis, als von den Chinesen ursprünglich erhofft (Yu 1994, S. 113).

Warnschuss-Strategem: Nur 40 Minuten für das Abenddiner

Die chinesische Firma A verhandelt in China mit der deutschen Firma B über ein Joint Venture. Insgesamt stehen nur drei Tage zur Verfügung, und der strittigen Punkte sind viele. Die Verhandlungen verlaufen zäh. Als die drei Herren der deutschen Delegation bei dem auf 20 Uhr angesetzten Abendbankett ankommen, wird ihnen mitgeteilt, der Chef der chinesischen Verhandlungsdelegation lasse seine Abwesenheit entschuldigen. Als Begründung wird angegeben, er müsse sich um seinen kranken Vater kümmern. Auf die Nachricht von der Abwesenheit des chinesischen Verhandlungsleiters reagieren die deutschen Delegierten, indem sie den verdutzten anwesenden niederrangigen Chinesen mitteilen, es stünden ihnen für das Abendessen nur 40 Minuten zur Verfügung. Dann müssten sie sich in ihrem Hotelzimmer zu wichtigen Telefongesprächen mit der deutschen Mutterfirma einfinden. In der Tat verabschieden sich die Deutschen nach genau 40 Minuten, noch bevor der Hauptgang eingetroffen ist.[58]

Der chinesische Delegationschef versuchte, das Strategem Nr. 13 zu benutzen. Durch seine mit einer bewusst durchsichtigen Entschuldigung verbrämte Abwesenheit wollte er der deutschen Seite indirekt sein Missfallen über den bisherigen Verhandlungsverlauf signalisieren und die Deutschen einschüchtern: Nur wenn sie sich in den kommenden Verhandlungen nachgiebiger verhalten, wird er sich ihnen wieder widmen und mit ihnen auch bei Speis und Trank zusammen sein wollen, so sollte wohl die Botschaft lauten. Spontan reagierten die Deutschen ebenfalls strategemisch. Mit ihrem faktischen Bankettboykott machten sie das chinesische Strategem zunichte. Sie gaben, ebenfalls das Strategem Nr. 13 benutzend, die Ohrfeige einfach zurück. In der Tat soll sich der Chef der chinesischen Delegation vom folgenden Tag an etwas konzilianter als bis dahin benommen haben. Er hatte gemerkt, dass die Deutschen keine dummen Schafe waren.

Dass hier die deutsche Seite ebenfalls – und zwar gekonnt – strategemisch handelte, und zwar im Rahmen einer defensiven Reaktion, belegt nur die These, dass listiges Verhalten universal ist. Ich bezweifle allerdings, dass die Deutschen erkannten, welches Strategem sie mit welchem Strategem beantworteten.

Provokationsstrategem: Weingenuss dank zerbrochener Flasche

Auf der II. Weltweindegustation wurden die verschiedenen chinesischen Weine, obwohl sie von guter Qualität waren, infolge ihrer unscheinbaren äußeren Aufmachung nicht beachtet. Da kam einem Mitglied der chinesischen Weindelegation das Strategem Nr. 13 in den Sinn, und er setzte es sogleich in die Tat um. Ein Klirren – und schon lag eine zerbrochene Maotai-Flasche am Boden. Sofort stieg ein betörender Duft auf und verbreitete sich über den ganzen Raum. Die Weinkenner aus aller Herren Länder eilten herbei und riefen aus: „Welch ein feiner Wein!" Von da an war der Bann gegenüber den chinesischen Weinen gebrochen (Chen 2, S. 136).

5.3.2 Strategem Nr. 26: Die Akazie schelten, [dabei aber] auf den Maulbeerbaum zeigen

指桑罵槐

Kerngehalt:

1. *Strategem der indirekten Kritik*; *Schattenbox-Strategem*
2. *Strategem der indirekten Aggression*

Erläuterung:

1. Man schmäht, für alle sichtbar, den etwas ordinären, den Bauern zur Seidengewinnung dienenden „Maulbeerbaum“, meint aber in Wirklichkeit die viel edlere und daher nicht so leicht offen angreifbare Akazie daneben. „Den Sack schlagen, aber den Esel meinen.“ Der Strategemanwender kann je nachdem darauf abzielen, dass nur das Umfeld der „Akazie“ die an ihr indirekt geübte Kritik zur Kenntnis nimmt. Er kann aber auch darauf abzielen, dass die „Akazie“ selbst von der ihr in schonender Weise beigebrachten Kritik Notiz nimmt und sie beherzigt. Gerade in heiklen Verhandlungen kann man dem Gegenüber, vor allem wenn er mächtig ist, Negatives nicht immer plump ins Gesicht sagen. Dann kann das Strategem Nr. 26 hilfreich sein. Die Kritik am „Maulbeerbaum“ sollte genau dosiert und im Hinblick auf das anvisierte Ziel, die „Akazie“, nicht diffus, sondern nachvollziehbar sein, sodass sich die „Akazie“ auch tatsächlich, wenn auch auf feine Weise, getroffen, aber nicht beleidigt oder herausgefordert fühlt. Das Strategem muss keineswegs immer persönlich gemeint sein. Es kann auch für Sachkritik eingesetzt werden. So kann man durch Anprangerung eines Details seinen Unwillen über den Gesamtgegenstand zum Ausdruck bringen.

2. Auf Pappkameraden (der menschlichen Figur nachgebildete Attrappen) schießen; einen kleinen oder einen privaten Mangel beim Opponenten kritisieren, um dadurch indirekt auch dessen starke Seiten oder fachliche Kompetenz infrage zu stellen (Yan, S. 74); einen schwachen Feind angreifen und – natürlich – besiegen, um einen stärkeren Feind zum Nachgeben zu bewegen.

Strategemradius

Nach dem Krieg der USA gegen den Irak (März/April 2003) gab plötzlich der libysche Staatschef Gaddhafi seine Absicht bekannt, auf Massenvernichtungsmittel zu verzichten und sich den USA anzunähern. Zu diesem den Effekt des Strategems Nr. 26 widerspiegelnden Ergebnis des Irak-Krieges äußerte der frühere CIA-Chef James Woosley: „Die Tatsache, dass sich Gaddhafi schließlich entschloss, seine Aktivitäten offen zu legen, hat zweifellos mit dem amerikanisch-britischen Vorgehen gegenüber dem Irak zu tun. Jene, die immer noch glauben, Libyen hätte sich so oder so zu einem Sinneswandel entschlossen, sind eher naiv" (*NZZ*, 13./14.03.2004, S. 7).

Mehrere *Gleichnisse Jesu* im Neuen Testament kann man als Anwendungen des Strategems Nr. 26 interpretieren, z. B. jenes über die bösen Winzer (Mk 12, 1–12)[59]. Und in der TV-Serie *Star Trek – The Next Generation* sehen viele hinter den sich unaufhaltsam ausbreitenden intergalaktischen Bösewichten, den Borg, die alles assimilieren oder vernichten, was ihren Weg kreuzt, eine deutliche Anspielung auf den mächtigsten irdischen Konzern, Microsoft (*C*, 02.08.2002, S. 31).

Strategemprävention

Ein Schwacher sollte sich nicht dermaßen exponieren, dass er als „Maulbeerbaum“ herhalten muss. Es gibt Situationen, in denen man dem „Maulbeerbaum“, der gerade Ziel eines Angriffs ist, beistehen muss, um zu verhindern, dass man selbst zum nächsten „Maulbeerbaum“ ausersehen wird. Wird man als „Maulbeerbaum“ getroffen, kann man die Kritik gegebenenfalls gleich weitergeben oder sie gestützt auf das Strategem Nr. 27 „Verrücktheit mimen, ohne das Gleichgewicht zu verlieren“ ignorieren.

Strategemrisiko

Die indirekte Schelte, die nur das Umfeld, nicht aber die „Akazie“ wahrnehmen soll, entgeht wider Erwarten der Aufmerksamkeit der „Akazie“ nicht, die sich bitter rächen wird. Die indirekte Kritik, die vor allem die „Akazie“ zur Kenntnis nehmen soll, wird von dieser nicht wahrgenommen, weil der „Maulbeerbaum“, der direkt kritisiert wird, keinerlei Parallele zur „Akazie“ aufweist. Deshalb glaubt die „Akazie“, die Kritik gelte tatsächlich dem „Maulbeerbaum“.

Beispiel

Wut gegen den Kellner

Bei Verhandlungen kann man gegenüber einer unbeteiligten Person, z. B. einem Kellner, einen Wutausbruch simulieren, um so dem Verhandlungspartner den angestauten Frust zu veranschaulichen. Oder man kann mit einem zornverzerrten Gesicht den Vertragsentwurf zerreißen, um dem Gegenüber die angespannte Lage drastisch vor Augen zu führen (Yu 1994, S. 216). In Werbekampagnen kann man nicht namentlich genannte Konkurrenten so kritisieren, dass die Konsumenten wissen, wer gemeint ist (Li, S. 301 f.).

5.4 Ausmünzungsstrategeme

Eine dem Opponenten infolge ungenügender geistiger Wachheit, fehlender Information, geringen Wissens oder mangelhafter Phantasie entgehende bzw. eine seiner Einflussnahme entzogene günstige Konstellation wird geistesgegenwärtig ausgenutzt: Strategeme Nr. 2, 4, 5, 12, 14, 15, 16, 17, 18, 19, 20, 22, 23, 28, 30, 31, 33.

5.4.1 Strategem Nr. 2: [Die ungeschützte Hauptstadt des Staates] Wei belagern, um [den durch die Hauptstreitmacht des Staates Wei angegriffenen Staat] Zhao zu retten

圍魏救趙

Kerngehalt: *Achillesfersen-Strategem*

Erläuterung: Indirekte Bezwingung des Opponenten durch Bedrohung einer seiner ungeschützten Schwachstellen. Es geht darum, in die „Leere“ vorzustoßen und die „Fülle“ zu meiden. „Leere“ steht für Positionen des Opponenten, in denen er für einen Angriff schlecht oder gar nicht vorbereitet ist, „Fülle“ für das Gegenteil.

Gemäß einer Verallgemeinerung des Sinns von Strategem Nr. 2 kann man gewisse Probleme von einem vergleichsweise unbeschwerten Nebenaspekt her zu lösen beginnen. Wenn dort der Durchbruch gelingt, kann dies die eigenen Leute anfeuern und eine beschleunigte Lösung des Gesamtproblems befördern.

Strategemradius

Die Entstehung der Informationsgesellschaft macht Firmen und Staaten verwundbar. Privatpersonen und kleine Gruppen können Informationsangriffe über das Internet durchführen, kostengünstig und wirksam (*HBM*, November 2003, S. 77). Weltweit nutzen Schiffskapitäne, Autofahrer, Freizeitsportler und andere, die ihren Standort metergenau kennen wollen, das satellitengestützte „Global Positioning System". Mit Störsendern lassen sich die Signale von GPS-Satelliten indes zerhacken. Optische Sensoren können mit Lasern geblendet, Satelliten durch die Kollision mit Kampfsatelliten zerstört werden. Nicht unbedingt der ist mächtig, der Hightech hat, sondern derjenige, der das System durchschaut, es unterlaufen kann und seine Schwächen radikal auszunützen versteht. Kein Wunder, dass der US-Verteidigungsminister vor einem neuen „Pearl Harbor" warnte. Die Vereinigten Staaten seien bedroht, „weil ihre Basis im Weltraum lahm gelegt werden könne" (*Die Zeit*, 22.02.2001, S. 5, *Der Spiegel*, Nr. 38, 2001, S. 245).

Bei Verhandlungen greift man einen wunden Punkt in der Position oder Persönlichkeit des Opponenten an (Fang, S. 263).

Strategemprävention

Man muss seine Schwachstellen kennen und schützen.

Strategemrisiko

Man kann die Schwachstelle des Gegners falsch einschätzen und beißt dann auf Granit.

Beispiel

Nach dem Ausbruch des Ersten Weltkriegs gingen die westeuropäischen Exporte nach China stark zurück. Vor allem der chinesische Seifenmarkt litt darunter. Die sich ihm dadurch bietende Gelegenheit griff Fan Xudong, ein chinesischer Chemiker und Unternehmer, beim Schopf. 1918 gründete er Chinas erstes Seifenprodukte herstellendes Unternehmen Yongli („Immerwährender Profit"). Doch nach dem Ende des Ersten Weltkriegs drängte die englische Firma Bruner, Mond & Co., die vor dem Kriegsausbruch den chinesischen Seifenmarkt beherrscht hatte, mit aller Macht auf diesen Markt zurück. Der neu aufgetauchte chinesische Konkurrent störte sie, und sie unternahm alles, um ihn unter Kontrolle zu bringen – vergebens. Schließlich warf sie eine Riesenmenge Seife zu einem um 40 % herabgesetzten Preis auf den chinesischen Markt. Dieser Schachzug traf die Firma Yongli mit aller Härte. Eine Unterbietung des Preises der Konkurrenz schied aus, denn dann war der baldige Bankrott unausweichlich. Aber die teurere Seife ließ sich auch nicht an den Mann bringen, also blieben Einnahmen aus. Vor den Engländern kapitulieren wollte Fan Xudong auf keinen Fall. Eines Tages ging er in seiner Studierstube mit gesenktem Haupt auf und ab und sann auf eine Gegenmaßnahme. Da fiel sein Blick plötzlich auf eine an der Wand hängende Fotografie. Sie zeigte ihn in Japan, wo er studiert hatte. Japan! Das war die Lösung. Japan war Bruners bedeutendster Markt in Fernost. Vom Ersten Weltkrieg war Europa nach wie vor geschwächt, und Bruners Produktionsvolumen war daher noch beschränkt, die Firma konnte nicht beliebig viel Seife in den Fernen Osten liefern. Wenn Bruner nun solche Massen an Seife in China auf den Markt warf, musste der von Bruner bediente Seifenmarkt in Japan angespannt sein. Warum also die Firma Bruner, die ihn in China frontal angriff, nicht auf dem Umweg über Japan attackieren?

Damals konkurrierten die beiden japanischen Konzerne Mitsubishi und Mitsui heftig miteinander um die Beherrschung des japanischen Marktes. Mitsubishi besaß eine Seifenfabrik, aber Mitsui fehlte eine solche. Wollte sie auch Seife verkaufen, war sie auf Importe angewiesen. War das nicht der Ort für einen geschäftlichen Durchbruch? Eilends trat Fan Xudong mit Mitsui in Verbindung und bot dem Konzern an, in Japan zu einem niedrigeren Preis als Bruner den Kommissionsvertrieb der von Yongli hergestellten Seife „Rotes Dreieck“ zu übernehmen. Rasch kam es zur Einigung. Die Seife „Rotes Dreieck“ wurde über Nacht vom riesigen Verkaufsnetz des Mitsui-Konzerns in ganz Japan verbreitet. Qualitativ der Bruner-Seife ebenbürtig, bewirkte die kostengünstigere chinesische Seife in ganz Japan eine dramatische Verbilligung von Seife. So musste auch Bruner der Preissenkung folgen. Da die Verkaufsmenge von Bruner-Seifen in Japan bei Weitem größer als in China war, führte diese Preisminderung zu schweren Verlusten. Die Verkaufsmenge der chinesischen Seife machte nur etwa ein Zehntel des Absatzes der Bruner-Seifen aus. Zudem lag der dortige Verkaufspreis etwas höher als der niedrigste Bruner-Seifenpreis in China. Deshalb waren die Verluste für Fan Xudong vergleichsweise geringfügig. Die Folge war, dass Bruner zwar in China die Oberhand hatte, sich aber in dem für Bruner wichtigeren Japan in einer ungünstigen Lage befand. Die Firma Bruner sah ein, dass sie nicht an zwei Fronten gleichzeitig kämpfen konnte. Sie kam zu dem Schluss, dass die Bewahrung ihres Marktes in Japan wichtiger sei als ihr Angriff auf Fan Xudong in China. Daher signalisierte Bruner Fan Xudong nicht lange nach dessen Eintritt in den japanischen Markt, dass sie ihren Verkauf von Seife zu Schleuderpreisen in China beenden wolle und als Gegenleistung hoffe, dass Fan Xudong seine Aktivitäten in Japan einstelle. Fan Xudong nutzte die Chance und verlangte, dass, wenn Bruner in Zukunft auf dem chinesischen Markt den Seifenpreis ändern wolle, zuvor seine Zustimmung eingeholt werden müsse. Bruner blieb nichts anderes übrig als zuzustimmen.

Der Kommentar eines chinesischen Strategemautors: „Die mächtige Firma Bruner hatte eine Zeit lang in überheblicher Weise auf dem chinesischen Markt das Szepter geschwungen und irrigerweise geglaubt, das Küken Yongli werde unter dem ersten Schlag zusammenbrechen. Doch ihr tödlicher Angriff wurde von Fan Xudong dank einer geschickten Anwendung des Strategems ‚Wei belagern, um Zhao zu retten' völlig abgeschmettert. Jeder noch so starke Gegner hat bestimmt einen Punkt, an dem er vergleichsweise schwach ist; wenn man der Stoßrichtung seines Angriffs ausweicht und ihn dort angreift, so ist dies der Kerngedanke des Strategems ‚Wei belagern, um Zhao zu retten' (Wei 1992).

5.4.2 Strategem Nr. 4: Ausgeruht den erschöpften Feind erwarten

以逸待劳

Kerngehalt: *Aussitzungsstrategem*; *Erschöpfungsstrategem*

Erläuterung: Wer etwas von der Kriegsführung versteht, der lenkt den Gegner und lässt sich nicht von diesem lenken, heißt es in *Sun Zi. Die Kunst des Krieges* (Sun Zi, S. 28, Kapitel 6.1). Darum versucht man, sich zu verhalten wie im Grimm'schen Märchen der Hase gegenüber dem Igel: Man hat die Nase vorn und treibt in bester Verfassung sein Spiel mit dem ermatteten Gegner.

„Nicht wagen, unter dem Himmel der Erste zu sein", riet der sagenhafte chinesische Philosoph Lao Zi (angeblich 7. Jh. v. u. Z.).[60] In diesem Sinne kann im wirtschaftlichen Konkurrenzkampf die Anwendung des Strategems Nr. 4 im Hinblick auf riskante neue Produkte darin bestehen, dass man dem Konkurrenten die Vorhand überlässt und erst „zum Angriff übergeht, nachdem der andere den ersten Schuss abgegeben hat (hou fa zhi ren)". Während der Konkurrent sich mit der Lancierung und Vermarktung seines neuen Produkts abrackert, kann man dieses in aller Ruhe analysieren und die positiven und negativen Reaktionen des Publikums darauf sichten und auswerten. In der Folge kann man ein fortschrittlicheres Alternativprodukt entwickeln und den Konkurrenten damit übertrumpfen (Yu 1994, S. 31, 35).

Aussitzen kann bei zwischenmenschlichen Problemen dazu führen, dass sie sich im Laufe der Zeit vielleicht von selbst lösen (Chen 2, S. 39).

Strategemradius

Dieses Strategem kommentierte in einem Brief an mich vom 10.05.1989 der damalige *Bundeskanzler Helmut Kohl* mit den Worten: „Für Politiker erscheint mir das 4. Strategem – ‚Ausgeruht den erschöpften Feind erwarten' – besonders beherzigenswert, wenn er sich gleichzeitig an die von Ihnen zitierte Mahnung des Weisen Hong Zicheng hält: ‚Ein die Menschen schädigendes Herz darf man nicht haben! Aber ein sich vor den Menschen in Acht nehmendes Herz ist unverzichtbar!'"

Über den ehemaligen Ölminister Saudi-Arabiens und Präsidenten der OPEC Scheich Yamani soll ein Amerikaner geklagt haben, auf *Konferenzen* ermüde er die Zuhörer mit größtem Erfolg, indem er mit einer ganz leisen Stimme rede und ein und dasselbe bis zum Gehtnichtmehr wiederhole (Yu 1994, S. 30).

Im Allgemeinen setzen Chinesen bei *Verhandlungen* Geduld gegen westliche Ungeduld ein. Zudem gehen sie in der Regel von zeitraubenderen Verhandlungsrunden und womöglich auch von einer längeren Dauer einzelner Verhandlungssitzungen aus als ihre westlichen Partner. Während der Verhandlungen in China können immer wieder eingestreute abendliche Unterhaltungsprogramme, die sich bis spät in die Nacht hinziehen, zur Erschöpfung des westlichen Partners beitragen. Chinesische Verhandlungsdelegationen umfassen oft viel mehr Mitglieder als ausländische und verfügen daher über mehr Ersatzleute für den Personalwechsel am Verhandlungstisch (Fang, S. 264).

Strategemprävention

Man vergesse bei eigenen mit höchstem Eifer und Einsatz betriebenen Unternehmungen nicht das chinesische Sprichwort „Die Gottesanbeterin fängt die Zikade, aber dahinter lauert schon die Meise."

Man sollte gerade als Kleinunternehmer stets in Erwägung ziehen, dass in der Zeit, da man sich redlich bemüht, in aller Ruhe ein mächtiger Konkurrent auf seine Stunde wartet.

Strategemrisiko

Das Zuwarten darf nicht in ein Verpassen von Chancen ausarten.

Beispiel

Wer später kommt, den belohnt das Leben

In den 1950er-Jahren hat die japanische Firma Matsushita mit etwas verspätet auf den Markt geworfenen, im Vergleich zu Konkurrenzprodukten aber erheblich optimierten TV-Geräten und Taperecordern (Lin, S. 36) in einer Aufholjagd den japanischen Markt erobert. In ähnlicher Weise haben auch vergleichsweise kleinere, Energie sparende und bequemere japanische Autos zwischen 1970 und 1980 erhebliche Weltmarktanteile erobert, obwohl sie erst später auf dem Weltmarkt in Erscheinung traten. Ja große Teile des japanischen Wirtschaftserfolges dürften auf dem Vorteil beruhen, den Japaner daraus ziehen konnten, dass westliche Länder längst ihre technischen Produkte auf den Markt gebracht hatten. Nun konnten sich die Japaner hinsetzen, diese Produkte kopieren, verbessern und mit neuem Glanz versehen, um dann hinterher mit ihren attraktiven imitativperfektionierten Waren die westlichen Vorreiterprodukte zu überrollen. Diese japanische Vorgehensweise gilt in der Volksrepublik China im einheimischen wie im internationalen Wettbewerb als nachahmenswert (Yu 1994, S. 31 ff.).

5.4.3 Strategem Nr. 5: Eine Feuersbrunst für einen Raub ausnützen

趁火打劫

Kerngehalt:

1. *Aasgeier-Strategem*
2. *Notnutzungsstrategem*

Erläuterung:

1. Bei einer Feuersbrunst eilen Leute aus der Umgebung herbei, teils um zu helfen, teils aus Neugier. Manches Haus steht nun leer und kann bequem ausgeraubt werden.
2. Aus der Not, den Schwierigkeiten, der Krise, der Ignoranz eines anderen Nutzen ziehen; aus der Not nicht eine Tugend, sondern einen Gewinn machen.

Es lohnt sich, Mängel und Gefährdungen zu entdecken, mit deren Behebung sich Geld verdienen lässt. Man kann aus der Not eine Tugend und aus einer Krise eine Chance machen sowie aus Schaden klug werden. Auch Negatives hat oft ein positives Potenzial. Negatives positiv aufarbeiten! In einem begangenen Fehler Hinweise auf einen möglichen Lösungsweg ausfindig machen! Eine Niederlage in einen Energieschub umlenken! Einer deprimierenden Nachricht eine positive Seite abgewinnen! Gegendruck in Selbstmotivation umpolen! „Finding strength in adversity!" Ein Desaster als Ansporn auffassen, ein Debakel zum Glücksfall werden lassen! Manager, die im Gefängnis landen, können sich ein Beispiel nehmen am Schauspieler Ernst Hannawald, der wegen zweier Banküberfälle im Drogenrausch 1997 zu fünf Jahren Gefängnis verurteilt wurde. Sein Kommentar im Geiste des Strategems Nr. 5: „Das Gefängnis hat mein Leben gerettet" (*Blick*, Zürich, 27.03.2002, S. 25).

Strategemradius

Weltweit gibt es „Raubritter", die von der schwierigen Lage anderer Marktteilnehmer profitieren oder aus irgendwelchen Katastrophen Gewinn schlagen (Yu 1994, S. 37, 39 f.). Als 1861 der Amerikanische Bürgerkrieg ausbrach, betrachtete J. P. Morgan (1837–1913) „dies nicht als Katastrophe, sondern als Geschäftschance" (Yao, S. 36 ff.). Durch eine unscheinbare Zeitungsnotiz erfuhr der in der Volksrepublik China wegen seiner genauen Zeitungslektüre zur Nachahmung empfohlene amerikanische Fleischmagnat Philip Danforth Armour (1832–1901) vom Ausbruch einer Seuche in Mexiko. Daraus habe er sofort gefolgert, dass die dadurch betroffene Fleischzufuhr aus den an Mexiko angrenzenden US-Staaten – damals die bedeutendsten fleischproduzierenden Gebiete der USA – abnehmen und der Fleischpreis emporschnellen werde. Sogleich nahm Armour Kredite auf, kaufte alles Rind- und Schweinefleisch aus den amerikanischen Anrainerstaaten Mexikos auf, dessen er habhaft werden konnte, und transportierte es in den Osten Amerikas, wo er es einlagerte. Wenig später griff die Seuche tatsächlich auf die an Mexiko angrenzenden US-Staaten über. Der Fleischpreis stieg enorm. Nun warf Armour sein gehortetes Fleisch auf den Markt – mit einem Riesengewinn (Zhang, S. 56 f.).

Als in den 1970er-Jahren Ölkrisen die Welt erschütterten, benutzten japanische Automobilhersteller „die Feuersbrunst" in dem Sinne für einen „Raub", als sie mit Energie sparenden Kleinwagen im In- und Ausland einen reißenden Absatz erzielten (Chen 1, S. 211 ff.; Chen 2, S. 53).

In ihrem Buch *Politik des Schweigens*, Stuttgart 1987 (*Silence, on tue*, Paris 1986), behaupten André Glucksmann und Thierry Wolton: „Es gibt *Katastrophenprofiteure* [...]. Der Hunger ist ihr Metier, sie sind Handelsreisende in Sachen Hunger."[61]

Menschenhändler schleppen zur Ausbeutung als Billigstarbeitskräfte illegale Schwarzarbeiter nach Europa (*NZZ*, 13.02.2004, S.30). Diese Leute verlassen ihre Heimat, weil sie schon dort in Not bzw. mit ihrer wirtschaftlichen Lage unzufrieden waren. Im europäischen Land geraten sie erst recht in Not, da sie hier „rechtlos" (*NZZ am Sonntag*, 08.02.2004, S.2) sind. So wird bei diesen Leuten gewissermaßen eine doppelte Notlage ausgenutzt.

Schlechte Zeiten sind gut für *Sterndeuter*, *Handleser* und andere, die metaphische Bedürfnisse zu stillen versprechen (*NZZ*, 24.10.2001, S.61).

Chinesen profitieren von der schwierigen Lage westlicher Firmen, um sie günstig aufzukaufen (Yu 1993, S.50f.). Der chinesische Geely-Konzern übernahm „Volvo im Jahr 2010 während einer dramatischen Krise [des schwedischen Autoherstellers]".[62]

Chinesische *Verhandlungspartner* können die Unkenntnis ihrer ausländischen Partner hinsichtlich des chinesischen Marktes ausnutzen.

Strategemprävention

Wird eine Feuersbrunst durch Vorbeugen verhindert oder wird sie sofort gelöscht, kann sie niemand für einen Raub ausnutzen. Ferner muss man aufpassen, dass die Feuersbrunst nicht dem „Strategem des leidenden Fleisches" entspringt und als Lockmittel dient, mittels dessen der sich unvorsichtigerweise nähernde „Räuber" gefasst wird.

Strategemrisiko

Wer sich dem Feuer nähert, um einen Raub zu begehen, kann selbst Feuer fangen und zum Raub der Flammen werden.

Beispiele

Wilder Osten für westliche Genforscher

Westliche Firmen und Institute nützten Chinas lückenhafte Gesetze aus und die Unkenntnis der Bevölkerung, vor allem auf dem Lande, z.B. bei Genomanalysen. Immer wieder las man, China sei ein Wilder Osten für Genforscher. Reihenweise sei unwissenden Bauern Blut entnommen worden. „So hat die renommierte Harvard University Bauern in den Bergen der abgelegenen Provinz Anhui mit dem Versprechen geködert, sie umsonst zu behandeln (Köder-Strategem Nr. 17 ‚Einen Backstein hinwerfen, um einen Jadestein zu erlangen'). Anstelle einer Behandlung gab es bloß eine Schale Instantnudeln. Harvard behauptete, die Bauern hätten ihr schriftliches Einverständnis gegeben – freilich ohne zu verstehen, wofür, wie sich später zeigte. Zudem entpuppten sich viele der Unterschriftenbögen nachträglich als gefälscht" (*WW*, Nr. 14, 2004, S. 60 f.).

Ratten im Reis

Ein sowjetisches Transportschiff lud in Shanghai Säcke mit Reis, den China in die Sowjetunion exportierte, auf. Als das Schiff schon zur Hälfte mit Säcken vollgestopft war, schrie ein sowjetischer Matrose plötzlich: „Ratten!" Tatsächlich, aus einem der Säcke lugten drei Ratten hervor. Sie wurden sofort getötet. Nun nahm aber der sowjetische Kapitän die drei toten Ratten und kontaktierte die chinesische Seite. Er verlangte die sofortige Einstellung der Ladungsarbeiten. Sodann warf er sämtliche schon geladenen Säcke vom Schiff. Ferner forderte er die chinesische Seite auf, die WHO einzuschalten. Aus Angst vor dem internationalen Gesichtsverlust sah sich die chinesische Seite gezwungen, gute Miene zum bösen Spiel zu machen und dem Kapitän, um ihn zu beruhigen und das Geschäft doch abwickeln zu können, 100 000 chinesische Dollar Schadenersatz zu zahlen. Die drei Ratten, so ein chinesischer Strategemautor, waren gewiss kein „großes Feuer", aber der sowjetische Kapitän benutzte dieses Unglück, um einen Profit einzustreichen (Yu 1993, S. 49 f.).

5.4.4 Strategem Nr. 12: Mit leichter Hand das [einem unerwartet über den Weg laufende] Schaf [geistesgegenwärtig] wegführen

順手牽羊

Kerngehalt: *Zusatzchancen-Strategem*; *Kairos-Strategem*, *Serendipitätsstrategem*

Erläuterung: „Schaf" steht stellvertretend für irgendeine überraschende Chance außerhalb des eigentlich anvisierten Zielbereichs (Yuan, S. 142). Man stelle sich eine Szene aus dem alten China vor: Ein Bauer geht in den Wald, um Holz zu sammeln. Zufällig läuft ihm ein herrenloses Schaf über den Weg. Bauernschlau reagiert er geistesgegenwärtig und nimmt das Schaf gleich mit. Der Unlistige bemerkt das Schaf gar nicht oder sieht es, lässt es aber vorüberlaufen. Denn er denkt stur nur ans Holzsammeln. Das Strategem Nr. 12 vermittelt den Impuls zur ständigen und allseitigen geistigen Bereitschaft, Chancen zu einem Vorteilsgewinn zu sichten und auszuwerten.

„Kairos" ist altgriechisch und bedeutet die sich einem unversehens bietende, meist einmalige günstige Gelegenheit.

Serendipität bezieht sich auf die Prinzen von Serendip, die gemäß dem Märchen (*KdL*, S. 175 ff.) auch die scheinbar nebensächlichsten Einzelheiten, die ihnen gewissermaßen wie „Schafe“ zufällig begegneten, wahrnahmen und registrierten, um später aus ihren tatsachengetreuen genauen Beobachtungen unerwartet Profit zu ziehen.

Das Strategem zehrt von der „Entschlossenheit zum Augenblick“ (Martin Heidegger). Entscheidende Dinge im Leben lassen sich nicht planen. Umso wichtiger ist es, möglichst unablässig wach genug zu sein, um seitwärts der eigentlichen Zentralaktivitätslinien auftauchende unerwartete günstige Möglichkeiten erstens wahrzunehmen und zweitens entscheidungsfroh zu verwerten. „Glück fordert auch Entschlossenheit – man muss es packen, sobald es sich zeigt“ (Erfolgsautor Nicholas Sparks).

Man sollte wissen, „dass die Geschichte manchmal, durch einen Zufall, einen einzigartigen Spalt in die Zukunft öffnet“ (Voltaire), durch den man sich hindurchzwängen kann bzw. muss. Als Politiker den Mantel der Geschichte ergreifen! Durch aktives Zuhören Ansatzpunkte für die Durchsetzung eigener Ziele bei Verhandlungen hellwach schnellstmöglich erkennen und geistesgegenwärtig ausnutzen! Jede Minute als niemals wiederkehrend einschätzen, im Hier und Jetzt leben nach der Losung: „Wie lange ich lebe, liegt nicht in meiner Macht, dass ich aber, solange ich lebe, wirklich lebe, das hängt von mir ab!“ Die Folgerungen daraus ziehen, dass eine Sekunde alle Träume, Ziele, Visionen zerstören, aber auch eine glückliche Wendung ermöglichen kann! Gespür für das Maß des Augenblicks entwickeln! Merken, wenn man einmal im Leben im richtigen Moment an der richtigen Stelle ist und vielleicht noch den richtigen Menschen trifft! Eine gute Idee nicht nur haben, sondern auch durchsetzen! Kaltblütig die richtige Gelegenheit für einschneidende, schmerzliche Maßnahmen ergreifen! Gegebenenfalls jemandem die

Show stehlen! Wach bleiben und den Wert von Situationen erkennen! Den Wandel nicht verschlafen! Die Nase vorn haben beim Aufspüren Gewinn bringender Trends, neue Entwicklungen erschnuppern und schnell in marktfähige Leistungen oder Produkte umsetzen! Spielräume nutzen! Ständig nach Marktlücken und Nischen suchen und sie ausnützen! Versäumnisse von Konkurrenten sowie Wissensvorsprünge ausnutzen! Selbst den kleinsten, kaum erwähnenswerten Vorteil nicht gering schätzen! In unscheinbar wirkenden Augenblicken kann der Keim zu Großem – im Guten wie im Bösen – angelegt sein. Einen Zukunftskeim gilt es kaltblütig zu erfassen und entweder zu nutzen oder, falls er in üble Richtung weist, zu ersticken. Und nicht vergessen: Was man erreicht hat, genießen!

Strategemradius

Alexander Fleming (1881–1955) entdeckte auf einer zufällig in eine Bakterienkultur gefallenen Käsekrume einen blaugrünen, an den Rändern weißen Schimmelpilz. Ein weniger aufmerksamer Forscher hätte das übersehen. Fleming isolierte die Schimmelkolonie in Reinkultur und identifizierte sie als Penicillin. 1945 wurde Alexander Fleming deswegen mit dem Nobelpreis geehrt. Eher zufällig entstand auch *Viagra*. Walter Köbele, Deutschland-Chef des Pharmakonzerns Pfizer: „Ursprünglich forschten wir nach Mitteln gegen die Verengung der Blutgefäße. Bei den männlichen Studienteilnehmern stellte sich dann ein besonderer Nebeneffekt ein: bessere Erektion nach Stimulation. Schon bald folgten die ersten Studien mit dem Wirkstoff, so entstand schließlich Viagra, heute eines unserer Top-Ten-Produkte“ (*mobil* 03, 2004, S. 41).

Im Ausnützen von Marktnischen sind chinesische Unternehmen ganz groß. Sie erspähen Marktbereiche, welche westliche Marktführer fallen gelassen haben oder für die sie sich infolge zu kleiner Gewinnmargen nicht interessieren. Dank geringer Gestehungskosten sahnen solche chinesische Firmen Gewinne ab, wo für ihre westlichen Konkurrenten nichts herausspringt. Mit ihren zuverlässigen und vor allem billigen Produkten vermögen sie, Grundbedürfnisse gerade auch westlicher Konsumenten zu befriedigen. So „verblüffen sie ihre westlichen Konkurrenten" (*HBR*, Oktober 2003, S. 95), die mehr auf High-Tech-Business setzen. Zum Beispiel trat die chinesische Firma Huawei in den Weltmarkt mit vergleichsweise einfachen Umleitern (routers) ein, die 40 % billiger waren als die ausgeklügelten Spitzenprodukte der Konkurrenten. 2002 beherrschte Huawei bereits 3 % des Weltmarktes. Die chinesische Firma Haier, der es bis anfangs der 1990er-Jahre auf dem Heimatmarkt gelungen war, Whirlpool, Electrolux, Siemens und Matsushita die Marktführerschaft in der Haushaltsgerätebranche zu entreißen, betrat 1994 den US-Markt und konzentrierte sich dort während fünf Jahren auf Kleinkühlschränke mit einem Volumen von weniger als 180 Litern. Sie konnten in Minibars oder von Studierende mit wenig Wohnraum benutzt werden. Einheimische Marktführer hatten dieses Marktsegment als nebensächlich angesehen, doch für Haier erwies es sich als sehr profitabel. Die Eroberung westlicher Märkte mittels billiger, zuverlässiger Kleingeräte wie Taschentransistorradios, tragbarer Kassettenrekorder („Walkman") und TV-Geräte, Videokameras im Handtaschenformat, Honda-Motorrollern – aus der Sicht führender westlicher Firmen bloßer Schnickschnack – war schon ein Erfolgsgeheimnis japanischer Unternehmer nach dem Zweiten Weltkrieg gewesen (Lin, S. 94).

Großereignisse nutzen *französische Gewerkschaften* gerne dazu, ihre Forderungen durchzusetzen, weil sie wissen, dass die Regierung Auseinandersetzungen möglichst vermeiden will und meist nachgibt. So legten vor der Fußballweltmeisterschaft 1998 Air-France-Piloten und Beschäftigte der

Staatseisenbahn SNCF das Land lahm (*Süddeutsche Zeitung*, 30.11.2001, S.5).

Einigen *Banken* wird Geldschneiderei vorgeworfen, da sie bei Kreditkarten teilweise überzogene Jahresgebühren erheben, die von den Kreditkartenhaltern zu bezahlen sind, dazu Kommissionen, die Händler, Wirte und Hoteliers zu entrichten haben, und schließlich bisweilen horrende Zinsen auf ausstehende Beträge (*Blick*, Zürich, 22.01.2002, S.1; *Saldo*, Zürich Nr.1, 2004, S.19).

Manager mit „Abzockermentalität" (*BZ*, 26.03.2004, S.18) betätigen sich als „schlaue Ausbeuter" von Schwachstellen des marktwirtschaftlichen Systems, ergattern durch Taktieren und nicht über Leistung hohe Stellen und rufen, einmal oben angekommen, sofort Berater ins Haus, damit sie ihnen die Arbeit machen.

Die *Sprache* bietet sich zu geschickten Spielereien an. So ist in der Schweiz gemäß Heilmittelgesetz der *Verkauf* sogenannter Zapper („Energiegeber"; elektrisches Gerät, das angeblich gegen alle schweren Krankheiten, so auch Milzbrand, schützt) verboten, weshalb sie ein Fachbuchversand im schweizerischen Frauenfeld nicht „verkauft", sondern bloß „vermittelt". Als Verkäufer treten offiziell Firmen in Deutschland oder Polen auf (*TA*, 30.10.2001).

Man nimmt eine unbedachte Äußerung eines Gegenübers zum Anlass, dem Gegenüber einen Strick zu drehen (jie ti fahui).

Destruktiv kann das Strategem Nr.12 zur Anwendung gelangen durch das Ausnutzen von Machtpositionen.

Strategemprävention

Man darf niemandem die Gelegenheiten bieten, dieses Strategem gegen einen selbst anzuwenden. In Flughäfen und Bahnhöfen nie das Gepäck unbeobachtet stehen lassen!

Keine Blößen zeigen! Eigene Handlungen und Äußerungen sollte man vorher immer dahingehend überprüfen, ob sie einem Gegner nicht die Chance zu Mobbing, Bloßstellung, Schikanen usw. bieten. In heiklen Gesprächen oder Verhandlungen nur auf das antworten, was gefragt wurde, nicht ausschweifen und so dem Gegenüber Zusatzinformationen in die Hände spielen.

Ein Parlament sollte nicht durch eine listenblinde Gesetzgebung Strukturen voller Schlupflöcher schaffen, z. B. *keine Finanzmärkte*, die es terroristischen Kreisen leicht machen, ihre verbrecherischen Aktivitäten zu finanzieren. Technische Einrichtungen sind nach den Möglichkeiten, die sie Strategemanwendern eröffnen, zu überprüfen. So lassen sich das Fingerabdrucksystem eines biometrischen Kontrollinstruments mit einem ganz normalen Gummibärchen und Sensoren mit Klebefolie „überlisten" (*NZZ*, 02.07.2002, S. 11, *Handelsblatt*, 07./08.06.2002, S. 21).

Strategemrisiko

Ohne Urteilskraft und solides Wissen läuft man Gefahr, ein „krankes Schaf" einzufangen, d. h. eine untaugliche Chance zu ergreifen, es sei denn, das „kranke Schaf" berge erkennbarerweise das Potenzial für eine erfolgreiche Anwendung des Notnutzungsstrategems Nr. 5.

Beispiele

Die dahingesagte Bemerkung eines bayerischen Beamten

Im Juni 1980 besuchte der Erziehungsminister der Volksrepublik China mit einer großen Delegation die Bundesrepublik Deutschland. Der für Bayern und München vorgesehene Tag verlief unspektakulär mit Sightseeing. Beim abschließenden Abendessen nahm neben dem chinesischen Erziehungsminister Jiang Nanxiang der Ministerialdirektor im bayerischen Kultusministerium, Dr. Karl Böck, Platz. Das Abendessen mit dem Erziehungsminister und seinen Fachleuten verlief recht schweigsam. Schließlich gebot die Höflichkeit aber doch, dass Karl Böck eine Frage stellte: „Herr Minister, wie sind Ihre bisherigen Eindrücke in Deutschland? Haben Sie Anregungen gewinnen können? Haben Sie Wünsche für Begegnungen und Besichtigungen?“ Der Minister, der bisher still und in sich gekehrt dagesessen hatte, war plötzlich hellwach. Er wies auf die verheerenden Nachwirkungen der „Kulturrevolution“ (1966–1976) hin, die das chinesische Bildungswesen aufs Schwerste beeinträchtigt hatte. *„Ohne viel zu überlegen“*, berichtet Karl Böck, entfuhr mir die Antwort: ‚Das muss ich zugeben, für diese Fragen ist ein Besuch von einer Woche zu kurz. Ich mache Ihnen einen Vorschlag: Wenn Ihnen daran gelegen ist, zu erfahren, ob sich aus einer Kooperation mit Deutschland auf diesem Gebiet Hilfen für Ihre Probleme gewinnen lassen, dann schicken Sie zwei Fachleute mit guten Deutschkenntnissen auf ein halbes Jahr in unser, das bayerische, Erziehungsministerium. Sie können dort alles lesen, sehen und fragen, an allen Sitzungen teilnehmen, Kontakte anknüpfen, die ihnen wünschenswert erscheinen, und nach einem halben Jahr werden sie Ihnen sagen können, ob es eine Basis der Zusammenarbeit in Bildungsfragen gibt.‘“ „Es sollte und wollte“, so schildert Karl Böck das Gespräch weiter, „ein freundliches Wort für einen enttäuschten Gast sein. *Aber es war mehr.* In seiner folgenden Tischrede bekannte Minister Jiang Nanxiang, dass er die Aufbauleistung der Deutschen bewundere, dass der Zustand, der ihm vor Augen geführt worden sei, ihm aber gezeigt habe, wie viel sein Land noch leisten müsse, um in Vergleich zu treten. Für seine häuslichen Probleme habe er bisher wenige Anregungen gewinnen können. *Der erste brauchbare Vorschlag sei soeben von seinem Tischnachbarn gekommen, und wenn dieser Vorschlag ernst gemeint sei, dann* *wolle er ihn gerne aufgreifen und annehmen.* Bei aller Genugtuung, dass mein Vorschlag angenommen wurde, überkam mich doch die Angst, ob dies wohl gut ausgehen würde. Aber das Wort war gegeben, man musste es wagen“ (Karl Böck, in: *Süddeutsche Zeitung*, 23./24.11.1988, S.14).

Der bayerische Gesprächspartner hatte, mehr zum Trost, ohne sich viel dabei zu denken, einen Vorschlag unterbreitet. Dieses „Schaf“, das dem bis dahin schläfrig wirkenden, insgeheim aber bestimmt unentwegt alles genau registrierenden chinesischen Erziehungsminister plötzlich über den Weg lief, packte dieser sofort resolut. Daraus entwickelte sich in der Folge eine jahrelange, offenbar für das Erziehungswesen der Volksrepublik sehr fruchtbare sino-bayerische Zusammenarbeit.

In Deutschland keine Chance, in Japan ein Marktrenner

Eines der besten und sichersten Beförderungssysteme, nämlich der in Deutschland entwickelte „Transrapid“, brauchte mehr als zwei Jahrzehnte, bis es endlich Personen beförderte – in China. „Wir haben die wichtigsten Produkte verschlafen: Playstations, Laptops, Laser-Drucker, Digital-Kameras – alles made in Japan, USA, Taiwan, Singapur, Malaysia“ (*B*, 05.04.2004, S.9). Wenn in politischen Debatten von verfehlter Technologiepolitik des kriselnden Wirtschaftsstandorts Deutschland die Rede ist, steht das Faxgerät an vorderster Front. Man redet gar von einem „deutschen Trauma“ (*Berner Zeitung*, 06.09.2002).[63] Deutsche Erfinder waren entscheidend an der Entwicklung des Faxgeräts beteiligt – die rentable Kommerzialisierung aber gelang Japanern und Amerikanern.

Als Rudolf Hell (1901–2002) 1929 seinen Hell-Schreiber – direkter Vorläufer des Faxgeräts – ersann, *dachte noch niemand an die massenhafte Verbreitung dieser Übermittlungs-*

art.[64] Der Hell-Schreiber druckte statt Punkten und Strichen, wie beim Morse-Telegrafen üblich, voll ausgeschriebene Worte im Empfänger auf Papier. Die Patentlizenz für den Hell-Schreiber verkaufte Rudolf Hell 1929 an Siemens. Dort ging das Gerät ab 1931 in Produktion und wurde vertrieben. Nach dem Zweiten Weltkrieg konnte Hell in seiner inzwischen in Kiel neu gegründeten Zwei-Mann-Firma den ersten Telebildsender entwickeln, wodurch er die Basis für das heutige Faxgerät schuf. Die Entwicklung wurde nicht zuletzt dadurch möglich, dass sich Siemens entschieden hatte, nicht in das Gebiet der Bildtelegrafie einzusteigen. Somit wurde Hell allein die Entwicklung und Fertigung von Bildübertragungsgeräten überlassen. 1956 wurde das erste Faxgerät KF 108 vorgestellt.[65] Auch die Existenz der ersten Faxgeräte für die Büroanwendung ist dem Erfinder Hell zu verdanken (1971).[66] Das Faxgerät wurde zwar in Schleswig-Holstein erfunden, jedoch erst außerhalb des Landes zum Massenprodukt gemacht. Die Japaner fühlten sich durch das Faxgerät angezogen, konnten sie doch nun in ihrer komplizierten, viele Piktogramme enthaltenden Schriftsprache in alle Welt faxen – und Märkte erobern. Die innovative Weiterentwicklung dieser Technologie in Japan verhalf dem Faxgerät zum endgültigen Durchbruch. Innerhalb weniger Jahre standen billige und bedienerfreundliche japanische Geräte in jedem Unternehmen, ein paar Jahre später auch in vielen Haushalten. Inzwischen hat das Faxgerät an Bedeutung verloren. Doch es ist zäh und scheint zu überleben.[67]

„Welche Maßnahmen hat die Landesregierung ergriffen, um den Technologie-Transfer zwischen den Hochschulen des Landes und der Informations- und Kommunikationswirtschaft voranzubringen, z. B. auch durch Berater an den Hochschulen sowie Gründung von Patentverwertungsagenturen, und wie bewertet sie diese, auch vor dem Hintergrund, dass das Faxgerät [...] zwar in Schleswig-Holstein erfunden, jedoch erst außerhalb des Landes zum Massenprodukt gemacht wurde?“ Diese Frage stellte die Fraktion der SPD an die Landesregierung von Schleswig-Holstein.[68] Die Frage ist falsch. Das Faxgerät wurde nicht an einer Hochschule, sondern in einem Unternehmen erfunden. Nicht ein von der Wirtschaft abgetrennt forschender universitärer Erfinder, sondern ein deutscher Unternehmer mit jahrzehntelanger Geschäftserfahrung hat das Faxgerät nicht optimal vermarktet. Die Kieler Landesregierung wich der Frage, wie man Chancenvergeudungen im Stile des Verlustes des Faxgeschäftes an Japan künftig vermeiden könne, aus.[69] Fehlte ihr hierfür ein Denkansatz?

Aus der Sicht des Strategems Nr. 12 ließe sich der Vorgang deuten: Da lief einem deutschen Industriellen in Gestalt des von ihm entwickelten Faxgeräts ein „Schaf“ über den Weg, aber er hat nicht wirklich geistesgegenwärtig zugepackt und die Chance, die sich ihm geschäftlich bot, weder in vollem Umfang erkannt noch global ausgenutzt. Ein brauchbares Gerät hat der deutsche Michel zwar entwickelt, dessen geschäftliche Auswertung aber „verschlafen“ (Seitz, S. 329).[70] Warum hat kein deutscher Manager etwas von der verwickelten japanischen Schrift gewusst und demgemäß zunächst den japanischen Markt für das Gerät erschlossen, um über diesen Umweg den Weltmarkt zu erobern? Und warum muss man über den deutschen Industriellen Heiko Neupert, der anfangs April 2004 in Genf für seine – von der deutschen Öffentlichkeit offenbar kaum zur Kenntnis genommene – Erfindung von biegsamem Stein[71] den Großen Preis der 32. Internationalen Erfindermesse erhalten hat, lesen, zur Kommerzialisierung seiner Erfindung habe er bereits zahlreiche Kontakte geknüpft, „insbesondere nach China“?[72]

Vielleicht laufen in diesen Stunden deutschen Unternehmern erneut „Schafe“ über den Weg, die sie aber wegen dieser oder jener Bedenken, politischer Rücksichtnahmen oder mangelhafter Einschätzung in ferne Länder wegspringen lassen. Das alles mag zwar holzschnittartig klingen. Aber sagte nicht René A. Frey, Professor für Nationalökonomie an der Universität Basel, in seiner Abschiedsvorlesung, der Ökonom müsse den Mut aufbringen, „komplizierte Sachverhalte einfach darzustellen“ (*NZZ*, 31.03.2004, S. 21)?

Deutsche betrachten die Welt entweder durchs Fernglas oder durchs Mikroskop. Deshalb ist das, was sich im Fokus ihres Blickes befindet, entweder zu weit entfernt oder zu nah. Diesen Ausspruch des ehemaligen Rektors der Beijing-Universität Jiang Menglin (1886–1964) zitiert Lu Qiutian, von 1997 bis 2001 Botschafter der Volksrepublik China in Deutschland.[73] Weder mit dem Feldstecher noch mit dem Mikroskop vermag man den konkreten Weg, auf dem man geht, genau zu erkennen. Zwischen Träumerei und Tüftelei gäbe es noch die unmittelbare und längerfristig angelegte Bodenhaftung bei der Auseinandersetzung mit der weltweiten Konkurrenz. Könnten dabei vielleicht die 36 Strategeme sowie klarere Vorstellungen von strategischem und taktischem Denken und Verhalten hilfreich sein?

5.4.5 Strategem Nr. 14: Für die Rückkehr der Seele einen Leichnam ausleihen

借尸還魂

Kerngehalt: *Renovationsstrategem*; *Aufwärmungsstrategem*; *Patina-Strategem*; *Phönix-Strategem*; *Parasiten-Strategem*

Erläuterung: Die Strategemformel fußt auf der Seelenwanderungslehre. Altes, Ausgedientes wird mit neuem Inhalt gefüllt. Es wirkt wie alt, ist aber nur pseudoalt.

Man ist eigentlich schon tot, hat aber in der miserablen Situation, in der man sich befindet, immerhin noch eine „Seele". Da man sich allein aus eigener Kraft nicht aus dem Sumpf zu ziehen vermag, verschmäht man selbst einen „Leichnam" nicht, wenn man damit nur wieder das Leben zurückzugewinnen vermag. Nach einer gewaltigen Niederlage findet man also mit einem klaren Kopf und einer sorgfältigen Lagebeurteilung ein minderwertiges, aber eben doch hilfreiches Requisit, um sich aus der Asche zu erheben.

„Leichnam" steht für etwas an sich Unbrauchbares. Bei diesem Strategem stützt man sich auf Ausrangiertes, „Unnützes". Nimmt man einem Vogel die Federn weg, kann er nicht fliegen. Die Federn sind kein großartiges Gerät, ja, mit Federn allein kann man nicht viel Nützliches anfangen. Und doch ermöglichen diese unscheinbaren Gegenstände dem Vogel, hoch in die Lüfte und weit in die Welt zu fliegen. Daraus ersieht man den Nutzen des scheinbar „Nutzlosen". Auf dieser Einsicht beruht das Strategem Nr. 14.

Bei einem Rückschlag darf man auf keinen Fall seine „Seele" aufgeben. Wenn man nur seine „Seele" behält, hat man noch die Chance, einen „Leichnam", also z. B. etwas vom Konkurrenten als „out" Betrachtetes, für die Rückkehr der „Seele" ins Leben zu finden und so ein Comeback zu feiern.

Strategemradius

Wenn man eine neue Dynastie gründet, wird oft, zumindest in der Anfangsphase, aus Gründen der Legitimation der Nachkomme einer untergegangenen Dynastie als Herrscher eingesetzt. Zu denken ist etwa an den „letzten Kaiser von China", den die Japaner in den 1930er-Jahren zum Regenten des von ihnen gegründeten Staates Mandschukuo erkoren, wobei sie im Hintergrund die wahre Macht ausübten.

Das Christentum bediente sich vielfach dieses Strategems. Im Jahre 354 u. Z. nahm Papst Liberius den 25. Dezember, den im Römischen Reich gefeierten Geburtstag des arischen

Lichtgottes Mithras, für sich in Anspruch und erklärte ihn zum Geburtstag Jesu Christi (*Strategeme 1*, S. 264 f.). In Afrika waren christliche Missionare manchenorts darum bemüht, traditionelle Feste und Bräuche in christliche Feiern umzuwandeln. Offenbar wurden die ersten Kirchen und Klöster mit Vorliebe an früheren Kultstätten erbaut. Wahrscheinlich wollte man die nach wie vor im Volk verankerten heidnischen Riten und Bräuche durch den neuen Glauben verdrängen und ersetzen.

Der Marxist und Internationalist Stalin, eigentlich ein ideologischer Gegner des Nationalstaatsgedankens, entdeckte nach dem Angriff Hitlers gegen die Sowjetunion 1942 plötzlich einen „Leichnam", nämlich den Patriotismus, und nannte den Widerstandskrieg gegen Deutschland nicht „Großen Proletarischen Krieg", sondern „Großen *Vaterländischen* Krieg", wohl wissend, dass er seine Untertanen mit nationalen Parolen viel wirkungsvoller als mit marxistischen Losungen motivieren konnte. Der russische Präsident Putin forderte das russische Parlament auf, die neue Nationalhymne mit der Melodie der von seinem Vorgänger Jelzin 1991 abgeschafften, 1944 von Stalin eingeführten Staatshymne der Sowjetunion auszustatten. Offenbar ging es ihm darum, die nostalgischen Hochgefühle, die der Klang der alten Hymne bei Russen auslöst, weil sie damit glorreiche Erinnerungen, beispielsweise an den Sieg der UdSSR über Deutschland 1945 oder an die Erfolge der sowjetischen Raumfahrt verknüpfen (*NZZ*, 06. 12. 2000, S. 5), als Kraftquellen für das neue Russland nutzbar zu machen.

Autos müssen in Singapur nach zehn Jahren aus dem Verkehr gezogen werden. Doch viele dieser Wagen sind auch nach zehn Jahren noch fahrtüchtig. So gibt es in Singapur Altautohändler, die diese Vehikel, ihnen gleichsam neues Leben einhauchend, in Länder wie Indonesien, Indien oder Sri Lanka exportieren (Wee, S. 58 f.).

Während der „Kulturrevolution“ (1966–1976) wurden in der Volksrepublik China landesweit alte Kulturdenkmäler zerstört. Nach der „Kulturrevolution“ entdeckten viele Gegenden ihre Verknüpfung mit Sagen und Legenden, wärmten diese wieder auf und versuchten so, sich dadurch für Touristen interessant zu machen. So konnte ich 1994 in der Nähe von Wuhan einen Ort mit einer riesigen neu errichteten Anlage zum Gedenken an einen sagenhaften chinesischen Kaiser der Urzeit besichtigen.

Schenkte man sich im alten Rom am 14. Februar Blumen im Gedenken an die Göttin Juno, die Beschützerin von Ehe und Familie, so wird heute der 14. Februar von Blumengeschäften und von der Geschenkartikelindustrie als „Valentinstag“ vermarktet. Bei einzelnen Produkten kann man „Geld scheffeln unter Rückgriff auf Altes“ (Chen 2, S. 147). Man gießt „neuen Wein in einen alten Schlauch“ und bedient sich ehrwürdiger Namen oder Traditionen aus der Vergangenheit, um etwas in Wirklichkeit Neues zu vermarkten. So werden in China verschiedene Lebensmittel mit dem Vermerk „Geheimrezept aus dem alten Kaiserhof“ und dergleichen Etiketten oder mit Namen, die auf alte Überlieferungen anspielen, versehen.

Strategemprävention

Vorsichtig mit eigenen „nutzlosen“ Dingen umgehen. Man wirft sie besser nicht achtlos fort, denn sie könnten einem Opponenten nützliche Dienste leisten.

Strategemrisiko

Man muss aufpassen, dass man sich für die „Rückkehr ins Leben“ nicht den falschen „Leichnam“ aussucht, vor allem, wenn es nicht nur um ein vorübergehendes, sondern um ein langfristiges „Ausleihen“ geht.

Beispiele

Die Attraktivität bankrotter Firmen

Die Hongkonger Firma A wollte in China TV-Geräte produzieren. Aber der TV-Markt in China war gesättigt. Daher bekam Firma A kein Plazet von der zuständigen Behörde. Es traf sich, dass eine TV-Fabrik in Guangzhou kurz vor dem Konkurs stand. Die Firma A kaufte diesen „Leichnam“ und reorganisierte die nun ihr gehörende chinesische Firma. Für den dort produzierten Fernsehapparat ließ sie eine neue Marke registrieren. Auf diese Weise glückte ihr der Einstieg in den chinesischen TV-Markt. Im Westen gibt es, so chinesische Strategemautoren, Leute, die mit Vorliebe zu niedrigen Preisen bankrotte Unternehmen ersteigern, um mit diesen nach einer geschickten Reorganisation Gewinne zu erzielen (Chen 2, S. 148). Architekten kaufen baufällige Häuser zu einem Bagatellpreis, hauchen ihnen durch bauliche Maßnahmen neues Leben ein und verkaufen sie für teures Geld.

Von der Muttermilch zum Busen

Ein Produkt durchläuft nach der Innovation/Produktentwicklung im Allgemeinen vier Phasen: den Markteinstieg, die allmähliche Verbreitung der Ware, das Erreichen des höchstmöglichen Absatzes, den langsamen Niedergang. Wenn ein Produkt die vierte Phase erreicht hat, ist sie eigentlich dem Untergang geweiht. Nun kann man aber den „Leichnam“ zu neuem Leben erwecken, indem man einen neuen Durchlauf der vier Phasen einleitet. Dies gelingt dann, wenn man dem Produkt unter vielleicht leichten Veränderungen seines Designs eine neue Zweckbestimmung zu verleihen vermag. Das wird häufig als Relaunch bezeichnet.

So geschah es mit einer taiwanesischen Pille, die jungen Müttern mehr Milch zum Stillen ihrer Säuglinge versprach. Zunächst war der Absatz glänzend. Dann aber verbesserten sich die Lebensbedingungen in Taiwan, sodass die Mütter genug eigene Milch hatten, und auch die Bildung erhöhte sich, sodass man Milchpulver einzusetzen lernte. Der Absatz der Pille stagnierte, ja drohte ganz zu versiegen. Darauf hauchte die Firma der eigentlich schon toten Pille eine neue Seele ein. Und zwar wurde die Pille nun mit der Anpreisung vertrieben, dass sie Frauen zu einem wohlgeformten, üppigen Busen verhelfe. Sprach die Pille zuvor jung verheiratete Mütter an, richtete sie sich nun an die vielen taiwanesischen jungen Damen, und das Geschäft mit immer der gleichen Pille war gerettet (Lin, S. 87 f.).

5.4.6 Strategem Nr. 15: Den Tiger vom Berg in die Ebene locken

調虎離山

Kerngehalt: *Isolationsstrategem*

Erläuterung: Es geht darum, das Gegenüber von seinem Stützpunkt/von seinen wichtigsten Helfern zu trennen.

Man veranlasst den Opponenten, sein angestammtes, ihm vertrautes und daher für ihn günstiges Terrain zu verlassen, und lenkt ihn in ein ihm fremdes Terrain, das man selbst gut kennt, um ihn hier zu überwinden oder/und um sein Territorium zu besetzen. Man führt also das Gegenüber „aufs Glatteis“. Nach einer anderen Variante bringt man es fertig, den Opponenten von dem ihm zur Seite stehenden Personal zu trennen und so zu isolieren, worauf man ihn leichter überwinden kann. Das Wort „Tiger“ signalisiert einen mächtigen Gegner, mit dem der direkte Kampf riskant ist. Der „Tiger“ gilt aber auch als ein Tier, das im Gegensatz zum Fuchs nicht besonders schlau ist (Yu 1993, S. 135), bei dem also das Ansinnen, ihn von dessen Heimterrain wegzulocken, Aussicht auf Erfolg hat. Von seinem Berg herunterlocken kann man den „Tiger“ durch Köder, durch das Einflößen von Angst, durch Scheinangriffe gegen sein Gebiet, durch Provokation usw.

Strategemradius

Mit ihrem bezaubernden Gesang lockten gemäß der hellenischen Sage die Sirenen alle vorbeifahrenden Schiffer auf ihre Insel, wo sie sie töteten. Zur Vereitelung des Strategems verstopfte Odysseus die Ohren seiner Gefährten mit Wachs und ließ sich selbst an den Mastbaum binden. So blieb er auf sicherem Kurs. Nicht so wach reagiert in Heinrich Heines Gedicht *Die Lorelei* der Schiffer. Er lässt sich durch die auf dem Berggipfel am Rheinufer sitzende, ihr goldenes Haar kämmende und ein wundersames Lied singende schöne Jungfrau von seinem Kurs abbringen und versinkt in den Wellen.

Kommt es zu einem Geschäftsabschluss mit einem ausländischen Partner, ist aus chinesischer Sicht eine Vertragsklausel günstig, die den Geschäftspartner dazu verpflichtet, im Streitfall seine angestammte juristische Umgebung zu verlassen und sich in ein ihm unbekanntes und daher für ihn ungünstiges juristisches Terrain zu begeben. Dies geschieht z. B. durch die Bestimmung, wonach der Gerichtsstand eines Außenwirtschaftsvertrages ein Ort in der Volksrepublik China sei.

Im Wirtschaftsleben gilt es, nicht nur konkurrenzierende „Tiger“ von ihrem „Berg“ zu locken, sondern auch „Berge“ zu entdecken, auf denen noch gar kein „Tiger“ haust. Solche „Berge“ kann man besetzen, ohne erst noch den bergbeherrschenden Tiger weglocken zu müssen. Als ein Beispiel wird auf die Polaroid-Kameras verwiesen, mit der ein Segment des Fotoapparategeschäfts erobert werden konnte, dessen Existenz der Konkurrenz gar nicht bewusst war (Chen 2, S. 160 ff.).

Man kann dieses Strategem auch anwenden, wenn der Tiger ohne eigenes Dazutun den Berg verlassen hat. So verfuhren japanische Unternehmen nach dem Zweiten Weltkrieg. Europäische Kolonialmächte zogen sich aus ihren ehemaligen Kolonien zurück. Den Umstand, dass viele „Berge" plötzlich ohne „Tiger" waren, nutzten Japaner aus, die anfänglich mit ihren einfacheren Produkten auf den Märkten westlicher Länder keine Chancen hatten. Sie expandierten wirtschaftlich zunächst in den Ländern Asiens, Afrikas, ja sogar auf kleinsten Inseln des Pazifischen Ozeans, und dann in Australien, um zuletzt auch auf der nördlichen Erdhalbkugel Marktanteile zu erobern (Lin, S. 93).

Strategemprävention

Hat man einmal ein Territorium besetzt, sollte man es nicht leichtfertig aufgeben. Verlockungen, es zu verlassen, sollte man genau prüfen und ihnen gegebenenfalls standhaft widerstehen. Und wenn man es verlässt, sollte man sich zunächst nicht zu weit entfernen und einen Weg zurück in das Territorium sicherstellen. Bereiche, in denen man nicht zu Hause ist, meide man. Als Gegenstrategem bietet sich bisweilen das Strategem Nr. 27 an: Verrücktheit mimen, ohne das Gleichgewicht zu verlieren. So machte die demonstrative Gelassenheit des österreichischen Bundeskanzlers Schüssel jene rasend, die ihn in ihre Arena locken und dort vorführen wollten. Der Kanzler spielte nicht mit, widmete sich dem Cello und dem Fußball (*NZZ*, 28.01.2001, S. 3).

Strategemrisiko

Wenn man einen Haifisch aufs Land lockt, ist er außer Gefecht gesetzt. Wenn man aber ein Krokodil ans Ufer lockt, bleibt es gefährlich. Man muss also darauf achten, wirklich einen „Tiger" und nicht etwa einen Adler vom Berg in die

Ebene zu locken. Man muss sich also vergewissern, dass das neue Terrain den Opponenten tatsächlich schwächt.

Beispiel

Dem Management durch Arbeitskämpfe den Garaus machen

Der US-Stahlmagnat Andrew Carnegie (1835–1919) kaufte 1882 Aktienpakete des Koksproduzenten Henry C. Frick auf. Dieser wurde stellvertretender Geschäftsführer einer im gemeinsamen Eigentum stehenden Firma. Er war nach Carnegie der zweite Mann des Unternehmens und für das gesamte Management verantwortlich. Frick war es, der die verschiedenen Produktionsstätten zu einem zusammenhängenden Unternehmen integrierte. Damit schuf er eine Firma, die in der Folgezeit zum größten Stahlkonzern der Welt werden sollte (*CM*, S. 1239 f.). Allerdings erwies er sich als ein unangenehmer Geschäftspartner. Gemäß Darstellungen in chinesischen Strategembüchern wollte ihn Carnegie loswerden. Um die Produktionskosten zu reduzieren und die Gewinnmargen weiter zu erhöhen, setzte Frick die Akkordlöhne herunter. Es kam prompt zu schweren Auseinandersetzungen. Die betroffenen Gewerkschaften beschlossen, das Werk in Homestead zu bestreiken. Im Konflikt mit den Arbeitern gab Carnegie, der sich zu dieser Zeit in Schottland aufhielt, hinter den Kulissen Frick für seine harten Maßnahmen grünes Licht,[74] was sich übrigens als Anwendung des Laissez-faire-Strategems Nr. 16 qualifizieren lässt. Frick goss Öl ins Feuer, indem er kurzerhand 300 Streikbrecher einstellte. Als diese, begleitet von bewaffneten Sicherheitskräften auf Schiffen den Monongahela-Fluss herunterfuhren, um ihre Aufgabe zu erfüllen, kam es zu gewaltsamen Auseinandersetzungen mit den Streikenden. Schließlich waren zehn Tote und 60 Verletzte zu beklagen. Homestead wurde unter Kriegsrecht gestellt (*CM*, S. 1240). Durch diesen Zwischenfall war Fricks Ruf ruiniert. Wenig später wurde gar ein Attentat gegen ihn verübt, das Frick aber überlebte. All diese Vorfälle zermürbten ihn. Er trat von seinem Amte zurück. Carnegie war nun Alleinherrscher des Konzerns.

Ein chinesischer Kommentar weist Carnegies Vorgehen dem Strategem Nr. 15 zu. Carnegie sei es gelungen, auf geschickte Weise den „Tiger“ Frick von dessen „Berg“, nämlich seiner mächtigen Stellung im Carnegie-Konzern, zu entfernen (Yao, S. 125).

5.4.7 Strategem Nr. 16: Will man etwas fangen, muss man es zunächst loslassen

欲擒故縱

Kerngehalt: *Laissez-faire-Strategem*

Erläuterung: Wenn man in gewissen Situationen einen Opponenten völlig einschnürt und ihn von allen Seiten unter Druck setzt, läuft man Gefahr, dass er seine sämtlichen Reserven mobilisiert und härtesten Widerstand leistet. Hält man ihm dagegen zeitweise einen Ausweg offen, dann besteht eher die Aussicht, dass seine Anspannung nachlässt und man leichter mit ihm umgehen kann. Das „Loslassen“ ist kein Selbstzweck, sondern dient einem letztendlichen „Fang“. Man lässt erst etwas fahren oder geschehen, um später etwas einzuheimsen. Für dieses Strategem braucht es einen gewissen Weitblick, also eine „strategische Ader“ sowie Geduld. Die Ausführung dieses Strategems mag Zeit kosten, kann aber nicht nur Gewinn bringend, sondern auch Kräfte sparend sein.

Strategemradius

Während des *Kalten Krieges* (1945–1989) gelang es der Sowjetunion immer wieder, den Westen in die Defensive zu drängen. Die Westmächte bestimmten nicht immer das Gesetz des Handelns. Dies war eine unterlegene Position, doch nur bedingt ein Zeichen von Schwäche. Der westlichen Zurückhaltung war es zu verdanken, dass das Vorgehen des Kreml keine unkontrollierbaren Folgen zeitigte. Obwohl sie auch auf Zögerlichkeit und der Bereitschaft zum Appeasement beruhte, erwies sich die Politik der Mäßigung letztlich als überlegen. So ließ der Westen den Bau der Berliner Mauer 1961 zu und ergriff keine Gewaltmaßnahmen dagegen. Dieses Geschehenlassen atmete den Geist des Strategems Nr. 16. Denn „der Mauerbau bedeutete das Eingeständnis einer Niederlage des Kommunismus" (*NZZ*, 11./12. 08. 2001, S. 7).

Jemanden, gegen den infolge seiner Übermacht jeder frontale Angriff aussichtslos ist, kann man dermaßen hoch auf das Podest stellen und mit so übertriebenen Lobeshymnen überschütten, dass er zu einer Witzfigur wird, die ihre Autorität einbüßt und sich nicht mehr halten kann. Überspitzungen des mit Mao Zedong betriebenen Personenkults während der „Kulturrevolution" (1966–1976) wurden so gedeutet. Wie heißt es doch in der chinesischen Strategemliteratur: Will man einen Luftballon zum Platzen bringen, bläst man ihn zunächst bis zum Äußersten auf (Yu 1993, S. 143).

Ein Restaurant in Pittsburgh soll eine Speisekarte benutzt haben, in welcher die Speisen ohne Preisangabe aufgelistet waren. Es stand dort lediglich: „Wir sind überzeugt, dass uns der König Kunde gut behandeln wird, daher geben wir keine Preise an. Bezahlen Sie bitte nach Ihrem Gutdünken." Es gab zwar vereinzelte Kunden, die nichts oder zu wenig bezahlten. Die meisten Kunden zahlten jedoch mehr, als das Essen wert war. Der chinesische Kommentar: Die meisten Menschen wollen mehr scheinen, als sie sind, sie wollen einen guten Eindruck erwecken, sich vor aller Augen großzügig geben, oder vielleicht wollen sie auch nur sich selbst etwas vorspielen. Aus derlei Gründen erzielte das Restaurant mit der preislosen Speisekarte große Gewinne (Yu 1994, S. 135 f.).

Anstatt einen Kunden, der einen Laden betritt, sofort mit einem Wortschwall einzudecken, ist es vielfach besser, die Waren still auf ihn wirken zu lassen. Lässt man den Kunden angesichts des Angebots in Ruhe, kann sich dessen Phantasie und Kauflust entfalten. Vielleicht wird der Kunde am Ende gar selbst die Vorzüge der Ware, die ihn in den Bann gezogen hat, zu loben beginnen. Reklame für ein Produkt wirkt manchmal besser, wenn sie nicht in einer geradezu Widerwillen erregenden Art dominant, sondern etwas zurückhaltend auftritt (Chen 2, S. 173 f.).

Als Kunde, z. B. in der von 1985 bis 2005 behördlich geduldeten Seidenstraße Xiushuijie in Beijing, wo es viele angeblich echte, in Wirklichkeit gefälschte, aber gleichwohl brauchbare Waren zu kaufen gab, benutzte man das Strategem Nr. 16, indem man einem Verkäufer, der sich den Preis nicht herunterhandeln ließ, den Rücken zukehrte und wegging. Der Verkäufer rannte einem bestimmt nach und stimmte einem billigeren Preis zu.

Im zwischenmenschlichen Bereich und im Umgang mit Personal kann das Strategem Nr. 16 bedeuten, Freiheit einzuräumen, sodass Kreativität aufblühen kann, sowie Vertrauen und Autonomie zu schenken und so die Herzen zu gewinnen. Denn „Vertrauen ist das Wundermittel zur Entfesselung verborgener Potenziale bei den Menschen“ (*QXS*, Nr. 2/2004, S. 21).

In Verhandlungen oder Gesprächen ist Schweigen eine Methode, den anderen zum Reden zu bringen. Der andere wird, um die Stille zu überbrücken, in der Regel erneut zum Reden ansetzen und gegebenenfalls seine Absichten klarer darstellen oder sich gar eine Blöße geben, was man alles ausnutzen kann. Durch das Schweigen gewinnt man zudem Zeit zum Überlegen. Um den anderen seiner Selbstkritik zu überlassen und um diese zu aktivieren, kann man ferner Tadel durch Schweigen zum Ausdruck bringen (Zhou 1992, S. 46 f.).

Strategemprävention

Wenn man merkt, dass man vom Opponenten A Freiräume erhält, weil A hofft, man werde Fehler begehen, die A dann auszunutzen gedenkt, dann sollte man höchste Vorsicht walten lassen, um ebensolche Fehler zu vermeiden. Wenn dies möglich und nicht zu riskant ist, sollte man den Spieß umdrehen und die Freiräume dazu benutzen, sich zu profilieren und A zu blamieren oder gar Gegenmaßnahmen gegen A vorzubereiten. Stellt man in einer Verhandlung fest, dass der Opponent das „Loslassen" nur vorspielt, also nur so tut, als wolle er auf das Geschäft ganz verzichten, dann kann man das gegnerische „Loslassen" ignorieren. Früher oder später wird der Opponent bestimmt wieder anklopfen, und dann wird man die Oberhand haben. Ein Schwein lässt man zunächst am Leben, ernährt es gut, damit es schön Fleisch ansetzt, um es schließlich zu schlachten. Stellt man fest, dass man vom Geschäftspartner nach diesem Modell behandelt wird, sollte man sofort die Konsequenzen ziehen, indem man das Strategem Nr. 36 anwendet: „[Rechtzeitiges] Weglaufen ist [bei sich abzeichnender völliger Aussichtslosigkeit] das Beste."

Strategemrisiko

Stellt man es ungeschickt an, wenn man den Opponenten einstweilen laufen lässt, dann kann es gut sein, dass „der Tiger wieder in die Berge zurückkehrt" und seine alte Macht zurückgewinnt. Nur wenn man diese Möglichkeit völlig ausschließen kann, hat das Strategem Nr. 16 Aussicht auf Erfolg.

Beispiel

Antidiebstahlstüren auf Probe

Die chinesische Kauffrau Li Xiaoyun in der Stadt Loudi (Provinz Hunan) begann 1999, diebstahlsichere Türen der Marke Wangli zu verkaufen. Die Qualität dieser Türen hatte sie genau überprüft und für exzellent befunden. Leider lief aber ihr Geschäft nicht wie erwartet. Die Einwohner der Stadt wollten von der Ware nichts wissen. Aufgrund einer Marktanalyse stellte Frau Li fest, dass man eine billige Eisenflügeltür vorzog, die man vor der eigentlichen Haustüre installierte. Sie kostete nur etwa 300 Yuan, war aber nicht wirklich diebstahlsicher. Die von ihr angebotene Wangli-Türe kostete um die 1000 Yuan. Nun ergriff Frau Li eine mutige Maßnahme.

Sie bot jedem Interessenten einen „Gratisversuch" an. Jeder konnte sich bei ihr eine Wangli-Tür beschaffen und installieren. War er zufrieden damit, dann hatte er sie zu bezahlen. Erfüllte die Tür nicht seine Erwartungen, konnte er sie zurückbringen, ohne etwas entrichten zu müssen. Sehr schnell verließen mehrere Dutzend Türen ihr Geschäft. Die Kunden, die sie ausprobierten, freuten sich am schönen Aussehen der Tür, und sie überzeugten sich auch von deren Qualität. Begeisterung erweckte schließlich deren leichte und bequeme Handhabung. Und so verbreitete sich die Kunde von den tollen Wangli-Antidiebstahlstüren, und nach einem Jahr war Frau Li im Fachmarkt der Stadt etabliert (*FS*, Nr. 10, 2003, S. 42).

5.4.8 Strategem Nr. 17: Einen Backstein hinwerfen, um einen Jadestein zu erlangen

抛磚引玉

Kerngehalt: *Köder-Strategem*

Erläuterung: Der „Backstein“ symbolisiert etwas Geringfügiges, der „Jadestein“ etwas Wertvolles. Man gibt jemandem eine kleine Gabe, um ihm dafür eine große Gabe zu entlocken. Dank einer unbedeutenden Gunsterweisung erzielt man einen großen Gewinn.

Kunden lockt man mit Schnäppchen an, Untergebene kann man mit einem Bonus zu Extraleistungen veranlassen. Im zwischenmenschlichen Bereich können „Backsteine“ sein: ein freundliches Lächeln, eine nette Geste, eine kleine Einladung, ein aufmunterndes Wort, ein hübsches Kompliment usw. „Denk an kleine persönliche Aufmerksamkeiten: eine Mini-Notiz, ein Buch, nix Teures – so was wirkt Wunder“ (*B*, 26.11.2001, S.14).

Strategemradius

Steuererleichterungen und allerlei sonstige Vorzugsbehandlungen werden in der Volksrepublik China zum Zwecke der Investitionslenkung in ganz bestimmte Gebiete eingesetzt. Gar manche *Politiker* versprechen, eine Brücke zu bauen – selbst dort, wo es gar keinen Fluss gibt. So ergattern sie wertvolle Wählerstimmen.

Laut dem „Rockefeller-Prinzip“ wurde der Petroleumkönig John D. Rockefeller (1839–1937) reich, weil er um die Mitte des 19. Jahrhunderts billig Öllampen unter das Volk brachte oder sie gar verschenkte. Um die Lampen zum Leuchten zu bringen, brauchten die Leute Öl. Auch das bekamen sie von Rockefeller – allerdings nur zu einem ziemlichen Wucherpreis.[75] Bill Gates (geb. 1955) verschenkt bisweilen seine

Software, z.B. an Schulen (*NZZ*, 10.10.1997, S.13), wohl wissend, dass ihm dies später fette Gewinne einbringen wird.

„Die Bosse von *Enron, WorldCom* und anderen Firmen erzählten ihren Anlegern und Banken von märchenhaften Renditeerwartungen und Gewinnsteigerungen so überzeugend, dass ihnen alle glaubten“ (*BZ*, 20./21.07.2002, S.2). Vertrauensseligkeit – die Zwillingsschwester der Listenblindheit! Die „märchenhaften Renditeerwartungen und Gewinnsteigerungen“ schufen die Bosse mithilfe des Kreator-Strategems Nr.7 „Aus einem Nichts etwas erzeugen“, um dann diese Luftschlösser als Backsteine einzusetzen.

Trickbetrüger begleichen „zunächst teure Restaurant- oder Hotelrechnungen, die bei ersten Gesprächen entstehen.“ Oder sie versprechen „Einladungen zu einem besonderen Vergnügen“ (*Welt am Sonntag*, 26.05.2002, S.12).

Einfach, weil es „ganz besonders billig war – 500 Mark unterm Schlachtpreis“, ließ sich Show-Titan *Dieter Bohlen* ein seniles, unbrauchbares Pferd als Reitpferd andrehen (*B*, 29.09. 2003, S.8).

Strategemprävention

Bei persönlichen Beziehungen (guanxi) mit Chinesen gilt im Allgemeinen Reziprozität, wenn auch nicht unbedingt im Sinne eines unmittelbaren Austausches von Leistung und Gegenleistung. Dazwischen kann eine längere Zeit verstreichen. Falls ein Chinese das Strategem Nr.17 anwendet, spekuliert er auf eine verglichen mit der eigenen Leistung höhere Gegenleistung. Um dem vorzubeugen, kann man entweder mit irgendeiner Ausrede die Annahme eines Geschenks verweigern, oder man kann das Kraftentziehungsstrategem Nr.19 anwenden und durch ein sofortiges reziprokes, also gleichwertiges, Gegengeschenk der chinesischen Spekulation auf einen „Jadestein“ die Grundlage entziehen. Kleine

Gunsterweisungen sollte man also Zug um Zug durch kleine Gunsterweisungen vergelten. Zu vermeiden ist jede Anhäufung von „Dankesschulden“. Man kann sonst sehr leicht in Abhängigkeit geraten. Großzügigkeit von Leuten, die man nicht kennt, sollte zu denken geben.

Im Übrigen vergesse man nicht die chinesische Weisheit, wonach Menschen, die mündlich wohlfeile Gaben verteilen, selten glaubwürdig sind.

Strategemrisiko

Wer mit leeren Versprechungen Leute ködert, muss damit rechnen, dass man ihn früher oder später darauf festnagelt.

Beispiele

Reise nach Paris

Ein Manager der Gruppe Bull en France wollte der Shanghai Pudong-Entwicklungsbank ein Chipkartensystem verkaufen. Er wusste, dass es harte Verhandlungen geben werde. Und so arrangierte er für seinen chinesischen Verhandlungspartner eine Reise nach Paris, die mit einer Demonstration der technologischen Finessen des betreffenden Chipkartensystems verknüpft war. Dieser „Backstein“ funktionierte. In der Folge wurden in Shanghai Millionen von Bull-Chipkarten verwendet (*HBR*, Oktober 2003, S. 91).

Dankesbrief für Tankstellenbesuch

Ein gerade erst ins Erwerbsleben eingestiegener Tankstellenbesitzer kam auf keinen grünen Zweig. Da hatte er eine Idee. Über die Kreditkarten und Autonummern seiner Kunden machte er deren Adressen ausfindig. Von nun an schickte er jedem, der bei ihm sein Auto tankte, einen persönlichen Dankesbrief. Das Ergebnis war erstaunlich. Die Kunden sagten alle, noch nie von einem Geschäft einen Dankesbrief erhalten zu haben. Im Nu verbreitete sich der gute Ruf des Geschäftsmanns. Von weit her kamen die Leute, um bei ihm ihren Tank zu füllen. Um sein Geschäft brauchte er sich keine Sorgen mehr zu machen (Zhang, S. 46 f.).

5.4.9 Strategem Nr. 18: Will man eine Räuberbande unschädlich machen, muss man deren Anführer fangen

擒賊擒王

Kerngehalt: *Führerfang-Strategem*; *Kopfstoß-Strategem*; *Schaltstellen-Strategem*

Erläuterung: Es geht zunächst darum, die wichtigste Person einer Gruppe zu identifizieren und zu „fangen“, sei es, um diese Person und dadurch die ganze ihres Kopfes beraubte Gruppe unschädlich zu machen, sei es, um die Person und damit deren ganze Gruppe zu gewinnen und für die eigene Sache einzuspannen. Im ersten Fall kann man sich harter und weicher Methoden bedienen, im zweiten Fall gelingt der „Fang“ nur mit weichen Methoden. Ferner geht es darum, bei der Abwicklung eines Vorgangs, bei der Handhabung einer Sache, bei der Führung eines Unternehmens den Angelpunkt, das „Kerngeschäft“, den Bereich mit einer strategischen Bedeutung, zu erkennen und anzupacken. Das Wesentliche erstens ermitteln und zweitens richtig machen!

Strategemradius

Als der britische König Charles, damals noch Prinz von Wales, 1970 die Weltausstellung in Osaka besuchte, begegnete ihm der eine der beiden Sony-Chefs, Akio Morita (1921–1999). Charles fragte Morita, ob Sony den Bau einer Fabrik in Europa plane, und sagte, er hoffe, dass Sony bei einem solchen Entscheid „an Wales denken werde.“ Tatsächlich baute Sony im walisischen Bridgend eine Farb-TV-Gerätefabrik, welche die Produktion 1974 aufnahm. Morita nutze nun seinen königlichen Kontakt und ließ zur Fabrikeröffnung Charles als Ehrengast einladen. In dessen Anwesenheit wurde eine Gedenktafel in englischer und walisischer Sprache eingeweiht, welche die Verbindung dieser Fabrik mit Charles für ewige Zeiten festhielt. Anfangs der 1980er-Jahre erlebte die Fabrik einen weiteren Ausbau, und Morita lud erneut Charles zu einer Feier ein. Dieser aber war unabkömmlich, und so erschien an seiner statt die schwangere Prinzessin Diana. Morita arrangierte einen Fabrikbesuch der Prinzessin mit Mundschutz und einer Kappe mit der Aufschrift „Sony". Die Bilder vom Besuch Dianas bei Sony in Bridgent gingen um die englischsprachige Welt. Auch der Besuch Dianas wurde auf einer Gedenktafel verewigt. Eine meisterhafte japanische Anwendung des Strategems Nr. 18 – so ein chinesisches Strategembuch (Yu 1994, S. 149 f.).

Während Akio Morita die erste Begegnung mit König Charles gewissermaßen in den Schoß fiel, was er zu einer geschickten Anwendung des Strategems Nr. 18 ausnutzte, musste das Beijinger Hotel „Lange Mauer" die Voraussetzungen für die Anwendung desselben Strategems erarbeiten. Der Generalmanager des Hotels wusste vom kommenden Besuch des US-Präsidenten Reagan im Frühjahr 1984. Früh genug lud er pausenlos Beamte aller Ebenen der US-Botschaft in Beijing zum Essen in sein Hotel ein und bat sie um ihre Meinung betreffend den Service, den er daraufhin ständig verbesserte. Als die Gäste von der US-Botschaft schließlich nichts mehr auszusetzen fanden, trat der Generalmanager mit dem Ansinnen an die Beijinger US-Botschaft, den Zuschlag für das Abschiedsabendbankett von Präsident Reagan zu erhalten. Nach längeren Verhandlungen bekam er den Auftrag. Am 28.04.1984 berichteten dann 500 Reporter aus aller Welt über dieses Bankett, und jeder musste zwangsläufig den

Namen des Hotels „Lange Mauer“ erwähnen – für das Hotel eine äußerst wirksame Gratis-PR-Aktion (Yu 1994, S. 153 f.).

Strategemprävention

Gegebenenfalls ist ein Gruppenführer mittels des Strategems Nr. 11 „Den Pflaumenbaum anstelle des Pfirsichbaums verdorren lassen“ zu retten. Für alle Fälle sollte stets ein Nachfolger bereitstehen. Eine leitende Persönlichkeit muss vor allem auch gegen weiche Maßnahmen, die gegen ihn ergriffen werden, z. B. das Korruptionsstrategem Nr. 31, gewappnet sein. Sofern es um Objektschutz geht, muss man jederzeit Ersatzteile zur Verfügung haben, sodass auch dann, wenn ein Opponent plötzlich ein Kernelement schädigt, das Funktionieren des Objektes gewährleistet bleibt. Ein totaler Schutz ist nie möglich, wohl aber ein schwerpunktmäßiger, man denke an einen Eishockeyspieler mit Kopf- und an einen Fußballspieler mit Knieschutz.

Strategemrisiko

Packt man einen falschen Anführer an, wird man sein Ziel verfehlen.

Beispiele

Sechs Aufgaben des Managements

Es wird berichtet, in einem US-Unternehmen sei eines Tages ein Arzt aufgetaucht und habe dem Manager ein Geheimrezept angeboten. Der Manager habe ungehalten reagiert und gesagt, er solle sich lieber um seine Patienten kümmern. „Einer kranken Firma ein Rezept zu verschreiben gehört auch zu meinen Aufgaben“, antwortete der Arzt und bat, ihm doch nur 20 Sekunden zuzuhören. Die 20 Sekunden gestand ihm der Manager zu. Der Arzt sagte Folgendes: „Listen Sie in der Reihenfolge ihrer Wichtigkeit sechs Tätigkeiten auf, die

Sie als Manager unbedingt persönlich abwickeln müssen, und erledigen Sie diese sechs Aufgaben gewissenhaft. Alle restlichen Aktivitäten delegieren Sie an ihr Personal." „Das also ist Ihr Rezept?", fragte der Manager. Der Arzt entgegnete: „Versuchen Sie es. Wenn Sie finden, es sei nutzlos, dann brauchen Sie mir nichts zu bezahlen. Wenn es aber effizient ist, dann zahlen Sie mir den Preis, den es in Ihren Augen wert ist." Der Manager änderte gemäß dem Rezept seine Arbeitsweise und erzielte erstaunliche Resultate. Nach Jahr und Tag erhielt der Arzt einen Brief mit einem Check auf 25 000 US-Dollar. Der Kern des Rezeptes, so ein chinesischer Autor, gehe von der Tatsache aus, dass in jedem Vorgang die Punkte, auf die es wirklich ankommt, nur einen relativ kleinen Prozentsatz aller Komponenten ausmachen. Wenn man nur diese wenigen wesentlichen Punkte richtig anpackt, dann befördert dies auch die relativ reibungslose Erledigung aller anderen Belange. Also gilt es, bei einer Verrichtung den „Räuberhauptmann", d. h. die Kernaufgaben, in den Griff zu bekommen (Yu 1993, S. 179).

Im Anpacken des Wesentlichen ist der Niedrigpreis-Anbieter ALDI Meister: keine aufgeblasene Verwaltung mit Stabsstellen, keine überflüssige Werbung, keine Rechtsabteilung, kein Controlling, keine Dekoration der Läden vom Innenarchitekten, keine Presseabteilung, dafür Konzentration auf ein beschränktes, überschaubares, qualitativ nicht zu beanstandendes Warenangebot zu Tiefstpreisen (*NZZ am Sonntag*, 25.04.2004, S. 49)

Den Ochsen am Nasenring führen

In der Volksrepublik China wird als ein Beispiel für die strategische Anwendung des Strategems Nr. 18 die Methode der Definition und Lösung eines sogenannten Hauptwiderspruches hervorgehoben (Yu 1993, S. 169 f.; Yan, S. 68). „Hauptwiderspruch" ist ein zentraler Terminus in der offiziellen marxistischen Methodenlehre der Kommunistischen Partei Chinas. Ausgangspunkt ist die Meinung, dass die ganze Welt ein Knäuel von Widersprüchen sei. Politik bedeutet Analyse und Lösung von Widersprüchen. In jeder Phase der Entwicklung hat die politische Führung Chinas einen einzigen der gleichzeitig bestehenden Widersprüche herauszugreifen und als den „Hauptwiderspruch" zu proklamieren. Dessen Lösung ist die jeweilige „Hauptaufgabe" der chinesischen Bevölkerung. Alle Kräfte des Milliardenvolkes werden darauf konzentriert.

Fünfmal seit 1937 hat die Kommunistische Partei Chinas den Hauptwiderspruch definiert. Von 1937–1945 lautete der Hauptwiderspruch „China gegen Japan". Mao Zedong verbündete sich zur Lösung dieses Hauptwiderspruchs mit seinem ideologischen Todfeind Tsiang Kaischek. Die Hauptaufgabe war die Niederringung Japans. Von 1946–1949 lautete der Hauptwiderspruch „Kommunistische Partei Chinas unter Mao Zedong gegen die Nationalregierung Chinas unter Tsiang Kai-schek". Die Hauptaufgabe war die Niederringung Tsiang Kai-scheks. Von 1949–1976 bzw. 1978 lautete der Hauptwiderspruch „Proletariat gegen Bourgeoisie". Die Hauptaufgabe war der „Klassenkampf". Das letzte Jahr dieser und das erste Jahr des Übergangs zur neuen, definitiv 1978 proklamierten Hauptwiderspruchsphase erlebte ich persönlich in China, weshalb ich den Wandel eines Hauptwiderspruchs vor Ort studieren konnte. Seit Ende 1978 blieb der Hauptwiderspruch unverändert. Es ist „der Widerspruch zwischen den wachsenden materiellen und kulturellen Bedürfnissen des Volkes und der rückständigen gesellschaftlichen Produktion" (Satzung der KPCh vom 14.11.2012, Allgemeines Programm, Absatz 9). Aus diesem Hauptwiderspruch ergab sich als Hauptaufgabe des chinesischen Volkes, als das Zentrum, um das alle Arbeiten, auch im Außenwirtschaftsrecht, zu kreisen haben, der „sozialistische Wirtschaftsaufbau". Über die gewaltigen Veränderungen in China seit 1978 staunten westliche Ausländer. Aber die wenigsten von ihnen wussten, dass die chinesische Wirtschaftsdynamik vor allem auf den chinesischen Marxismus mit seiner Hauptwiderspruchsmethode zurückzuführen ist, die an das Strategem Nr. 18 gemahnt.[76] Seit 2017 dominiert ein neuer Hauptwiderspruch die Innen- und Außenpolitik der VR China, nämlich der „Widerspruch zwischen den wachsenden Bedürfnissen des Volkes nach einem schönen und guten Leben und der ausgewogenen und ungenügenden Entwicklung."[77] In der VR China mit ihrem Hang zu einer proletarischen, jedermann verständlichen Ausdrucksweise wird diese Anwendung des Strategems Nr. 18 umschrieben mit Wendungen wie „Mittels der Netzleine die Netzmaschen bewegen" und „Führt man einen Ochsen, dann am Nasenring" (Yu 2003, S. 86 ff.; *36 Strategeme 1*, S. 439).

5.4.10 Strategem Nr. 19: Unter dem Kessel das Brennholz wegziehen

釜底抽薪

Kerngehalt:

1. *Wurzelbeseitigungsstrategem*
2. *Kraftentziehungsstrategem*; *Entkräftungsstrategem*
3. *Konfliktdämpfungsstrategem*

Erläuterung: Das Brennholz ist die Kraftquelle, die das Wasser im Kessel zum Sieden bringt. Das Wasser erkaltet, sobald man das Brennholz entfernt.

Das Strategem wird wie folgt ausgelegt:

1. Man packt etwas von Grund auf an
2. Man nimmt jemandem den Wind aus den Segeln, gräbt ihm das Wasser ab, entzieht ihm den Boden

3. Man entschärft einen Konflikt, weil dessen Anheizen dem eigenen Vorteil zuwiderläuft

Als Anwender dieses Strategems geht man nicht frontal gegen den Opponenten vor, sondern beraubt ihn seiner materiellen oder spirituellen Kraftquelle. Der Arten des Kraftentzugs sind viele. So kann man den Opponenten der Lächerlichkeit preisgeben oder alle Aufmerksamkeit auf eine abstoßende Etikettierung des Gegenübers (wie z.B. „Linksextremist“, „Verschwörungstheoretiker“ etc.) hin- und so von seiner Argumentation ablenken. Humor kann überhaupt manche gespannte Lage entkrampfen helfen. Manchmal zielt das Strategem Nr. 19 darauf ab, Bedingungen, die für den Opponenten günstig sind, zunichte zu machen.

Strategemradius

Henry Ford (1863–1947) gründete 1903 mit seinen Financiers die Ford Motor Company. Ein Streit mit seinen Kompagnons über die strategische Ausrichtung der Ford Motor Company hätte dieser beinahe das Lebenslicht ausgeblasen. „Das verhinderte Ford durch eine List“, schreibt Reiner Flick in *Die Zeit* (22.05.2003, S. 24), ohne die List zu benennen. Er gibt nur den puren Vorgang wieder: „1905 gründete er mit seinen Sympathisanten eine Teilebau-Tochterfirma, die die Mutter so teuer belieferte, dass der gesamte Gewinn bei der Tochter hängen blieb. Die Opposition gab klein bei und verkaufte ihre Anteile an Ford. Er besaß danach 51 % des Stammkapitals. 1919 erwarb er den Rest.“

Bei *politischen oder anderen Auseinandersetzungen* wird irgendeine Kleinigkeit, ein belangloser Detailfehler, aus der Äußerung des Opponenten herausgegriffen und darauf herumgeritten, sodass die eigentlich wichtige Aussage jede Aussagekraft verliert (Yu 1994, S. 54). Durch ein „argumentum ad hominem“, das sich auf die Person des Gegenübers richtet, dabei jedoch keinen Bezug zum eigentlichen Streitthema enthält und ausschließlich sachlich irrelevante persönliche Eigenschaften angreift, versucht jemand, der merkt, dass der Gegner überlegen ist und man Unrecht behalten wird, dem „argumentum ad rem", also dem sachlichen Argument des Gegenübers die Grundlage entziehen. Derjenige, der persönlich, beleidigend, grob argumentiert, hofft, dass sich die Blicke auf die Person des Gegenübers richten und von dessen Aussage zur Sache abwenden.[78] Keine Aussage, die als Verschwörungstheorie etikettiert wird, hat eine Chance, Gehör zu finden (*KdL*, S. 137 f.).

1887 beschloss das englische Parlament, dass deutsche Waren in England den Aufdruck „made in Germany" tragen müssen. Durch diese Kennzeichnung wollte man den deutschen Waren die Absatzmöglichkeiten entziehen. Man glaubte, niemand werde mit „made in Germany" gekennzeichnete Waren kaufen wollen. Wie die Geschichte lehrt, erwies sich diese Anwendung des Strategems Nr. 19 als Schildbürgerstreich. Unter dem Kessel wurde nicht Brennholz weggezogen, sondern hinzugefügt. Der Aufdruck „made in Germany" stattete deutsche Waren mit einem noch größeren Nimbus aus und förderte deren weltweiten Absatz.

Strategemprävention

Man muss die Quellen der eigenen materiellen und spirituellen Kraft doppelt und dreifach gegen mögliche feindselige äußere Einwirkungen schützen. Man sollte seine Hauptressourcen nicht leichtfertig anderen zur Verfügung stellen. So verhindert man, dass die anderen sie aufsaugen und man selbst die Stützen verliert. Dabei sollte man alle denkbaren Szenarien gegnerischer Eingriffe genauestens überprüfen und geeignete Vorbeugungsmaßnahmen treffen. Gerade im Computer- und KI-Zeitalter ist dies von vitaler Bedeutung.

Strategemrisiko

Zieht man das noch brennende Holz auf unvorsichtige Weise unter dem Kessel weg, wird man noch Feuer an sich selbst legen. Ferner muss man aufpassen, dass sich das Holz, das man unter dem Kessel des anderen wegzieht, nicht als der Ast entpuppt, auf dem man selber sitzt.

Beispiele

Ein Erfolgsrezept der USA

Aus chinesischer Sicht wenden die USA auf strategische Weise im großen Stil und höchst erfolgreich das Strategem Nr. 19 an (Zhang, S. 213 f.). Nach dem Zweiten Weltkrieg wurden zahlreiche deutsche Spitzenwissenschaftler in die USA transferiert, darunter Wernher von Braun, dem die USA maßgebend die erste bemannte Mondlandung 1969 verdankte. Seit Jahrzehnten gelingt es den USA durch verschiedene Anreize (Strategem Nr. 17), bestqualifizierte Leute aus der ganzen Welt abzuziehen und in die USA kommen zu lassen. Die beiden Hauptlockmittel sind wohl hohe Löhne und hervorragende Forschungsbedingungen. Frustriert von der deutschen Hochschulbürokratie flüchtete zeitweise jeder siebte Wissenschaftler in die USA, etwa 400 000 Spitzenleute aus dem EU-Gebiet arbeiteten in den USA (*RRH*, 29. 12. 2003, S. 11). Indem die USA fremden Ländern Spitzenkräfte, die dort ausgebildet wurden, entziehen und sich selber zuführen, sparen sie zu alledem noch eigene Ausbildungskosten. Sie ziehen nicht nur Brennholz unter dem Kessel der anderen weg, sondern schieben ständig neues Brennholz unter ihren eigenen Kessel. „Da sich die USA so gut darin verstehen, von überall her Elitepersonen anzulocken und für sich wissenschaftlich arbeiten zu lassen, gelang es diesem Land, in wissenschaftlich-technischer Hinsicht an die Weltspitze vorzudringen. Die wissenschaftlich-technische Entwicklung förderte den wirtschaftlichen Aufschwung, und so wurden die USA zum reichsten Land der Erde“ (Lin, S. 141). Was in China unter dem Gesichtspunkt des Strategems Nr. 19 gesehen wird, liest sich in deutschsprachigen Verlautbarungen etwa so: „Seit Jahrzehnten verwenden die Amerikaner enorme Anstrengungen darauf, die besten Professoren aus aller Welt ins Land zu locken. Nach China, Indien, Taiwan und Großbritannienzählt Deutschland zu den wichtigsten betroffenen Ländern. ‚Mit dem Weggang deutscher Wissenschaftler‘, klagt die deutsche Bildungsministerin Edelgard Buhlmahn, ‚subventionieren wir die Forschung in den USA‘“ (*Der Spiegel*, Nr. 4, 2001, S. 144). Man könnte allerdings auch auf die Idee kommen, zu sagen, dass die Anwendung des Strategems Nr. 19 der Volksrepublik China bei der Konzeption ihrer außenwirtschaftlichen Aktivitäten nicht fremd ist, entsteht doch bei manchen hiesigen Unternehmen und Bürgern allmählich das mulmige Gefühl, „bald würden sie vom großen Partner nur noch ausgesaugt und ihres technologischen Vorsprungs beraubt werden“ (*FAZ*, 05. 12. 2003, S. 1). Derartige den Westen insgesamt als potenzielles Strategemopfer ermittelnde Analysen werden auch durch die Auslagerung von Teilen der Industrieproduktion nach Asien genährt.

Entwaffnung durch Selbstkritik

Eine Anwendung dieses Strategems besteht in der Befolgung der Maxime „Scheut etwas das Licht, dann tu es lieber nicht (ruo yao ren bu zhi, chu fei ji mo wei).“ Damit entzieht man Vorwürfen und Kritik am sichersten jegliche Grundlage. Hätte VW diese Maxime befolgt, hätte es den Abgasskandal mit all den schlimmen Folgen nicht gegeben. Wird man bei etwas Ungebührlichem ertappt, dann vermag oftmals die sofortige vollständige Offenlegung des gesamten Sachverhalts mehr zur Entwaffnung des Gegenübers und zur Entschärfung der Lage beizutragen als die Salamitaktik[79], gemäß der man scheibchenweise nur das zugibt, was nach und nach durch Recherchen aufgedeckt wurde, oder gar der krampfhafte Versuch, den Vorfall zu leugnen. „Bekennen Sie sich mutig zu einem eigenen Versäumnis oder zu einem Fehlschlag. Kein Mensch ist ohne Aber. In den Augen von Chinesen sind jene Menschen klug, die ihre Unzulänglichkeiten und Fehler offen gestehen. Sie werden deshalb nicht geringgeschätzt oder gar missachtet. Dagegen werden die Besserwisser, die behaupten, alles richtig zu machen, von ihren Kollegen verachtet."[80] Diesen Rat, der den Geist des Strategems Nr. 19 und zudem ein bisschen jenen des Strategems Nr. 34 atmet, kann ich aus eigener Lebenserfahrung in Beijing (1975–1977) nur weiterempfehlen. Ein in den 36 Strategemen bewanderter westlicher China-Consultant erzählte mir gar, dass er in kritischen Situationen vor chinesischen Managern oder Behördenvertretern theatralisch auf die Knie sinke und sich wortreich entschuldige – mit jeweils optimalem Effekt.

Wie Wirtschaftsakteure pauschale Menschenrechtskritik entkräften können

Oft wird Unternehmen, die in der VR China tätig sind, vorgeworfen, ihnen gehe es nur um wirtschaftliche Belange. Sie kümmerten sich nicht um „die" Menschenrechte. Gegen diese Kritik kann man „unter dem Kessel das Brennholz wegziehen" anwenden. Man kann geltend machen, dass es zwei völkerrechtlich verbindliche Übereinkommen gebe, nämlich den UNO-Pakt 2 betreffend bürgerliche und politische Rechte, aber auch den UNO-Pakt 1 betreffend wirtschaftliche, soziale und kulturelle Rechte. Die gegen Unternehmen, die in der VR China tätig sind, gerichtete Kritik kreist immer nur um politische Menschenrechte. Die in Pakt 1 verankerten wirtschaftlichen Menschenrechte werden von den Kritikern stets außer Acht gelassen. Das widerspreche dem UNO-Konzept der universellen Menschenrechte, die alle von gleicher Wichtigkeit seien.[81]

Wenn zum Beispiel die Volkswagen Group China Ende 2021 insgesamt rund 90 000 Beschäftigte hatte[82], dann verwirklichte sie allein dadurch Menschenrechte, und zwar wirtschaftliche (Recht auf Arbeit, Recht auf Entwicklung). Dasselbe gilt von den über 5000 deutschen Unternehmen in China, die dort schätzungsweise „über eine Million Arbeitsplätze sichern“ (China-Strategie der Bundesregierung vom Juni 2023,[83] S. 24). Auf derartige menschenrechtliche Leistungen können in China oder auch sonstwo in der Welt tätige Unternehmen hinweisen. Nur schon allein durch ihre wirtschaftliche Tätigkeit, also durch die Konzentration auf ihre Kernaufgabe, verwirklichen sie Menschenrechte und machen diesbezüglich ihre Hausaufgaben.[84] Die wirtschaftlichen Menschenrechte kann man nicht einfach übergehen. Immerhin findet sich im wichtigsten Gebet des Christentums eine Anspielung nicht auf ein politisches, sondern auf ein wirtschaftliches Menschenrecht, heißt es doch „Gib uns heute unser tägliches Brot“. Diese Bitte findet ihren Widerhall in Art. 25, Ziff. 1 der Universellen Erklärung der Menschenrechte: „Jeder hat das Recht auf einen Lebensstandard, der seine und seiner Familie Gesundheit und Wohl gewährleistet, einschließlich Nahrung [...].“

Das heißt nicht, dass Verantwortungsträger in der Wirtschaft nicht auch noch andere Menschenrechte sowie Environmental Social Governance (zu Deutsch: Umwelt, Soziales und Unternehmensführung), also Beiträge zu einer nachhaltigen Entwicklung, die über die gesetzlichen Anforderungen hinausgehen[85], im Auge behalten sollten. Aber durch die einseitige und pauschale Kritik, sich nicht um „die“ Menschenrechte zu kümmern, brauchen sie sich nicht ins Boxhorn jagen zu lassen.

5.4.11 Strategem Nr. 20: Das Wasser trüben, um die [ihrer klaren Sicht beraubten] Fische zu fangen

混水摸魚

Kerngehalt: *Trübungsstrategem*; *Verwirrungsstrategem*; *Chaos-Strategem*

Erläuterung: Strategem des Stiftens/Ausnutzens von Unklarheit/Unordnung/Verwirrung

Grundlage und Ausgangspunkt dieses Strategems ist die Unübersichtlichkeit, Uneindeutigkeit, Vielschichtigkeit der Welt im Allgemeinen und des Marktes im Besonderen. Die Welt ist grundsätzlich „trübe". Daher gibt es reichlich Gelegenheit, im Trüben zu fischen. Sollte die Welt oder das Denken der Menschen ausnahmsweise einmal klar sein, dann leitet dieses Strategem dazu an, beides zu trüben, z. B. mithilfe des Provokationsstrategems Nr. 13, und aus der künstlich geschaffenen Unübersichtlichkeit Vorteile zu ziehen.

Strategemradius

In China trüben manche Warenproduzenten „das Wasser", indem sie für ihr Produkt einen Markennamen wählen, der leicht mit einem berühmten Markennamen verwechselt werden kann, z. B. „Hongda", was an die japanische Marke „Honda" denken lässt (Yu 2003, S. 100).

Das Strategem Nr. 20 verwenden Behörden, welche im Schutze der Unübersichtlichkeit der staatlichen Verwaltung Steuergelder vergeuden, siehe das vom Bund der Steuerzahler veröffentlichte *Schwarzbuch der öffentlichen Verschwendung.* „Der Staat hat 1,3 Billionen Euro Schulden – 16 Euro pro Kopf der Bevölkerung. Es wird Geld verschleudert in Brücken ohne Straßen, unnütze Computer, feinsten Granit für Provinzbahnhöfe. Laut Steuerzahlerbund werden jedes Jahr

30 Milliarden Euro verschwendet“ (*B*, 05.04.2004, S.9). Projekte werden unnötig aufgebläht oder gar realisiert, obwohl sie keiner braucht. Anschließend fehlen für dringende Dinge - Schulen, Krankenhäuser oder Polizeicomputer - die Haushaltsmittel.

Unübersichtlichkeit wird in komplexen Großkonzernen ausgenutzt: Angestellte bis hinauf zu CEOs kochen angesichts von Aufsichtsorganen, die keinen Überblick mehr haben, ihr eigenes Süppchen.

Das Strategem Nr. 20 wird auch sprachlich umgesetzt: Mit unklaren Formulierungen werden Kunden hereingelegt. So kündigte im Autonomen Gebiet Innere Mongolei ein großes Elektrogerätegeschäft an, dass an einem bestimmten Tag Farbfernseher statt für 1000 nur für 500 Yuan (ca. 60 Euro) verkauft würden. Als frühmorgens der Laden öffnete, warteten bereits an die 100 Kunden, die zum Teil von weit hergereist waren. Es stellte sich heraus, dass nur drei TV-Apparate zum billigen Preis zu haben waren. Wenn man den Werbetext genau gelesen hätte, hätte man festgestellt, dass darin nicht klar mitgeteilt wurde, wie viele Fernsehapparate verbilligt abgegeben werden. Im Werbetext, der nichts eigentlich Unwahres enthielt, stand bloß, dass Kunden in der Reihenfolge ihres Eintreffens bedient würden.

Strategemprävention

Durch die Schaffung kleiner, überschaubarer Verantwortungsbereiche, klare Kompetenzverteilungen[86] oder dann durch wirklich wirksame (allerdings flexible und nicht erstickende) Kontrollmaßnahmen kann man dem Strategem Nr. 20 entgegensteuern. Zur Vermeidung von Wirrwarr - der Brutstätte des Strategems Nr. 20 - sind unklare Anweisungen und Maßnahmen zu vermeiden, außerdem schlechte Kommunikation, ungenügende Rückmeldemechanismen, widersprüchliche Aussagen und Signale sowie der Verlust von zuverlässigen personellen Stützen. In einer chaotischen Situation sollte man nicht überreagieren, weil dies nur noch mehr Verwirrung stiftet.

Aussagen eines Gegenübers sollte man im Hinblick auf ihre Fassbarkeit genau prüfen. Hände weg von Immobilien-, Handels- oder Medienkonglomeraten, die so verschachtelt sind[87], dass man keinen Überblick über das ganze Gebilde zu gewinnen vermag. Komplexitäte sollte man nicht als Genialität deuten.[88] Hat man selbst einen klaren Plan, muss man ihn auch unmissverständlich, klar und präzise vertreten und darf sich schwammige Formulierungen nicht erlauben, sonst gibt man Opponenten eine Steilvorlage für die Anwendung des Strategems Nr. 20.

Zur Abwehr des Strategems im Rahmen einer Verhandlung muss man zuallererst sein eigenes Ziel fest im Auge behalten und sich nicht auf ein Nebengleis drängen lassen. Solange irgendeine Unklarheit besteht, sollte man erst diese klären und nicht weiterverhandeln. Bei Versuchen der Gegenseite, den Verhandlungsablauf durcheinander zu bringen, sollte man darauf bestehen, die einzelnen Punkte in der vorgesehenen Reihenfolge zu behandeln. Gegebenenfalls muss man den Mut haben, zu sagen, man verstehe nicht, was das Gegenüber meine, oder ihm gar klar machen, es solle nicht durch Abschweifungen die Verhandlungen beeinträchtigen.

Im Übrigen sollte man gegenüber Eindeutigkeitsstiftern stets auf der Hut sein und nicht auf sie hereinfallen! Angesichts einer plötzlich eintretenden „Trübung“ klaren Kopf bewahren, damit man nicht Opfer eines im Trüben Fischenden wird! Eine undurchsichtige Situation sollte man ertragen und nicht nach Gurus schielen, die angeblich den Durchblick haben.

Die Tatsache, dass fast jedes zehnte der von deutschen Parlamenten verabschiedeten Gesetze mangelhaft ist und von den Volksvertretern „nachgebessert“ werden muss (*B*, 05.04.2004, S. 9), sollte zu denken geben. Gesetzgeber sollten mit allem rechnen und nicht listenblind Emmentaler-Käse-Gesetze mit Lücken noch und noch erlassen, die, wie der Cum-Ex-Skandal[89] mit einem Schaden von weltweit rund 150 Milliarden Euro[90] zeigt, mehr zum Fischen im Trüben als zur Gesetzestreue ermuntern.

Strategemrisiko

Vagheit bei eigenen Formulierungen, bei der Ankündigung von Maßnahmen usw. kann Spielräume eröffnen, aber auch kontraproduktiv sein. „Das Volk möchte richtige Reformen, aber es möchte vorher wissen, was das Ziel der Reise ist. Bei der derzeitigen Politik der deutschen Regierung ist noch nicht einmal die Zielrichtung erkennbar“ Das schrieb die *NZZ* am 13.04.2004.

Als Strategemanwender sollte man nicht auch noch selbst der „Wassertrübung“ zum Opfer fallen und die eigene Klarsicht verlieren. Zudem sollte man im „trüben Wasser“ nach den richtigen und nicht nach den falschen „Fischen“ greifen.

Beispiele

Immer in einem Atemzug mit den Großen

Unmittelbar nach dem Zweiten Weltkrieg beherrschten in Japan fünf große und anerkannte Baufirmen den Baumarkt. Die Marktlage war insofern völlig transparent. Da gab es aber noch die kleine Firma A, deren ehrgeiziger Direktor unbedingt zu den großen Firmen aufschließen wollte. Zu diesem Zweck überwies er wichtigen Zeitungen des Landes beträchtliche Geldsummen und vereinbarte, dass neben Anzeigen einer der fünf großen Baufirmen immer auch je eine Anzeige seiner Firma geschaltet werde. In Anzeigen für die eigene Firma ließ er umgekehrt stets die fünf anderen Firmen in einem Atemzug mit seiner eigenen erwähnen. Auf diese Weise streute er dem Publikum Sand in die Augen, sodass es die wahre Größe der Firma A nicht richtig wahrnahm. Aber dank der Inserate wuchs die Zahl der Kunden, welche die Firma nicht enttäuschte, sondern mit bester Qualitätsarbeit zufrieden stellte. Nach drei Jahren hatte der Direktor dank dem Einsatz des Strategems Nr. 20, wodurch er das Publikum glauben machte, es gebe sechs große Baufirmen, darunter die seine, sowie dank der untadeligen Arbeit seines Unternehmens sein Ziel erreicht: Seine Firma war nun tatsächlich die sechstgrößte japanische Baufirma (Lin, S. 118 f.).

Verhandlungswirrwarr

Bei Preisverhandlungen legt man nicht immer seine Karten von vornherein auf den Tisch, sondern lässt das Gegenüber über die eigenen Margen zunächst einmal im Unklaren (Zhou 1992, S. 60). Um den Opponenten zu verwirren, kann man eine einfache Frage verkomplizieren oder Dinge, die eigentlich nichts miteinander zu tun haben, miteinander vermengen, oder man kann schon Besprochenes erneut aufs Tapet bringen. Wenn der Opponent eine Forderung stellt, die man nicht erfüllen kann, kann man die Aussage des Gegenübers bewusst missverstehen. Um das angebliche Missverständnis zu beseitigen, fühlt sich der Opponent zu Klarstellungen und Erläuterungen bemüßigt, was seine Konzentration auf sein eigenes Anliegen beeinträchtigt. So verlangte das Unternehmen A nach der eigentlich schon abgeschlossenen Besprechung eines Kooperationsvertrages mit der Firma B plötzlich von dieser eine Preisminderung um 2,5 %. Deren Verhandlungsdelegation zog sich eine Stunde lang zurück und sagte dann: „Wir haben in der Preisliste die Preise nach dem Wunsch von A geändert, müssen jetzt aber noch die vertraglichen Leistungen, die wir nun zu streichen haben, durchbesprechen." Die Firma A erwiderte, sie sei missverstanden worden, die Firma B solle nach wie vor sämtliche ursprünglich spezifizierten Leistungen erbringen. Die entstandene Verwirrung konnte die Firma B dazu nutzen, in der Frage der Preisreduktion einen beide Seiten befriedigenden Kompromiss zu erzielen (Yu 1994, S. 164 f.).

5.4.12 Strategem Nr. 22: Die Türe schließen und den Dieb fangen

關門捉賊

Kerngehalt: *Umzingelungsstrategem*; *Einkreisungsstrategem*; *Einkesselungsstrategem*

Erläuterung: Dieses Strategem will die Flucht eines unterlegenen Opponenten verunmöglichen. Ausgenutzt wird dessen Isoliertheit, in die er sich entweder freiwillig begeben oder in die man ihn gelockt hat. Das Strategem kann nur gelingen, wenn die Umzingelung unüberwindbar, die geschlossene Tür undurchdringlich und der abgeriegelte Raum ohne jedes Schlupfloch sind.

Strategemradius

Wirtschaft: Ein Einkaufszentrum oder -palast, in dem die unterschiedlichsten Läden und Etablissements sämtliche Bedürfnisse der Kunden abdecken, sodass diese gar keine Lust mehr haben, an einem anderen Ort einzukaufen, und ein den Kunden unablässig von allen Seiten umsorgender Service eines Einzelgeschäfts (Lin, S. 126) werden in der chinesischen Strategemliteratur als Anwendungen dieses Strategems angesehen (Chen 2, S. 226 f.).

Weltpolitik: „John Tkacick, ein Analyst der Heritage Foundation mit Sitz in Washington, meint, die Chinesen seien nicht notwendigerweise die Feinde Amerikas, sollten aber auch nicht als ‚unsere Freunde' hingestellt werden ... Wenn man die strategische US-Präsenz in Asien betrachtet, so übertrifft sie alle Erwartungen. Sollte sich China als künftiger Feind erweisen, dann haben die USA viel von dem erreicht, was sie erreichen wollten, ohne auszusprechen, dass China der Feind sei. Nicht dass der Krieg gegen den Terrorismus von der Bush-Administration als eine heimliche List zur Neuordnung von Ressourcen, ohne Beijings Zorn heraufzubeschwören, betrachtet wird. Wie es Bushs Sicherheitsberaterin Frau Rice formuliert hat, mag der Irak zwar die ‚zentrale Front' im Krieg gegen den Terror sein, aber auch Asien ‚ist eine sehr wichtige Front'" (*Financial Times*, 17.10.2003, S.13). Diese etwas verklausulierten Darlegungen konnten strategemkundige Chinesen gar nicht anders als unter dem Gesichtspunkt des Strategems Nr.22 interpretieren. Im Klartext bedeuten für sie die zitierten Zeilen, dass die USA im Hinblick auf einen künftigen „High Noon" mit China um dieses Land herum ein Netz von militärischen Stützpunkten, insbesondere auch in GUS-Staaten an der Grenze zu China, aufgebaut haben, um es einzuschnüren, und zwar, damit es nicht so auffällt, unter dem Deckmantel des „Krieges gegen den Terrorismus". In den USA wird China inzwischen als „systemischer Rivale" bezeichnet[91], das Sicherheitsbündnis „AUKUS" zwischen den USA, Großbritannien und Australien zielt auf die Eindämmung der militärischen Macht Chinas ab.[92]

Rhetorik: Durch eine geschickte Fragetechnik kann man einen Gesprächspartner in die Enge treiben. Bei Verhandlungen kann es angezeigt sein, das Gegenüber in einer Position festzunageln.

Strategemprävention

Man sollte niemals seinen Kopf „in den Rachen des Tigers“ stecken. Gemäß der dritten der *Zehn Geheimregeln des Go-Spiels* sollte man „behutsam in ein anderes Gebiet eindringen“ und sich stets einen gesicherten Rückweg offen halten. Das Gebiet, in das man vordringt, ist, gegebenenfalls mithilfe von Informationsstrategemen, z. B. Strategem Nr. 13 „Auf das Gras schlagen und die Schlangen aufscheuchen“, auf seine Gefährlichkeit abzutasten.

Strategemrisiko

Regelungswut und Kontrollhysterie können das Strategem Nr. 22 in einen Schildbürgerstreich verwandeln, durch den man sich gleichsam in einen Raum einsperrt und außer Gefecht setzt, ja schlimmstenfalls zum Tode reguliert: „Das Land erstickt in Verordnungen“[93]. Ebenfalls in einen Schildbürgerstreich - gegen sich selbst - verwandeln Manager das Strategem Nr. 22, die sich mit Referenten und Beratern abschirmen, den Boden unter den Füßen verlieren und „in einer Scheinwelt leben“.

Wenn man in geschäftlichen und anderen Auseinandersetzungen den eingeschlossenen „Dieb“ auf ungeschickte Weise zum Äußersten treibt, läuft man Gefahr, dass „der gehetzte Hund über die Mauer springt“ oder „die in die Ecke gedrängte Katze zum Tiger mutiert“.

Beispiele

Kunde von sich selbst

Der taiwanesische Industrielle Wang Yongqing gründete in den 1950er-Jahren allen Warnungen zum Trotz auf Formosa die erste Fabrik zur Herstellung von Kunststoff. Monatlich produzierte er 100 Tonnen, konnte aber nur 20 Tonnen absetzen. Daraufhin senkte er die Produktionskosten und den

Verkaufspreis, um auch im Ausland neue Märkte zu erschließen. Aber wegen der Transportkosten und des viel billigeren japanischen Kunststoffs vermochte Wang Yongqing nichts auszurichten. Er blieb auf seiner Ware sitzen, gleichsam wie ein in einem Raum eingeschlossener Dieb. Doch er befreite sich aus der Sackgasse, in die er hineingeraten war. Er gründete eine neue Fabrik, diesmal zur Herstellung von Kunststoffprodukten. Und nun verkaufte er den Rohkunststoff an sich selbst. Von nun an lief das Geschäft mit beiden Fabriken. Wang Yongqings Geschäftsimperium wuchs und wuchs und beschäftigt inzwischen über 40.000 Angestellte (Zhang, S. 249 ff.).

Verhandlungsbeginn eine Woche vor Weihnachten

Chinesen kündigen einer westlichen Delegation einen Stichtag für den Abschluss der Verhandlungen und eine dann stattfindende, bereits organisierte Zeremonie zur Vertragsunterzeichnung an. So wird die westliche Delegation in einen Zeitrahmen gepresst. Oder die westliche Delegation wird zu Vertragsverhandlungen mit Beginn 17. Dezember, also eine Woche vor Weihnachten, nach China eingeladen.

Nach einer anderen Variante der Strategemanwendung wird die westliche Delegation zunächst auf einen bestimmten „Geist“, in dem der Vertrag gehalten sein soll, und auf bestimmte „Grundsätze“, z. B. in Form einer Absichtserklärung, eingeschworen, und dann wird sie unter Druck gesetzt, bestimmte konkrete Klauseln zu akzeptieren, denn nur so werde man dem vereinbarten „Geist“ des Vertrags bzw. den abgemachten „Grundsätzen“ gerecht.

Auch von der chinesischen Seite vorbereitete Standard- oder Musterverträge, die ausländischen Firmen aufgenötigt werden und aus denen ein „Ausbruch“ kaum möglich ist, werden mit dem Strategem Nr. 22 in Verbindung gebracht (Fang, S. 270).

5.4.13 Strategem Nr. 23: Sich mit einem fernen Feind verbünden, um den nahen Feind anzugreifen

遠交近攻

Kerngehalt: *Strategem der einstweiligen Fernfreundschaft/des einstweiligen Fernbündnisses; Strategem des Vernichtungsbündnisses; Hegemonie-Strategem*

Erläuterung: Das Strategem im angestammten politischen Sinne kommt angesichts mehrerer strategischer Opponenten infrage und beruht auf deren taktischer Gewichtung gemäß dem Maßstab der „Nähe" und „Ferne". Ein naher strategischer Opponent wird durch ein taktisches Bündnis mit einem fernen strategischen Konkurrenten isoliert, in der Absicht, nach der Ausschaltung des nahen auch den fernen Opponenten auszuschalten. „Nah" und „fern" ist nicht nur geografisch zu verstehen, sondern auch im Sinne eines strategischen Gegners, der einem besonders zusetzt, also „nah" ist, und eines ebenfalls strategischen Opponenten, dessen Druck etwas weniger zu spüren, der also „fern" ist.

Im wirtschaftlichen Bereich wird eher an die wörtliche Bedeutung der Strategemformel Nr. 23 angeknüpft: „Sich in der Ferne verbünden, um in der Nähe anzugreifen". Gemäß dieser nicht so martialisch klingenden, viele Auslegungen zulassenden Formulierung wird das Strategem z. B. auf ein ausländisches Unternehmen bezogen, das über eine fortschrittliche Technologie verfügt, und auf ein chinesisches Unternehmen, welches von dieser Technologie profitieren möchte. Das chinesische Unternehmen vereinbart, um an die ausländische Technologie heranzukommen, mit dem ausländischen Unternehmen z. B. die Gründung eines Joint Ventures. Das ist das „Bündnis in der Ferne". Es dient dem „Angriff in der Nähe", d. h. der Erhöhung der Konkurrenzfähigkeit des chinesischen Unternehmens auf dem einheimischen

Markt. Ein weiter gehendes Ziel besteht freilich darin, später auch „in der Ferne anzugreifen“, also ausländische Märkte zu erobern. Diese Vorgehensweise sagen Chinesen Japanern nach, die sie in den 1960er-Jahren erfolgreich benutzt hätten (Yu 1994, S. 190 f.).

Strategemradius

Chinesische Außenpolitik: Wenige Jahre vor seinem Tod (1976) entwickelte Mao Zedong seine Lehre von den Drei Welten. Die „Erste Welt“ umfasste die beiden Supermächte USA und Sowjetunion. Die „Zweite Welt“ waren die im amerikanischen und sowjetischen Einflussbereich liegenden Länder Europas sowie Kanada, Australien und Japan. Die „Dritte Welt“ bestand aus den von europäischen Mächten ehemals kolonialisierten Ländern Asiens, Afrikas und Lateinamerikas. China gehörte zur „Dritten Welt“. Für Mao war der globale „Hauptwiderspruch“ der Widerspruch zwischen der Dritten und der Ersten Welt. Das hieß, China betrachtete die USA und die Sowjetunion als seine Hauptfeinde. Von den beiden die Erste Welt bildenden Ländern USA und UdSSR grenzte letzteres unmittelbar an China und erschien daher als besonders gefährlich. Aus dieser Analyse ergab sich für Mao die Schlussfolgerung, dass sich China im Geiste des Strategems Nr. 23 an die USA, den fernen Feind, annähern müsse, um die UdSSR, den nahen Feind, in Schach zu halten. So kam es – mitten in der „Kulturrevolution“ (1966–1976) – zum Nixon-Besuch in China 1972 und schließlich zur Aufnahme diplomatischer Beziehungen zwischen China und den USA 1979.

Chinesischer Wirtschaftsaufbau: Auch das seit 1978 laufende sozialistische Modernisierungsprogramm ist vom Strategem Nr. 23 nicht unbeeinflusst. Unter diesem vom 3. Plenum des XI. Zentralkomitees der Kommunistischen Partei Chinas im Dezember 1978 in Gang gesetzten Programm erlebte China die längste ununterbrochene friedliche Aufbauphase seit dem Ersten Opiumkrieg (1840–1842). In dieser Phase, die sich bis zum Jahr 2017 erstreckte, lautete der Hauptwiderspruch, auf eine kurze Formel gebracht, „Modernisierungsbedürfnis gegen Rückständigkeit" (s. Strategem Nr. 18). Zur Überwindung dieses wichtigsten und störendsten Widerspruchs war China erneut auf das Wohlwollen entfernter Rivalen wie der USA und europäischer Staaten angewiesen. Nur mit deren technischer und finanzieller Hilfe vermochte China dem naheliegendsten Feind, nämlich der Armut und Rückständigkeit im eigenen Lande, im mancher Hinsicht den Garaus zu machen.

Strategemprävention

Auf keinen Fall sollte man ein Bündnis mit einem fernen Gegner, das man bei Wahrung entsprechender Vorsicht und der eigenen Interessen durchaus eingehen kann, als eine felsenfeste Rückversicherung betrachten. Dem verbündeten fernen Gegner gegenüber ist ständige Wachsamkeit geboten. Sonst wird es womöglich ein böses Erwachen geben. Der eigenen möglichen Isolation ist durch breit gestreute Kontaktpflege vorzubeugen.

Strategemrisiko

Fernes Wasser löscht nicht den nahen Brand. Das Strategem Nr. 23 ist vor allem dann kein Allheilmittel, wenn der das Strategem anwendende Staat klein und schwach ist. Im Notfall riskiert er, vom fernen Bundesgenossen fallen gelassen zu werden.

Beispiel

Li Ka-Shing im Dreiecksverhältnis

Einen Wert von 1,8 Milliarden Hongkong-Dollar hatte das Kowloon-Dock, der größte Anlegeplatz Hongkongs. Keine Frage, für den Reederkönig Pao Yue-kong (1918–1991) war dieses Dock von überragender Bedeutung! Denn wenn er diesen Anlegeplatz besaß, dann beherrschte er den größten Teil des Hongkonger Verpackungs- und Transportgewerbes. Noch stand es nicht in seinem Eigentum, sondern gehörte der Gruppe Jardine Matheson & Co. Auf das Kowloon-Dock ein begehrliches Auge geworfen hatte auch der Tycoon Li Ka-Shing (geb. 1928). Dieser wollte sich allerdings auch den Mischkonzern Hutchison Whampoa Limited aneignen. Beide Ziele konnte Li Ka-Shing nicht mit gleichem Nachdruck verfolgen. Daher konzentrierte er sich auf den Erwerb des Hutchison-Whampoa-Komplexes. Dem Projekt Kowloon-Dock widmete er nur seine halbe Kraft.

Pao Yue-kong analysierte die beiden ihm ebenbürtigen Gegner und das trilaterale Verhältnis zwischen ihnen und ihm. Wenn sie alle drei einzeln gegeneinander kämpften, würde keiner den Sieg davontragen können. Wenn sich aber zwei Parteien miteinander verbündeten, egal welche, dann musste die dritte Partei klein beigeben. Welcher Partei sollte er sich zuneigen? Er entschied sich für Li Ka-Shing. Da dieser dem Kowloon-Dock nicht die absolute Priorität beimaß, war er sein „ferner Feind". Demgegenüber wollte Jardine Matheson & Co. von ihrem Zugriff auf das Dock keinen Zoll hergeben. Also war das der Gegner, der ihm am nächsten auf der Pelle saß, und mithin sein „naher Feind". Somit hatte er sich mit Li Ka-Shing gegen Matheson & Co. zu verbünden.

Spontan verkaufte Pao Yue-kong an Li Ka-Shing 90 Millionen Aktien des Hutchison-Whampoa-Komplexes und verhalf ihm so zu mehr Einfluss bei seinem Kampf um diesen Mischkonzern. Als Gegenleistung erhielt er von Li Ka-Shing 20 Millionen Aktien des Kowloon-Docks. Später kam er Jardine Matheson zuvor und ergatterte weitere 20 Millionen Dock-Aktien. Zu guter Letzt war er Mehrheitsaktionär des begehrten Docks.

Alle drei Parteien waren hinsichtlich des Kowloon-Docks Rivalen, aber mit unterschiedlicher Intensität. Pao Yue-kong siegte, weil er sich mit der „fernen" Partei verbündete, mit der nur ein schwächerer Interessengegensatz bestand, und die Hauptstoßrichtung seiner Übernahmeattacken gegen die „nahe" Partei lenkte, deren Interessen unmittelbar mit den seinen zusammenprallten.

5.4.14 Strategem Nr. 28: Auf das Dach locken, um dann die Leiter wegzuziehen

上屋抽梯

Kerngehalt: *Sackgassen-Strategem; Kaltstellungsstrategem; Ausstiegsvereitelungsstrategem*

Erläuterung: Man lenkt jemanden in eine Position, von der er nicht mehr zurückkehren kann oder die ihn ins Aus führt.

Strategemradius

Führungsmethode: Man manövriert jemanden oder sich selbst in eine Lage, bei der man mit dem Rücken zur Wand steht, um sich oder den anderen zu Höchstleistungen anzuspornen. General de Gaulle z.B. ging immer aufs Ganze und hielt sich keine Rückzugsposition offen. Als Präsident Frankreichs machte er jedes Plebiszit zum Votum für oder gegen sich.

Kundenfang: Man findet Mittel und Wege, um einen Kunden bei der Stange zu halten, etwa mittels Kundenkarten, Treueprämien, Bonusprogrammen, durch dem Kunden drohende finanzielle Verluste bei einem Wechsel von der Firma A zu der Firma B usw.

Versteigerungen: Angestellte des Anbieters, die sich inkognito unter die Kunden mischen, treiben den Preis in die Höhe, um, kurz bevor ein Kunde sein letztes – zu hohes – Angebot macht, aus dem Rennen zu steigen (Yu 1994, S. 227).

Hold-up: Ein Arbeitnehmer lässt sich vom Arbeitgeber teuer ausbilden und nutzt später die versunkenen Kosten des Arbeitgebers aus, um unvorhergesehene Lohnforderungen zu stellen, die dieser wohl oder übel zugestehen muss.

Lock-in/Andealen: Durch Sonderangebote wird der Kunde zum Kauf verlockt, z. B. durch einen billigen Drucker. Der Haken ist, dass die Toner für den billigen Drucker ausgesprochen teuer sind. Ähnliches gilt für ein billiges Auto mit teuren Ersatzteilen.

Liebespaar in früheren Zeiten: Die Frau eröffnet dem Mann, sie sei schwanger, eine Heirat sei daher unausweichlich.

Verheizen: Man versetzt eine Person auf einen Posten, von dem man von vornherein weiß, dass sie ihm nicht gewachsen sein wird, und lässt sie dann im Regen stehen und ihre Unfähigkeit aller Welt vorführen.

Strategemprävention

Voraussetzung zur Abwehr von solchen tückischen Karriereangeboten sind die Selbsterkenntnis und die Selbstbescheidung sowie der Kampf gegen übertriebenen Ehrgeiz. Bezüglich Erfindungen wie Atombombe und KI sollte der Mensch listensensibel genug sein, um zu erkennen, dass er damit gegen sich selbst das Strategem Nr. 28 anwendet, denn in der Regel gilt: Sind sie erst einmal in die Welt gesetzt, gibt es kein Zurück!

Strategemrisiko

Wenn man bei Verhandlungen oder bei Karriereschritten zu hoch pokert, kann man von dem Dach, auf das man sich ohne Leiter begeben hat, unsanft herunterfallen. In diesem Fall hat man das Strategem gegen sich selbst eingesetzt, allerdings im Sinne eines Schildbürgerstreichs.

Beispiele

Der drohende Abflug

Die chinesische Firma A hatte die deutsche Firma B mithilfe des Strategems Nr. 1 zu eigentlich verfrühten Vertragsverhandlungen über ein Joint Venture nach China gelockt. Prompt blieb für die Beilegung der zahlreichen Meinungsverschiedenheiten kaum genügend Zeit. Schließlich stand der Abflug der deutschen Delegation unmittelbar bevor. Sowohl in der chinesischen als auch in der englischen Version des Vertragstextes waren einige Vertragspunkte noch nicht bereinigt, weil der Vorstandsvorsitzende der chinesischen Firma den gerade von beiden Seiten fertig formulierten englischen Vertragstext immer wieder etwas ändern wollte. Da blieb keine Zeit mehr für die chinesische Übersetzung der englischen Endversion des Vertragstextes. Nun erwies sich das Strategem Nr. 1 letztendlich für die chinesische Seite als nachteilig. Wollte sie den Vertrag nicht noch im letzten Augenblick scheitern lassen, blieb ihr nämlich nichts anderes übrig, als das englischsprachige Vertragsdokument, auf das man sich immerhin hatte einigen können, als maßgebend anzuerkennen.[94] Üblicherweise trachtet der chinesische Vertragspartner von Joint Ventures danach, die chinesischsprachigen Vertragsdokumente als alleinige Grundlage festzulegen.

Hier erwies sich die deutsche Seite – wohl nicht wissend, dass sie strategemisch handelte – spontan als geschickte Anwenderin des Sackgassen-Strategems. Chinesen und Deutsche waren auf dem Dach angekommen, d.h., sie hatten sich über den Vertrag inhaltlich in englischer Sprache geeinigt. Indem die Deutschen nun auf ihren unaufschiebbaren Abflug hinwiesen, zwangen sie die Chinesen zum Griff zu der für sie unangenehmen Leiter in Form einer Konzession hinsichtlich des maßgeblichen Vertragstextes in englischer und nicht in chinesischer Sprache.

Der geheimnisvolle Weintrog

Von einer Weinschänke in Bangkok wird berichtet, der Besitzer habe vor dem Eingang einen riesigen Weintrog aufgestellt, der alle Augen auf sich zog. Wenn man näher kam, sah man die Aufschrift: „Unbefugtes Hineinschauen ist untersagt." Dieses Verbot reizte die Passanten erst recht, einen Blick in den Trog zu werfen. Und schon hatte man den Kopf in den Schlund hineingestreckt. Sofort stieg ein köstlicher Alkoholduft in die Nase, und zudem erblickte man im Trog einen Schriftzug: „Unser Lokal bietet einzigartige Weine an, probieren Sie diese doch einmal!" Diese Werbung beruht auf dem Strategem Nr. 28. Zunächst lockt sie die Leute an und veranlasst sie, in den Trog hineinzusehen. Hat man aber erst einmal in den Trog hineingeschaut, lässt sich das Rad nicht mehr zurückdrehen. Die Leiter ist weggezogen. Den verführerischen Weinduft hat man unweigerlich gekostet, und die Kenntnisnahme der Werbebotschaft lässt sich auch nicht mehr rückgängig machen. „Hereingelegt", rufen die Leute, zumeist lachend, und die meisten von ihnen statten, neugierig geworden, der Weinstube einen Besuch ab (Zhang, S. 318 f.).

5.4.15 Strategem Nr. 30: Die Rolle des Gastes in die des Gastgebers umkehren

反客為主

Kerngehalt: *Strategem des unbemerkten Machtpositionsraubs; Rollentausch-Strategem; Unterwanderungsstrategem*[95]; *Kuckucks-Strategem; Machtusurpierungsstrategem; Vorhandgewinnungsstrategem*

Erläuterung: Der Gastgeber weist dem Gast einen Sitzplatz am Esstisch zu, lässt ihm das Essen servieren und gibt ihm schließlich zu verstehen, dass er nun wieder gehen könne. In einer zwischenmenschlichen Beziehung stehen also „Gast" für die passive, unterlegene und „Gastgeber" für die aktive, überlegene Position. Das Strategem Nr. 30 zielt auf einen Rollentausch: Der „Gast" schwingt sich zum „Gastgeber" auf und verweist diesen in die Rolle des einen Kontrollverlust erleidenden „Gastes".

Im Zeichen dieses Strategems kann man durch ständiges Nachfragen bei Verhandlungen die Gegenseite erstens in die Defensive drängen und zweitens möglicherweise Schwächen in deren Konzept entdecken. Schwächen, die man auch aufgrund eines genauen Studiums des Dossiers feststellen kann, oder sonstige dunkle Punkte der Gegenseite, die man allenfalls durch Nachforschungen ermittelt hat und die man der Gegenpartei vorhalten kann, vermag man zu einer Umkehrung der eigenen defensiven und unterlegenen Verhandlungsposition zu benutzen (Yu 1994, S. 250). Auch indem man plötzlich nachgibt oder umgekehrt die Verhandlung sich festfahren lässt, mit dem Verhandlungsabbruch oder der Konkurrenz droht usw., kann man in einer Verhandlung die Oberhand gewinnen oder zurückerlangen. Wenn man der Gegenseite das Bedürfnis nach dem Produkt, das man verkauft, drastisch bewusst macht, kann man die eigene Position stärken. Wenn man eine Geschäftspolitik betreibt, in der man den „Kunden als König“ betrachtet, kann man sich in einem übertragenen Sinne ebenfalls als Anwender dieses Strategems betrachten (Yu 1994, S. 245). Indem man dem Kunden alle Wünsche von den Lippen liest, gibt man ihm das Gefühl, tonangebend zu sein.

Strategemradius

In chinesisch-westlichen 50:50-Joint-Ventures nimmt manchmal, wenn sich die westliche Seite nicht vorsieht, das chinesische Management über kurz oder lang das Heft in die Hand (*HBM*, November 2003, S. 64 ff.).

Die Schaffnerinnen einer bestimmten Buslinie einer chinesischen Stadt sind berüchtigt, weil sie beim Fahrscheinkauf oft nicht das volle Restgeld erstatten. Ein Passagier behilft sich mit dem Strategem Nr. 30. Seine 10-Yuan-Note gibt er erst her, nachdem ihm die Schaffnerin das volle Restgeld von 9 Yuan für den Fahrschein ausgehändigt hat.

Staat A bittet Staat B um militärische Unterstützung, beispielsweise gegen Rebellen. Später belässt der Staat B seine Truppen im Staat A und bestimmt dort die Politik.

Geldgeber, Lobbyisten oder sonstige einflussreiche Personen suchen nach einem Politiker mit einer schmutzigen Weste, um ihn zu fördern. Haben sie ihn erst einmal in sein Amt gehievt, wird er ein willfähriges Werkzeug seiner Geldgeber sein, denn sie können ihm jederzeit damit drohen, seine alten Verfehlungen in der Öffentlichkeit wieder aufzuwärmen und ihn so zu vernichten. Oder man macht einen besonders dummen Politiker zum Staatspräsidenten, weil man ihn mit Beratern umgeben kann, die, von der törichten Galionsfigur undurchschaut und unbehindert, die Politik der Hintermänner durchsetzen können. Falls irgendetwas schief geht, trägt der Staatspräsident die Verantwortung.

In Universitäten bei der Berufung von Professoren, in Behörden, Unternehmen usw. stellt man bisweilen bewusst die jeweils unfähigsten Bewerber ein. Denn dann besteht für die bereits etablierten Postenbesitzer die Gewähr, dass sie immer das Heft in der Hand behalten und vom neuen Kollegen oder der Kollegin niemals in den Schatten gestellt oder durch deren Leistungen zu eigenen Anstrengungen angetrieben werden.

Gewisse Gesprächspartner lieben es, sich nicht nur verbal aufzuplustern, sondern ihre Autorität durch Körpersprache auszudrücken und beim Gegenüber Unterlegenheitssignale zu provozieren. Ein Beispiel sind Menschen, die einen mit den Augen starr fixieren; sie sind es in der Regel nicht gewohnt, dass der andere dem dreisten Blick standhält und einfach zurückstarrt (*FAZ*, 21.02.2004, S. 51).

Strategemprävention

Hat man auf dem Markt eine führende Stellung, dann darf man nicht nachlassen und muss jeden auch noch so kleinen Konkurrenten ernst nehmen. Denn ihm könnte ja das Strategem Nr. 30 gelingen. Man sollte unentwegt verfolgen, was die Konkurrenz unternimmt, und gerade deren unsinnig anmutenden Ideen besondere Beachtung schenken. Zu lange merkten in den 1960er-Jahren US-Autofirmen mit ihren Riesenkarossen nicht, wie die japanische Autoindustrie mit schnittigeren Wagen erfolgreich in den US-Markt drängte (Lin, S. 167).

In Verhandlungen sollte man seinen Standpunkt unbeirrt vertreten und ständig aufpassen, dass der Opponent nicht Mittel und Wege findet, eine dominante Stellung zu erringen. So setzt man bezüglich des Ortes von Verhandlungen den Heimvorteil genauso oft ein wie der chinesische Partner und lässt sich nicht dauernd ins Reich der Mitte einladen. Sich nicht ins Bockshorn jagen lassen!

Von einer strategischen, also etwas weiter in die Zukunft blickenden Warte aus sollte man unter strategempräventiven Vorzeichen folgende Äußerungen überdenken: Das Riesenreich der Mitte habe, meint Frank Sieren, langjähriger Korrespondent des *Handelsblatts* in Beijing, den Westen einschließlich der USA „mit einem feinen Netz der Globalisierung umsponnen", in dem sich Abhängigkeiten ausbilden, die in nicht allzu ferner Zukunft zu einem *Rollenwechsel* zwischen den Wirtschaftskonkurrenten Europa und China führen dürften. China habe die anderen Schwellenländer, Russland, Indien, die asiatischen Tigerstaaten und auch das zu kleine, zu teure, zu unflexible Japan hinter sich gelassen und „ringt den westlichen Konkurrenten eine Marktführerschaft nach der anderen ab" (*NZZ*, 03.02.2004, S.42).

Strategemrisiko

Manchmal kann Dominanz auch kontraproduktiv sein und ist daher nicht anzustreben. So hütet sich die Volksrepublik China – im Gegensatz zu den USA – vor offen artikulierten Ansprüchen auf eine globale oder auch nur regionale „Führungsrolle".

Beispiele

Besitzerwechsel bei McDonald's

Raymond A. Kroc (1902–1984) war Verkäufer von Pappbechern und später von Mixern. Dem Ruhestand bereits nahe, betrat er 1954 im Alter von 52 Jahren auf einer Verkaufsreise in Kalifornien einen Hamburger-Schnellimbiss, der von den Brüdern McDonald geführt wurde. Ihm fiel der große Kundenandrang auf. Am meisten beeindruckte ihn, wie das Lokal geführt wurde. Die Brüder McDonald betrieben eine Art Fließband, auf dem sie ihre Hamburger herstellten. Acht Mixerbatterien konnten gleichzeitig 40 Milchmischgetränke liefern. Nur Plastikgeschirr und Papierservietten wurden verwendet. So konnten die Reinigungskosten gesenkt und die Reinigung des Restaurants beschleunigt werden. Der Betrieb war so effizient organisiert, dass die Kunden innerhalb von 60 Sekunden bedient wurden. Die Produktauswahl war zwar begrenzt, aber das Angebot war sehr preisgünstig. Ray Kroc war sofort von diesem Konzept begeistert (*CM*, S. 1336), und er ging gleich daran, das Strategem Nr. 30 umzusetzen (Yu 1994, S. 246). Um zum „Gast“ zu werden, erwarb Kroc von den Brüdern McDonald die Lizenz zur Führung ihres Namens, unter dem er auf Franchise-Basis eine Kette von nach ihrem Konzept organisierten Fastfood-Restaurants eröffnete. Er führte selbst auch Innovationen ein wie die Standardisierung der Größe der Hamburger und die Belegung der Hamburger mit einer genau festgelegten Anzahl von Zwiebelringen. So optimierte er das Unternehmenskonzept von McDonald's. Die erste McDonald's-Filiale eröffnete 1955 in Illinois. Zunächst geriet Kroc in finanzielle Bedrängnis. 1960 erzielte er nur einen Gewinn von 139 000 US-Dollar. Aber er strebte nach Höherem. Inzwischen hatte er sich bei den Brüdern McDonald dermaßen eingeschmeichelt, dass sie sich von ihm 1961 dazu überreden ließen, für eine Abfindung von nur 2,7 Millionen US-Dollar völlig aus dem Unternehmen auszuscheiden. Aus dem „Gast“ war der „Gastgeber“ geworden. Kroc startete eine massive Werbekampagne, und nun folgten die Meilensteine in der Entwicklung von McDonald's Schlag auf Schlag. 1963 wurde das 500. Restaurant und 1967 die erste Filiale im Ausland eröffnet. In den 1970er-Jahren belief sich Krocs Vermögen bereits auf 500 Millionen US-Dollar.

Übrigens: Tausende waren vor Kroc in dem Restaurant schon eingekehrt, aber keiner hatte das Potenzial des Fastfood-Konzepts der Gebrüder McDonald erkannt. Erst Kroc erkannte das „Schaf“ und „führte es mit leichter Hand weg“ (Strategem Nr. 12).

Handelsmarkenverdrängung auf dem Chinamarkt

Zwar erhöht sich durch die stark steigenden Importe die Auslandsabhängigkeit Chinas allmählich. Doch durch ein Netz von Vorschriften, die in einer äußerst umfangreichen Wirtschaftsgesetzgebung verankert sind, sorgt die Volksrepublik China gemäß der Polaritätsnorm[96] „Selbstvertrauen auf die eigene Kraft als die Grundlage, Streben nach ausländischer Hilfe als Ergänzung“[97] und zur Wahrung ihrer „wirtschaftlichen Sicherheit (jingji anquan)“ dafür, dass die vielen ausländischen Unternehmen in China in allen Phasen ihrer Entwicklung stets chinesischer Kontrolle unterstellt bleiben und z.B. nie einen bestimmenden Einfluss auf die chinesische Innen- oder Außenpolitik erlangen können. Von ausländischen politischen Lobbyisten in der Volksrepublik China hat man noch nie etwas gehört. Durch hohe Nationalisierungsquoten, die den Joint Ventures vorgeschrieben werden, d.h. den Zwang der Herstellung eines mit jedem Jahr höheren Anteils von Produktteilen vor Ort in China, werden der Know-how-Transfer angekurbelt, die Abhängigkeit von Importen verringert, Arbeitsplätze geschaffen und die chinesische Selbstversorgung gestärkt. Wohlweislich ohne Exxon Mobil und Shell, die auf einen Einstieg gedrängt hatten, stellt PetroChina, der nach Reserven viertgrößte Ölkonzern der Welt, die 4000 Kilometer lange Gaspipeline nach Shanghai her (*Finanz€n*, München Nr. 4, 01.04.2004, S. 33 f.). Auch durch ihre Währungspolitik gewährleistet die Volksrepublik China, dass sie von ausländischen Krisen kaum behelligt, also nicht von ihrer Rolle als „Gastgeber“ in der chinesischen Wirtschaft verdrängt werden kann. Trotz all dieser Maßnahmen zur Sicherung der „Gastgeber“-Rolle beklagen sich Chinesen über erfolgreiche Anwendungen des Strategems Nr. 30 durch ausländische Firmen. Sie gründen mit chinesischen Partnern, die über eine berühmte chinesische Handelsmarke verfügen, ein Joint Venture, das Eigentümerin der betreffenden

Handelsmarke wird. Später sorgen die ausländischen Partner des Joint Venture dafür, dass die chinesische Marke aufs Eis gelegt und durch die ausländische Marke ersetzt wird, welche den Kundenstamm der alten Marke erbt (Li, S. 322 ff.).[98]

5.4.16 Strategem Nr. 31: Das Strategem des schönen Menschen/der schönen Frau

美人計

Kerngehalt: *Adonis-/Venusfalle*; *Sex-*, *Lockvogel-Strategem*; *Korrumpierungsstrategem*

Erläuterung: Meistens wird dieses Strategem auf schöne Frauen bezogen. Aus chinesischer Sicht benutzten dieses Strategem in der Vergangenheit meist nicht schöne Frauen aus eigenem Antrieb, sondern Männer, die sich einer schönen Frau zum Erreichen ihrer Ziele bedienten. Die Frauen waren also meist Instrumente und nicht Akteure dieses Strategems. Die Meinung, wonach die List vorab eine Waffe der Schwachen, also der Frauen sei, ist in China weit weniger verbreitet als im Westen. Vielleicht haben im Westen Männer diese Legende in die Welt gesetzt, um von ihren Listen abzulenken. In Strategembeispielen aus der chinesischen Gegenwart wenden allerdings immer häufiger Frauen dieses Strategem für ihre eigenen Zwecke an (Fu, S. 171 f.). Durch den Einsatz einer schönen Frau kann man den Opponenten korrumpieren. Korruption durch weibliche Liebeskunst wird als Pars pro Toto für Korruption schlechthin angesehen. Daher gilt jedwede Form der Korruption als Anwendung dieses Strategems.

Strategemradius

In der *Werbung* ist dieses Strategem weltweit gang und gäbe (Li, S. 330 ff.). Dabei ist die Tendenz zur Instrumentalisierung der Frau offenkundig.

Dem Verkaufspersonal in Ladenlokalen wird die Anwendung dieses Strategems gegenüber der Zielgruppe „junges Liebespaar" empfohlen. Man solle sich schwerpunktmäßig der Frau widmen und bei ihr die Lust auf den Erwerb eines ruhig etwas teuren Produkts wecken. Der Mann, der seiner Freundin gegenüber nicht gerne das Gesicht verliere, werde sich in den meisten Fällen, sogar wenn er wenig Geld habe, großzügig zeigen und der Frau kaufen, was sie sich wünscht (Yu 1994, S. 264).

Strategemprävention

„Eine Fliege kann nur in ein Hühnerei eindringen, das einen Spalt hat", sagt eine chinesische Redewendung (Chen 2, S. 320). Wer dem Strategem Nr. 31 widerstehen will, muss gegen sexuelle und andere Formen der Korruption immun sein, z. B. dank innerer Selbstkultivierung. Auf jeden Fall sollte man plötzlich auftauchenden „schönen Menschen" gegenüber wachsam bleiben und eingehende Recherchen anstellen, bevor man sich auf sie einlässt und in eine Sexfalle stolpert.

Strategemrisiko

Das Strategem lässt das Gegenüber aus eigener Schwäche Strategemopfer werden. Selbst wenn es später merkt, was es mit der schönen Frau auf sich hatte, wird es im Allgemeinen kein großes Ressentiment empfinden. Daher ist das mit einer leiblichen schönen Frau arbeitende Strategem relativ risikolos. Aufpassen muss der Strategemanwender freilich, dass sich die Frau nicht in das Strategemopfer verliebt und die

Seite wechselt. Setzt man das Strategem der schönen Frau in der Werbung ein, sollte man verhindern, dass die schöne Frau dem Produkt die Show stiehlt.

Wenn man gemäß diesem Strategem Bestechungsgelder und andere materielle Mittel zur Korrumpierung von Menschen benutzt, läuft man Gefahr, privat- und strafrechtlich zur Verantwortung gezogen zu werden. Legale von chinesischen Geschäftspartnern unternommene „Korrumpierungs"-Maßnahmen gehen gerade im Außenhandelsbereich manchmal ins Auge. Beispielsweise organisiert die chinesische Seite für den ausländischen Geschäftspartner ein viel zu luxuriöses Bankett, sodass dieser sich nicht etwa bezaubert, sondern im Gegenteil abgestoßen fühlt oder am Augenmaß des chinesischen Gegenübers zu zweifeln beginnt und sein Vorhaben, mit dem betreffenden chinesischen Partner zusammenzuarbeiten, aufgibt.

Beispiel

Kusswettbewerb in Tianjin

Der Supermarkt „Jedermanns Glück" in Tianjin schrieb einen Kusswettstreit aus. Angesetzt wurde er auf den Valentinstag des Jahres 2004. Vom 10.02.2004 an konnten sich Liebespaare zur Teilnahme anmelden. Dem Paar, das sich während des Wettstreits am längsten küsste, winkten als Preis 2000 chinesische Dollar in bar. Es gab Proteste. Ein solches Marketing entspreche nicht der traditionellen zurückhaltenden Wesensart von Chinesen, wurde von älteren Chinesen geltend gemacht. Jüngere Chinesen fanden an dem Kusswettstreit nichts auszusetzen. Man betone doch jetzt die Individualität, und Küssen sei genauso normal wie das Händeschütteln, sagte ein Studierender. Die rege Diskussion trug noch das ihre dazu bei, dass diese mit der Sexualität spielende PR-Aktion des Supermarktes ihren Werbezweck in vollem Umfang erfüllte. Sogar die Überseeausgabe des Organs der Kommunistischen Partei Chinas, der *Volkszeitung*, berichtete davon (*RRH*, 06.02.2004, S.4).

5.4.17 Strategem Nr. 33: Das Agenten-Strategem/ Das Strategem des Zwietrachtsäens

反間計

Kerngehalt:

1. *Strategem des Zwietrachtsäens*
2. *Infiltrationsstrategem*; *Agent-Provocateur-Strategem*; *Destabilisierungsstrategem*

Erläuterung:

1. Ursprünglich im Vordergrund dieses Strategems steht das Bewirken von Zwietracht durch einen in eine Gruppe eingeschleusten als Spaltpilz wirkenden Agenten.
2. In einem allgemeineren Sinn bezweckt dieses Strategem, mehrere miteinander verbündete Opponenten zu entzweien, durch das Streuen von Gerüchten, gezielte Fehlinformationen, das Aufbauschen oder Verheimlichen einzelner Tatsachen, die ungleiche Behandlung von verschiedenen Mitgliedern der Gruppe usw. Im Hinblick auf die Wirtschaft wird das Strategem zwar nach wie vor auf die Schaffung und/oder Nutzung von Widersprüchen, oft aber auch auf Wirtschaftsspionage ohne Spaltpilzaktivitäten bezogen.

Strategemradius

Machtpolitik: „Teile und herrsche" war und ist ein immer wieder verwendetes Mittel zur Herrschaftsausweitung und -ausübung. Besonders leicht lassen sich europäische Staaten auseinander dividieren. Man denke nur an die US-Unterscheidung zwischen „altem“ und „neuem“ Europa und die ungeschickten Reaktionen eines Jacques Chirac auf derartige amerikanische Spaltungsvorstöße.

Firmenverkauf: A veräußert an den Großunternehmer B seine vergleichsweise kleine, aber gleichwohl für B unangenehme Konkurrenzfirma unter anderem unter der Bedingung, dass B von der verkauften Firma den erfahrenen Techniker T übernimmt. B stimmt der Übernahme von T zu. A gründet eine neue Firma. Später betraut B den Techniker T mit der Verhandlung über den Kauf eines für das weitere Gedeihen von B absolut unerlässlichen Patentes. Während der Verhandlungen ergibt sich T dem Patentinhaber als Vertrauensmann von A zu erkennen und bietet ihm einen höheren Preis für sein Patent als B und den Posten eines Chefingenieurs in der neu gegründeten Firma von A an. Der in geschäftlichen Dingen nicht versierte Patentinhaber verkauft darauf sein Patent an A. Es stellt sich heraus, dass dieser seine erste Firma nur deshalb an B verkauft hat, um dort seinen Agenten T zu platzieren und im geeigneten Augenblick für sich arbeiten zu lassen. Da nun die Firma von A das lebenswichtige Patent besitzt, muss B zähneknirschend einer Fusion mit der Firma des A zustimmen und A zum Generalmanager der neu gebildeten Firma ernennen (Zhang, S. 98 ff.).

„Kein Ort, an dem nicht Spione benutzt werden“.[99] Getarnt als Touristen, Journalisten, Schauspielende, Auswanderer, Studierende, Geschäftsleute usw. führen *Wirtschaftsspione* (Yu 1993, S. 6), die 70 bis 80 % sämtlicher Spione weltweit ausmachen sollen (Yu 1994, S. 279), dieses Strategem aus.

Befinden sich bei *Verhandlungen* ausländischer Firmen mit Unternehmen der Volksrepublik China in der ausländischen Delegation ethnische Chinesen, ist es möglich, dass die chinesische Seite sie in irgendeiner Weise gegen die nichtchinesischen Mitglieder der betreffenden Delegation auszuspielen sucht (Fang, S. 274).

Chinesisches Außenwirtschaftsgebaren: Gestützt auf die Methode der Widerspruchsanalyse (Sinomarxismus, S. 156 f.) benutzen chinesische Geschäftsleute die zwischen westlichen Staaten, z. B. Frankreich und USA, und die zwischen westlichen Firmen, z. B. VW und General Motors, bestehenden Widersprüche oder nähren diese Widersprüche und spielen die Konkurrenten nach Strich und Faden gegeneinander aus, um einen optimalen Geschäftsabschluss mit dem durch das Konkurrenzspiel zum günstigen Angebot verleiteten westlichen Partner zu erreichen.

Strategemprävention

Leute im eigenen Lager, mit denen es zu Konflikten kommt, sollte man nicht gleich als Todfeinde betrachten. In den Vordergrund stelle man vielmehr die gemeinsame Herausforderung, vor der man zusammen mit diesen Personen steht. Man sollte an die Einsicht appellieren, dass gegen den starken Opponenten niemand im eigenen Lager auf sich allein gestellt bestehen und dass man sich nur gemeinsam durchsetzen könne. So sind Kräfte verschleißende innere Grabenkämpfe zu vermeiden. Wer etwas Negatives über eine andere Person im eigenen Lager behauptet, soll Belege vorlegen. Entdeckt man auf der eigenen Seite Personen, die „auf demselben Bett schlafen, aber andere Träume haben", dann sollte man sich überlegen, ob es nicht besser ist, entweder das Bett zu verlassen oder die Bettgenossen auszuwechseln.

Strategemrisiko

Agenten, die man einsetzt, können vom Gegner auf seine Seite gebracht werden und fügen einem dann Schaden statt Nutzen zu.

Beispiel

30 statt Tausende von Sponsoren

Die Olympischen Spiele in Los Angeles waren die ersten, die ohne staatliche Beihilfen auskommen mussten. Und doch erwirtschaftete dieser Großanlass einen Gewinn von 215 Millionen US-Dollar. Das schaffte der Manager Peter Ueberroth, unter dem Olympische Spiele erstmals voll kommerzialisiert wurden. Zunächst schaukelte er bezüglich des Verkaufs der TV-Senderechte die Konkurrenz zwischen verschiedenen amerikanischen TV-Gesellschaften hoch und verkaufte die Rechte schließlich an ABC (Television) für 225 Millionen US-Dollar, also zu einem viel höheren als dem ursprünglich erwarteten Preis. Tausende von Firmen und Unternehmen wollten als Sponsoren auftreten. Aber Peter Ueberroth legte zur Ankurbelung des Wettstreits unter ihnen und zur Erzielung eines maximalen Gewinns fest, dass nur 30 Firmen, und zwar pro Sparte nur eine, als Sponsoren akzeptiert würden, wobei jede einzelne Firma mindestens 4 Millionen US-Dollar hergeben musste. Als Gegenleistung bot er den Sponsorfirmen an, sie dürften ihre Waren mit den olympischen Symbolen schmücken und als „offizielle" olympische Produkte verkaufen. So erzielte er allein mit der Einwerbung von 30 Sponsoren mehr als 500 Millionen US-Dollar (Chen 2, S. 97 f.).

5.5 Strategemverkettung

5.5.1 Strategem Nr. 35: Das Verkettungsstrategem/Die Strategemverkettung

連環計

Kerngehalt:

1. *Verkettungsstrategem*; *Junktim-Strategem*
2. *Strategemverkettung*

Erläuterung: Der chinesische Wortlaut der Strategemformel lässt sich in zweifacher Hinsicht verstehen:

1. Erste Übersetzungsvariante: das [geschickt zwei oder mehr Objekte] verkettende Strategem

   Man spielt das Gegenüber an die Wand, indem man Dinge aneinander koppelt, was das Gegenüber lahmlegt; man verknüpft – vornehmlich gegensätzliche – Dinge geschickt miteinander, wodurch man einen unerwünschten Vorgang blockiert oder dem Gegenüber einen diesen schmerzenden Vorteil abluchst.

Beim Strategem Nr. 35 in seiner Funktion als Verkettungsstrategem geht es zunächst darum, den Opponenten beeinflussende Elemente so aneinander zu koppeln, dass dieser dadurch gehemmt oder lahm gelegt wird und man ihn leichter ausschalten kann. Im Geschäftsleben wird das Strategem Nr. 35 ferner häufig als Junktim-Strategem aufgefasst und in dieser Funktion auch für den Eigengebrauch als nützlich erachtet. Es dient dann als Fingerzeig dafür, wie man durch geschickt konzipierte Verbundmechanismen, Maßnahmenbündel, Sträuße von Taktiken und Strategien oder dank reicher Produktpaletten bessere Resultate zu erzielen vermag.

So fallen unter dieses Strategem Huckepack-Angebote wie Armbanduhren mit einem ewigen Kalender, den man gar nicht braucht, aber mitbezahlt (*Facts*, Zürich, Nr. 14/2004, S. 51) oder TV- und Radio-Geräte mit allen möglichen technischen Finessen, die der Normalkunde, ohne dass ihm das groß auffällt, alle mitbezahlt, obwohl er nur einige wenige Funktionen des Gerätes wirklich benötigt.

Eine Verkettung von unterschiedlichen Komponenten kann aber auch zum eigenen Wohl geschehen. Mischkonzerne wie General Electric (GE) oder ABB belieferten mit ihren Geräten, Maschinen und Fahrzeugen eine Vielzahl von Branchen. Die breite Aufstellung ermöglichte selbst in konjunkturellen Schwächephasen einen gewissen Ausgleich zwischen gut und schlecht laufenden Geschäften.[100]

2. Zweite Übersetzungsvariante: das [zwei oder mehr Strategeme] verkettende Strategeme

   Um ein Ziel zu erreichen, setzt man gleichzeitig oder hintereinander mehrere Strategeme ein.

   Gemäß der zweiten Übersetzungsvariante ordne ich dieses Strategem einer eigenen Kategorie zu, derjenigen der Strategemverkettung. In seiner Funktion als Verkettungsstrategem gehört dieses Strategem zur Kategorie der Ausmünzungsstrategeme. Ich möchte das Strategem indes nicht aufspalten und behandle daher beide Funktionen in diesem Abschnitt.

Strategemradius

Verkettungsstrategem

Beim Waffenhandel mit gewissen Staaten wird die Lieferung wichtiger Zubehörteile eingeschränkt. Hat man einmal die Waffe gekauft und benötigt man später die Zubehörteile, muss man plötzlich höhere Preise dafür bezahlen oder sonstige Zugeständnisse machen, denn sonst drohen hinsichtlich der Zubehörteile der Lieferstopp und damit die Funktionsuntüchtigkeit der Waffe (Yu 2003, S. 176f.). Aufgrund der Anwendung des Verkettungsstrategems (das in diesem Fall auch Elemente des Strategems Nr. 28 aufweist) bleibt der Waffenkäufer über die Zubehörteile in besonders ausgeprägter Weise an den Waffenverkäufer gebunden. Durch knebelnde Verträge sollen Autokäufer an die Markengaragen gebunden werden (*NZZ*, 16.03.2004, S. 46).

Experimente haben gezeigt, dass ein Mensch im Schnitt rund 50% mehr Zeit braucht, um eine verneinende Antwort zu verstehen als eine bejahende. Vielleicht ist das der Grund, dass die positive Aussage beim Adressaten eher haften bleibt als die negative, wenn man eine positive mit einer negativen Aussage verknüpft. Diesen Sachverhalt kann man durch das Junktim-Strategem auswerten. Man denke an Zigarettenwerbeplakate, auf denen die in bunten Farben dargestellte heile Welt des Rauchers, unbeeinträchtigt durch die auf demselben Plakat mitveröffentlichte Warnung vor Gesundheitsschäden, ihre PR-Wirkung entfalteten.

Eine breite, Risiko streuende Produktpalette, die z.B. bei Hitachi von großen Elektromaschinen bis zu elektrischen Haushaltsgeräten oder bei General Electrics von Kernreaktoren bis zu medizinischen Geräten reicht, wird ebenfalls dem Junktim-Strategem zugeordnet (Ye, S. 359). Amerikanische Fastfood-Ketten erzielen weltweite Erfolge, indem sie das pure Essen mit zahlreichen atmosphärischen Annehmlichkeiten und attraktivem Service verknüpfen (Wee, S. 281). Andere Produkte werden mit utopischen Assoziationen aufgeladen, nach dem Motto: „Neues Auto – neues Glück."

Durch die geschickte Verknüpfung und die abgestufte Berücksichtigung von gegensätzlichen Aspekten – z.B. in Form des gleichzeitigen Angebots von gleich bleibenden altbewährten *und* ständig wechselnden neuen Produkten – vermag man manches Problem recht umfassend anzugehen. In der Volksrepublik China wird der Mondkuchen, der anlässlich des traditionellen Mitteherbstfestes vertrieben wird, oft allein der wunderschönen Dose wegen gekauft. Das Junktim-Strategem äußert sich hier in einer raffinierten Verknüpfung von Form und Inhalt. Einer anderen Variante des Huckepackhandels bedienen sich chinesische Buchläden, die einen Bestseller nur zusammen mit einem Ladenhüter anbieten, wodurch sie die Ladenhüter loswerden, ohne sie verramschen zu müssen. Gemäß den Rechtsordnungen europäischer Länder können gewisse Koppelungsangebote rechtswidrig sein.

Bei Verhandlungen lässt man das Gegenüber eine Kröte schlucken, indem man sie mit einer Wohltat verbindet.

Oder man tritt mit Zuckerbrot und Peitsche auf – eine der „Managementmethoden" des für den Bau des Transrapid verantwortlichen Projektleiters der Shanghai Maglev Transportation Development Company Wu Xiangming, „den sie auch gern Commander Wu nennen" (*Süddeutsche Zeitung*, 22./23.11. 2003, S. V1/1). Eines Tages vernahm Wu Xiangming, dass die Gattin eines deutschen Experten, mit dem er oft in den Haaren gelegen war, krank daniederlag. Sofort ließ Wu Xiangming seine Arbeit liegen, fuhr persönlich mit seinem Auto in eine Apotheke, wählte beste Ginsengarznei aus, ließ eine sorgfältige Übersetzung der Gebrauchsanweisung anfertigen, überreichte das Heilmittel der Patientin eigenhändig und erklärte ihr mit großem Eifer, wie sie es einnehmen solle. Der deutsche Experte war von Wu Xiangmings inmitten hektischster Arbeit an den Tag gelegter Fürsorge für seine Gattin überwältigt. Wenn Wu Xiangming in den Verhandlungen dermaßen „brutal" auftrat, geschah dies ganz offensichtlich einzig um der Sache willen und ohne persönliche Animosität (Zhu). Durch das der Expertengattin gegebene „Zuckerbrot", das Wu Xiangming mit seiner in den Vertragsverhandlungen geschwungenen „Peitsche“ verknüpfte, gelang es ihm offenbar, bei den deutschen Opponenten Punkte zu sammeln und Vertrauen zu gewinnen.

Unternehmen können etwas für ihr Image tun und damit indirekt wirksame Eigenwerbung betreiben, indem sie zielstrebig ihre ökonomische Tätigkeit mit philanthropischen oder der Allgemeinheit dienenden Aktivitäten, also den „Kopf“ (kühle wirtschaftliche Rationalität) mit dem „Herzen“ (humanistisches Engagement) verknüpfen.

Strategemverkettung

Gemäß dem Strategem Nr. 35 können zwei oder mehrere Strategeme simultan, durch einen einzigen Akt, verwirklicht werden. Ein Beispiel sei, so ein chinesischer Autor, die US-These von der „chinesischen Gefahr“. Mit der „chinesischen Gefahr“ erschrecke man zunächst das einheimische Publikum, sodass es willig die Steuern für höhere Rüstungsausgaben bezahle (Strategem Nr. 13). Gleichzeitig verstärken die USA die Ängste Taiwans und der Nachbarländer der Volksrepublik China, die allesamt Waffen von den USA kaufen, ganz im Interesse des amerikanischen militärisch-industriellen Komplexes. Insbesondere schürten die USA mit ihrer These von der „chinesischen Gefahr“ Zwietracht zwischen Taiwan und der Volksrepublik China (Strategem Nr. 33). Ganz allgemein wird festgestellt: „Die USA brauchen Chaos (Strategem Nr. 20) und Blutvergießen (Strategem Nr. 5). Eine chaotische Welt bildet die Grundlage für den amerikanischen Wohlstand, so, wie das frische Blut der Feinde Amerikas der Lebenssaft ist, mit dem die amerikanische Blume der Freiheit begossen wird“ (Yu 2003, S. 177).

Strategemprävention

Einem Junktim-Strategem entgeht man, indem man rechtzeitig aufdeckt, dass ein erwünschtes Element mit einem Pferdefuß verknüpft ist. Falls dieser zu abscheulich ist, sollte man auf das erwünschte Element verzichten. Soll man in irgendetwas eingebunden werden, ist grundsätzlich Vorsicht geboten. Das Junktim-Strategem entartet zu einem Junktim-Schildbürgerstreich, wenn das Management arrogant auftritt und gleichzeitig Millionengehälter einstreicht.

Sieht man sich einer drohenden Strategemverkettung ausgesetzt, muss man auf jeden Fall vermeiden, dem ersten Strategem zum Opfer zu fallen. Ist man dem ersten Strategem auf den Leim gegangen, wird es in der Regel schwer sein, sich den dann folgenden Strategemanwendungen zu entziehen. Denn „hat man das Piratenschiff erst einmal bestiegen, ist man nicht mehr Herr seiner selbst“ (Yu 2003, S. 176). Oftmals ist das Strategem Nr. 36 die angemessene Reaktion: „[Rechtzeitiges] Weglaufen ist [bei sich abzeichnender völliger Aussichtslosigkeit] das Beste.“

Strategemrisiko

Sowohl bei einem Verkettungsstrategem als auch bei einer Strategemverkettung kann der Schuss, wenn die Verkettung nicht mit Augenmaß oder ungeschickt durchgeführt wird, nach hinten losgehen.

Beispiele

Junktim-Strategem: Kein Geld mehr für die Managementausbildung

Honeywell-Bull hatte mit der Bank of China ein Geschäft praktisch abgeschlossen. Da ersuchte der Vertreter des chinesischen Kunden plötzlich um eine Preisreduktion. Ohne eine solche werde er innerhalb der Bank of China sein Gesicht verlieren. Der Honeywell-Bull-Manager entgegnete, dass er den Preis schon ermäßigen könne, aber dann bleibe kein Geld mehr für die Ausbildung chinesischer Manager in den USA. Die chinesische Verhandlungsdelegation bat um eine kurze Pause. Nachdem sie sich beraten hatte, akzeptierte sie den ursprünglichen Preis, und der Handel war perfekt. Der Amerikaner hatte erfolgreich das Junktim-Strategem benutzt: Er verknüpfte die Preisreduktion mit einem ungenießbaren „sauren Apfel“. Offensichtlich bedeutete die US-Reise für die chinesischen Manager einen höheren Prestige- und auch Lustgewinn als eine Preisreduktion (*HBR*, Oktober 2003, S. 90).

Strategemverknüpfung: Wandel durch Handel

„Soll man mit China Handel treiben? Ja, und zwar ohne jeden Vorbehalt. Der Handel mit China ist ein Trojanisches Pferd zur Übermittlung von Ideen, nicht bloß ein Tausch zwischen einem Schiff voll Getreide und einem Scheck“ (La Croix, Paris 16. 06. 1996, S. 16).

Das Trojanische Pferd wurde von Odysseus erdacht. Um den langwierigen Krieg gegen Troja siegreich zu beenden, fertigten die Griechen ein gewaltiges Holzpferd an, in dessen Bauch sich Krieger versteckten. Darauf tat das griechische Heer, als würde es sich zurückziehen. In Wirklichkeit versteckte es sich in einer nahen Meeresbucht. Das Holzpferd ließ es vor den Mauern Trojas zurück. Die Trojaner glaubten, die Griechen seien abgezogen. Sie erblickten das Holzpferd am Strand. Listenblind zogen sie es als Kriegsbeute in die Stadt. Kassandras Warnungen schenkten sie keine Beachtung. In der Nacht, als die Trojaner schliefen, sprangen die griechischen Krieger aus dem Bauch des Pferdes, öffneten die Stadttore und gaben ein Geheimsignal. Darauf griffen die inzwischen heimlich zurückgekehrten Griechen die Stadt an und besetzten sie. Troja war besiegt.

Wenn der Chinahandel mit einem Trojanischen Pferd verglichen wird, sind damit zwei Strategeme angesprochen: *1. Das Tarnkappen-Strategem Nr. 1 „Den Himmel täuschend das Meer überqueren“:* Die griechische Vorhut gelangte in die Stadt Troja, ohne dass die Trojaner dies bemerkten. Nach demselben Muster gelangen subversive Ideen nach China, ohne dass Chinesen das bemerken. Wie geschieht das? Durch den Handel mit China. Dieser bietet vielfältige Gelegenheiten zum Austausch von Ideen und zu persönlichen Kontakten, insbesondere auch zur Ausbildung und damit Beeinflussung chinesischen Personals in westlichen Ländern. In Rahmen all der wirtschaftlichen Kontakte lässt sich unbemerkt subversives Gedankengut, das sich beispielsweise in den Köpfen von zurückkehrendem im Westen ausgebildetem Personal versteckt, in das Reich der Mitte hineinschleusen. Die auf unauffällige Weise nach China gelangten westlichen Ideen werden, den im Holzpferd versteckten Griechen vergleichbar, dem jetzigen Regime das Genick brechen. *2. Das Köder-Strategem Nr. 17 „Einen Backstein hinwerfen, um einen Jadestein zu erlangen“:* Der Handel mit China mag für China sehr interessant, ja im Hinblick auf seine Modernisierungsbemühungen unverzichtbar sein. Aber aus westlicher Sicht ist das, was man im Rahmen des Chinahandels den Chinesen gibt, lediglich ein „Backstein“, also eine relativ geringe Investition, verglichen mit dem letztendlich zu erwartenden „Jadestein“, nämlich einem durch die subversiven Begleiterscheinungen des Handels bewirkten künftigen Regimewechsel in Richtung westlicher liberaler Demokratie.

Es versteht sich von selbst, dass offizielle Stellen in der Volksrepublik China dieses westliche strategemische Kalkül längst durchschaut haben. Sie versehen es mit dem Etikett der „friedlichen Evolution“ und bekämpfen es erfolgreich. „Die Öffnungspolitik wird nicht den Kapitalismus herbeiführen. Der Anteil des Sozialismus wird stets überwiegen“.

Diese am 20.01.1985 in der *Renmin Ribao* (Volkszeitung), dem Organ des Zentralkomitees der Kommunistischen Partei Chinas, publizierten Aussage hätte man zur Kenntnis und ernst nehmen sollen. „Sozialismus" bedeutet vor allem die unantastbare Führung der Kommunistischen Partei Chinas in allen Bereichen. Daran hat der Handel tatsächlich nichts geändert. Kaum jemand im Westen glaubt heute noch daran, man könne durch Handel in China einen politischen Wandel in Richtung liberale Demokratie erzielen.

Strategemverknüpfung: Die Transrapid-Saga

In Deutschland scheiterte die Einführung des Transrapid nicht zuletzt am Widerstand der Grünen. So erlebte diese deutsche Entwicklung nicht im Stammland, sondern in der Volksrepublik China ihre Weltpremiere als kommerzielles Verkehrsmittel.[101]

Das Patent für die Magnetschwebebahn wurde bereits 1934 vom Deutschen Hermann Kemper angemeldet. In den 1960er-Jahren gelangen den Firmen von Ludwig Bölkow und Krauss-Maffei die Konstruktion von Prototypen und die Demonstration ihrer Funktionsfähigkeit. Eine vom Verkehrsministerium finanzierte Studie befürwortete 1971 die Entwicklung einer Hochleistungsschnellbahn. Doch schon hemmten unterschiedliche Interessen die weitere Entwicklung. Offiziell wegen des hohen Schuldenstandes der Bahn entschieden sich deren Vorstand und das Verkehrsministerium für die Modernisierung des konventionellen Eisenbahnverkehrs und überließen die Förderung der Magnetbahn dem Forschungsministerium. Dort konzentrierte man sich fortan auf die technischen Aspekte, versäumte es aber, die Magnetbahn in die deutschen und europäischen Verkehrsplanungen einzubinden (deutsche Nichtanwendung des Kairos-Strategems „Mit leichter Hand das Schaf wegführen"). Man vertraute darauf, dass sie sich wegen ihrer technischen Überlegenheit zu gegebener Zeit durchsetzen werde. Offensichtlich war das ein „strategischer Fehler".[102]

Als der Transrapid schließlich bereitstand, ließen ihm die konventionellen Hochgeschwindigkeitszüge TGV und ICE keinen Raum mehr. 1994 beschloss die deutsche Bundesregierung, zwischen Hamburg und Berlin eine Transrapid-Trasse bauen zu lassen, um im Februar 2000 diesen Beschluss wieder rückgängig zu machen. Viele sagten daraufhin das endgültige Aus des Transrapid voraus.[103] Das bis dahin mit etwa einer Milliarde Euro aus der Staatskasse geförderte Verkehrsmittel schien endgültig auf dem Abstellgleis gelandet zu sein.

Diese missliche Lage auf der deutschen Seite erkannten Chinesen als Chance und nutzten sie aus (Notnutzungsstrategem Nr. 5). Gewissermaßen als Deus ex Machina betrat der chinesische Ministerpräsident Zhu Rongji die Bühne. Nachdem er sich bei seinem Deutschlandbesuch im Juni 2000 durch eine Fahrt auf der Teststrecke in Lathen/Emsland selbst ein Bild von der Technik verschafft hatte, ging es im Eiltempo vorwärts. Schon im November 2000 begannen nach der Machbarkeitsstudie die ersten Vertragsverhandlungen in Shanghai. Ein schwieriges Kapitel war die Preisverhandlung. Die Verhandlungen drohten bereits zu scheitern (Sackgassen-Strategem Nr. 28 „Auf das Dach locken, um dann die Leiter wegzuziehen"). *Ein entscheidender positiver Impuls war die Zusicherung der Deutschen Bundesregierung, eine gewisse Unterstützung zu leisten.*[104] Am 23.01.2001 wurde zwischen der Stadt Shanghai und Transrapid International der Vertrag über den Bau einer 31,5 Kilometer langen Transrapid-Strecke zwischen dem Flughafen Pudong und der Innenstadt unterzeichnet. Gemäß dem Vertrag sollte der Shanghaier Transrapid etwa 0,65 Milliarden Euro kosten. Den Chinesen war es gelungen, den von der deutschen Seite ursprünglich geforderten Preis um die Hälfte herunterzuhandeln, unter anderem, indem sie die deutsche Position durch die Reduktion der ursprünglich vorgesehenen Höchstgeschwindigkeit von 505 Kilometer/Stunde auf 430 Kilometer/Stunde unterminierten (Kraftentziehungsstrategem Nr. 19 „Unter dem Kessel das Brennholz wegziehen) (Zhu). Es handelte sich um die erste kommerzielle Anwendung der Transrapid-Technologie weltweit. Shanghai katapultierte sich so in diesem Bereich an die Weltspitze (Zhu) (Schaltstellen-Strategem Nr. 18 „Will man eine Räuberbande unschädlich machen, muss man deren Anführer fangen"). Die insgesamt acht Zugkompositionen wurden aus Deutschland geliefert, ebenso die Weichen und die Elemente für den Langstator-Linearmotor, aber der Fahrweg wurde von China in eigener Regie gebaut. Dabei kam das für die deutsche Strecke entwickelte System zum Einsatz. Kurzfristig flammte in Deutschland das Interesse am Bau von Kurzstrecken mit der Magnetschwebebahn wieder auf, um aber gleich wieder zu erkalten.

Beim Bau des Transrapid traten während des Testbetriebs Schmorschäden an den Kabelwicklungen eines der Magnetmotoren auf. Diese Mängel wurden relativ schnell behoben. ThyssenKrupp sprach von „partiellen, bei Zusammentreffen von mehreren ungünstigen Faktoren auftretenden Schadstellen in der Kabel-Ummantelung". Sicherheit und Funktionsfähigkeit des Antriebs und des Gesamtsystems seien nie in Gefahr gewesen. Dennoch wurden von 18 Waggon-Einheiten drei storniert. *Seither wird chinesischerseits verstärkt Druck auf Siemens und ThyssenKrupp ausgeübt, einem höheren Eigenproduktionsanteil zuzustimmen, der in China vor Ort stattfinden soll* (Kairos-Strategem Nr. 12 „Mit leichter Hand das Schaf wegführen": Mängel am deutschen System werden sogleich zum eigenen Vorteil genutzt). Wu Xiangming, Projektleiter der Shanghai Maglev Transportation Development Company, wurde im Herbst 2003 höchstpersönlich bei Siemens-Chef Heinrich von Pierer vorstellig, *um auf grünes Licht für den Technologietransfer* zu drängen – „darunter Patente, die die deutschen Systempartner im Kernbereich verständlicherweise nicht herausrücken wollen“[105] (Vorbereitung des Kraftentziehungsstrategems Nr. 19 „Unter dem Kessel das Brennholz wegziehen“). „Die Chinesen machen den Managern von ThyssenKrupp und Siemens Dampf: Nur wenn der Transrapid in China produziert wird, sehen sie Chancen für Folgeaufträge“[106] (Strategem Nr. 17: „Einen Backstein hinwerfen, um einen Jadestein zu erlangen“: Die „Folgeaufträge“ sind nebulös). Sie verweisen auf eigene Prototypen im Magnetbahnbereich, die bereits in den 1980er-Jahren ihren Anfang nahmen und jetzt unter Einbeziehung deutscher Technik weiterentwickelt werden konnten. Das Fahrwegsystem, für dessen Herstellung Know-how eines Herstellers aus Neumarkt in der Oberpfalz eingekauft wurde, war bereits für acht patentierte Verbesserungen gut. Damit wurden Probleme beim Temperaturverhalten, durch Betonkriechen und bezüglich des schlammigen Untergrundes, der zu den Standortproblemen Shanghais gehört, behoben.

ThyssenKrupp und Siemens ihrerseits geben für die Funktionsfähigkeit des Gesamtsystems nur Gewähr, wenn die Stahlbetonträger Toleranzen von einem Zehntelmillimeter nicht überschreiten. Die Präzision ist teuer. Weil auf den nächsten Streckenabschnitten der Aufwand pro Kilometer Fahrweg (bislang rund 10 Millionen Euro) *um die Hälfte gesenkt werden sollte,* war bei den rund 100 Ingenieuren des Maglev Research and Development Center unter der Regie des Chinesen Fan Mo bereits ein „Anpassungssystem“ in Arbeit, das größere Abweichungen erlaubte (schleichende Anwendung des Auskernungsstrategems Nr. 25 „[Ohne Veränderung der Fassade eines Hauses in dessen Innerem] die Tragbalken stehlen und die Stützpfosten austauschen“).

Zu guter Letzt wird chinesischerseits argumentiert, dass die Kerntechnik des deutschen Transrapid noch aus den 1980er-Jahren stamme. Neuentwicklungen in der elektronischen

Ausstattung, muss sich nun die deutsche Seite aus Shanghai belehren lassen, müssten stärker berücksichtigt werden. Die Bordenergieversorgung sei – zurückhaltend formuliert – nicht optimal, die Klimaanlage eher auf deutsche Verhältnisse angelegt, Innenausstattung, Sitzplätze und Geräuschpegel ließen zu wünschen übrig.[107]

Der Fahrweg in Shanghai gehört bereits den Chinesen. Sie haben ihn von den Deutschen gekauft und weiterentwickelt. Als die Deutschen auf den Bauplatz kamen und alles genau unter die Lupe nahmen, mussten sie ohne Abstriche zugeben, „dass sich zwar die Magnetschwebebahnwagentechnik in Deutschland befinde, dass aber die Magnetschwebefahrbahntechnik in China zu Hause sei“ (Zhu) (teilweise Anwendung des Kraftentziehungsstrategems Nr. 19: „Unter dem Kessel das Brennholz wegziehen“). „Wir müssen uns bereits mit dem Gedanken anfreunden, dass die Chinesen sich unter anderem für den Bau des deutschen Fahrwegs bewerben werden“, sagt Horst Fechner, Geschäftsführer der Bayerischen Magnetbahn-Vorbereitungsgesellschaft (BMG), die die Planung für die Strecke zwischen München und Münchner Flughafen voranbringen soll. Billiger sind die Chinesen auf jeden Fall, und bisher gibt es niemanden, der mehr Erfahrung damit hat. Ein ähnliches Schicksal droht dem Fahrzeugbau (Kraftentziehungsstrategem Nr. 19). Noch wird bei ThyssenKrupp in Kassel gebaut. „Doch wenn die Chinesen die gelieferten Züge genau unter die Lupe genommen haben, werden sie auch diese Technik kopieren und weiterentwickeln. Den Deutschen bleibt in Zukunft nur noch die Rolle als partieller Zulieferer ihrer eigenen High-Tech-Erfindung – allerdings nicht mit in Deutschland produzierten Teilen. Schon jetzt hält die staatliche Shanghaier Schwebebahn-Gesellschaft SMTDC vor potenziellen Investoren für Folgestrecken Vorträge über die Zukunft des Transrapid. Die Deutschen erwähnen die Referenten dabei nicht mit einem Wort.“[108]

Bei der Jungfernfahrt feierten die Deutschen kräftig – offenbar ohne zu merken, dass es für sie eigentlich „nichts zu feiern gibt".[109]

Verkettungsstrategem und Strategemverkettung: Der Migration-Ukraine-Deal

In den USA hatten im Jahr 2023 die Republikaner im Kongress monatelang darauf bestanden, dass zusätzliche Hilfen für Israel und die Ukraine an Maßnahmen zur Eindämmung der großen Zahl der in die USA über die mexikanische Grenze kommenden Migranten gekoppelt werden. Die illegale Einwanderung ist ein zentrales Thema im US-Wahlkampf.[110] Man kann eine derartige Verknüpfung von Maßnahmen, die an sich nichts miteinander zu tun haben, als Anwendung des Verkettungsstrategems qualifizieren. Das von Demokraten und Republikanern ausgehandelte sogenannte Nationale Sicherheitszusatzgesetz umfasste unter anderem 60 Milliarden Dollar zur Unterstützung der Ukraine. Eingeplant waren zudem 14,1 Milliarden Dollar an Unterstützung für Israel sowie 20,2 Milliarden Dollar für die Grenzsicherung. Das Gesetz sah zudem zahlreiche Änderungen in der Einwanderungspolitik vor. Am 07.02.2024 lehnte der US-Senat das Gesetzespaket ab. Die Verabschiedung des Pakets scheiterte an der fehlenden Zustimmung der Republikaner. Donald Trump hatte seine Parteifreunde aufgefordert, den Migration-Ukraine-Deal[111] abzulehnen. Er wollte verhindern, dass Präsident Joe Biden mit der Verabschiedung des Gesetzes beim Thema Immigration einen Erfolg einfahren konnte. Das Kalkül dahinter: Solange es an der Grenze zu Mexiko chaotisch zu- und hergeht, kann Trump damit Wahlkampf gegen die Demokraten machen. Eine Verbesserung der Lage will Trump deshalb verhindern.[112] Präsident Biden hatte Trump daher schon am Tag vor der Abstimmung vorgeworfen: „Er wird das Thema eher ausschlachten, als sich wirklich um eine Lösung zu bemühen."[113]

Trumps Vorgehen kann als Anwendung des Notnutzungsstrategems Nr. 5 angesehen werden. Insgesamt lässt sich der geschilderte Vorgang in zweifacher Hinsicht dem Strategem Nr. 35 zuordnen, erstens in der Variante „Verkettungsstrategem“ (Kombination zweier an sich einander nicht bedingender Elemente, nämlich Grenzschutz im Inland mit Militärhilfe für die Ukraine)[114] und zweitens in der Variante „Strategemverknüpfung“ (aufeinanderfolgende Anwendung des Verkettungsstrategems und des Notnutzungsstrategems).

Die Strategemanwendung dauerte bis April 2024. Mike Johnson – der republikanische Speaker des Repräsentantenhauses – reiste nach Florida zu einem Gespräch mit Donald Trump.[115] Dieser akzeptierte nun die Militärhilfe für Kiew, wenn auch unter der Bedingung, dass zumindest ein Teil der Hilfsgelder in Form eines Kredits vergeben werde.[116] In der Folge verabschiedete das Repräsentantenhaus am 21. April 2024 die Unterstützung für die Ukraine, Israel und Taiwan in drei separaten Vorlagen. Nach dem Repräsentantenhaus stimmte am 23. April 2024 auch der Senat dem milliardenschweren Hilfspaket für die Ukraine zu.[117] Das diesbezügliche Gesetz unterzeichnete Präsident Joe Biden am 24. April 2024.[118]

5.6 Flucht-Strategeme

Man entzieht sich schlau einer prekären Situation, und zwar rechtzeitig: Strategeme Nr. 9, 11, 21, 36.

5.6.1 Strategem Nr. 9: [Scheinbar unbeteiligt] die Feuersbrunst am gegenüberliegenden Ufer beobachten

隔岸觀火

Kerngehalt: *Strategem der Nichtintervention*; *Abwarte-, Hinhalte-Strategem*

Erläuterung: „Auf dem Berge sitzend, schaut man dem Kampf der Tiger zu.“ Man greift, vor allem wenn man schwach ist, in eine Krisensituation, in der sich der Opponent befindet, nicht ein, sei es, um selbst nicht in die Krisensituation hineingezogen zu werden, sei es, um später, wenn sie sich zu den eigenen Gunsten entwickelt hat, die einem gleichsam in den Schoß fallenden Früchte zu ernten (Chen 2, S. 93). Das Strategem ist hybrid, es schwankt zwischen einem Flucht- und Ausmünzungsstrategem.

Strategemradius

Im *Berufsleben* sind Situationen denkbar, wo die drei Personen A, B und C das gleiche Ziel anstreben. A und B sind dafür etwa gleich gut qualifiziert, C ist etwas schlechter qualifiziert und eigentlich chancenlos. Zwischen A und B entbrennt ein heftiger Rivalenkampf. C verhält sich ruhig und mischt sich nicht ein. Zwischen A und B fliegen derweilen die Fetzen. Zum Schluss haben sich A und B beide aufgerieben und infolge ihrer Streitereien selbst diskreditiert. Wer erreicht also das Ziel? Der schwache C, nicht wegen seiner Qualifikation, sondern weil er dank der Anwendung des Strategems Nr. 9 nie negativ aufgefallen ist (Chen 2, S. 94). Im europäischen und chinesischen *Alltag* benutzen Leute, denen man mangelnde Zivilcourage vorwirft, dieses Strategem. In ein schlimmes Geschehen, das sich vor ihren Augen ereignet, greifen sie nicht ein, um unbehelligt zu bleiben.

Strategemprävention

Man sollte interne Schwierigkeiten nicht unbedacht in die Öffentlichkeit tragen, sodass jeder das „Feuer“ lodern sieht und sich Opponenten eine Chance darbietet, „die Feuersbrunst für einen Raub auszunützen“, also das Strategem Nr. 5 anzuwenden.

Strategemrisiko

Wer untätig das „Feuer am anderen Ufer beobachtet“, wird vielleicht, wenn das Feuer plötzlich auf das eigene Ufer übergreift, für seine Passivität bitter büßen müssen. Das bloße Beobachten genügt daher vielfach nicht. Es sind zusätzliche Schutzmaßnahmen zu ergreifen.

Beispiele

Während der Dürre Schiffe bauen

Im alten China wurden Sätze geprägt wie: „Herrscht Dürre, dann baut man Schiffe, angesichts einer Flut baut man Wagen.“ Die normale Geschäftslogik verlangt genau das Umgekehrte, nämlich in einer Dürreperiode Wagen und bei einer Flut Schiffe zu bauen, denn bei einer Dürre herrscht ein Bedarf nach Wagen und bei einer Überschwemmung ein Bedarf nach Schiffen. Der zitierte, die Wellenbewegungen des Marktes berücksichtigende Satz aber ermutigt zu einer über die Nasenspitze hinausreichenden Perspektive. Denn: „Der Dumme verdient heute, der Kluge verdient morgen“ (Zhang, S. 44). Man soll seinen Blick über die unmittelbare Marktlage hinaus auf das gegenüberliegende Ufer und das sich dort abzeichnende „Feuer“ künftiger Konsumbedürfnisse richten und dementsprechende strategische geschäftliche Maßnahmen treffen. Denn Dürre und Flut werden mit Sicherheit vorübergehen, und wer da nur Wagen für die Dürre und nur Schiffe für die Flut produziert hat, wird dann ein langes Gesicht machen. Sein kurzfristig profitables Geschäft erweist sich als Strohfeuer. Wer sich aber mit seiner Warenproduktion beizeiten auf die Kundenbedürfnisse nach der Dürre und nach der Flut vorbereitet hat, wird sich eine goldene Nase verdienen.

Der schlaue Neutralitätsfuchs[119]

„Neutralität ist eine List, sie gehört zur Kunst des Kleinstaates, durch die Welt zu kommen."[120] Das sagte der Schweizer Schriftsteller und Dramatiker Friedrich Dürrenmatt (1921–1990). Die Schweizer Neutralität mit List in Verbindung zu bringen, hat eine lange Tradition, wie die erste bekannte symbolische Darstellung der „Eidgenössischen Neutralität"[121] beweist. Sie findet sich auf einem reichverzierten Kachelofen, den die Stadt Winterthur 1698 der Stadt Zürich für ihr neues Rathaus schenkte.[122] Auf einer Füllkachel erblickt man den Schriftzug „Eidgenössische Neutralität" sowie zwei streitende Löwen, die von einem Fuchs im Hintergrund beobachtet werden.

Das Verhalten des „schlauen Neutralitätsfuchs"[123] kann man dem Strategem Nr. 9 „Das Feuer am gegenüberliegenden Ufer beobachten" zuordnen. Noch stärker an das Strategem Nr. 9 gemahnt eine Radierung aus dem Jahr 1704 im *Neujahrsblatt der Constaffler und Feuerwerker im Zeughaus*, Zürich, die als allegorische Darstellung der Neutralität als Staatsmaxime gedeutet wird.

Darauf beobachten eine Schlange und eine Taube, die die Schweiz symbolisieren, den Kampf zwischen zwei Tieren auf der anderen Seite eines Flusses. Hier wird die Neutralität als Umsetzung eines Rats von Jesus Christus gedeutet: „Seid klug wie die Schlangen und arglos wie die Tauben“ (Matthäus 10:16).

5.6.2 Strategem Nr. 11: Den Pflaumenbaum anstelle des Pfirsichbaums verdorren lassen

李代桃僵

Kerngehalt: *Sündenbock-/Opferlamm-Strategem; Bauernopfer-/Damenopfer-Strategem*

Erläuterung: Man rettet die eigene Haut oder die Haut eines anderen, indem man eine andere Person den Kopf hinhalten lässt. Jemand wird (mit oder ohne seine Zustimmung, mit oder ohne sein Wissen) als Bauernopfer eingesetzt. Man lässt eine Nebenperson über die Klinge springen, um die Haut einer Hauptperson zu retten. Um die Verantwortung für einen Missstand abzuschieben, kann man dafür auch einen Gegenstand oder Sachverhalt als Schuldigen aufbauen, so „die Last der Tradition“, den „Zeitgeist“, die „Globalisierung“, „Sachzwänge“, die „negative Presse“, den „Markt“, den „Teufel“, die „Sterne“ usw. Chinesische Staatsbedienstete schieben ihre Fehler dem „Amtsschimmel“ in dieSchuhe. Nicht sie persönlich, sondern ein allgemeiner, konkret gar nicht fassbarer Missstand, ist also schuld (*Arbeiter-Tageszeitung*, Beijing, 09.02. 1988, S. 2).

In einem abstrakteren Sinne zielt dieses Strategem, das dann zu einem Ausmünzungsstrategem mutiert und einen hybriden Charakter annimmt, auf das Erzielen eines erheblichen Gewinns dank der Inkaufnahme einer vergleichsweise kleinen Einbuße. Das Unwichtige opfern und dadurch das Wichtige sicherstellen; einen taktischen Vorteil opfern, um einen strategischen Trumpf zu gewinnen; einen Teil hingeben, um das Ganze zu bewahren.

Strategemradius

Eine Methode der Anwendung dieses Strategems ist es, ein Fehlverhalten ausschließlich nur auf die haftbaren Einzelpersonen zu begrenzen. Dadurch soll eine Ausweitung der Verantwortung verhindert werden, wonach das Fehlverhalten nicht nur bestimmten Individuen, sondern auch deren Vorgesetzten, strukturellen oder organisatorischen Mängeln des Betriebs oder gar dem Betrieb/der Organisation usw. als Ganzem anzulasten sei. So wurde nach der chinesischen „Kulturrevolution" (1966–1976) für alle in dieser Periode begangenen Verbrechen die sogenannte „Viererbande" zur Rechenschaft gezogen. Auf diese Weise konnte das Ansehen Mao Zedongs, der die „Kulturrevolution" entfesselt hatte, gerettet werden. In der Volksrepublik China wird bei Kritik peinlich genau darauf geachtet, dass nur „Einzelpersonen" bzw. „Einzelphänomene" (gebie xianxiang) und ja nicht etwa das politische System angeprangert werden.

Der römische Papst entschuldigte sich zwar für vergangene katholische Verbrechen, erklärte dafür aber nur vereinzelte christliche Individuen als verantwortlich. So wollte er erreichen, dass die für „ein sündhaftes Verhalten ihrer Glieder" (*NZZ*, 11.08.2000, S. 54) nicht verantwortliche Kirche als Ganzes unbescholten im hellsten Licht weiterstrahlen kann. In ähnlicher Weise argumentierten die Anwälte des Wirtschaftsprüfungsunternehmens Andersen im Zusammenhang mit dem Enron-Skandal, „das Fehlverhalten *einzelner Mitglieder* im Büro Houston (wo die Akten hauptsächlich vernichtet wurden) rechtfertige nicht eine Strafverfolgung der ganzen Firma" (*NZZ*, 15.03.2002, S. 21).

Die gesamte *Außenhandelspolitik der Volksrepublik China* wurde der chinesischen Öffentlichkeit unmittelbar nach Beginn der sogenannten Öffnungsphase 1978/79 als eine strategische Anwendung des Strategems Nr. 11 plausibel gemacht, auch wenn dieses Strategem dabei nicht ausdrücklich erwähnt wurde. Dabei operierte man mit Lenin-Zitaten aus der Phase der sowjetischen „Neuen Ökonomischen Politik", wonach die Wirtschaft ohne die technische Hilfe aus kapitalistischen Ländern nicht wiederaufgebaut werden könne, wonach alle Abkommen mit den Kapitalisten einer genauen Kontrolle unterliegen und wonach man, um die ausländische Hilfe zu bekommen, den Kapitalisten Profite zugestehen müsse – alles mit dem Ziel, letztendlich einen viel größeren Endprofit zu erzielen, und zwar in Gestalt einer starken sowjetischen Volkswirtschaft (*Strategeme 1*, 11.18).

Bei den *Fußballweltmeisterschaften 1954* in Bern ließ Sepp Herberger beim Gruppenspiel gegen Ungarn sieben seiner Stammspieler auf der Tribüne. Die Ungarn demütigten das „Ersatzteam" 8:3. Zwar hatte Deutschland auf diese Weise ein Spiel mit Pauken und Trompeten verloren. Im Halbfinalspiel waren die Deutschen dann aber in einem besseren Zustand als die vom trefferreichen WM-Spiel gegen die Schweiz (7:5) noch ermüdeten Österreicher, siegten 6:1 und zogen ins denkwürdige Finalspiel gegen Ungarn ein (*NZZ*, 07.11.2003, S. 58).

Strategemprävention

Man vermeidet von vornherein, in eine Situation hineinzuschlittern, in der man für die Vergehen anderer den Kopf hinhalten müsste, oder entzieht sich ihr rechtzeitig. Die Abschiebung von Verantwortung auf Einzelne durchkreuzt man durch sorgfältige Globalanalysen.

Strategemrisiko

„Eine Studie zeigt, dass Manager seltsam unkritisch mit sich sind und stets die Teflonpfanne mimen: An ihnen soll nichts hängen bleiben. Schuld sind immer die anderen. Die Schuld auf externe Faktoren zu schieben ist zwar menschlich verständlich, aber bei Rettungsversuchen tödlich" (*Handelsblatt*, 22./23.08.2003, Karriere und Management). Wer es so weit kommen lässt, dass er sich nur noch mittels des Strategems Nr. 11 retten kann, hat sich viel zu weit auf die Äste hinausgewagt. Er riskiert, keinen „Pflaumenbaum" zu finden. Wenn man verkrampft nach Sündenböcken sucht, anstatt eine ehrliche Analyse der Lage vorzunehmen und sich zur Bereitschaft durchzuringen, Probleme zu lösen, wird man sich selbst ins Abseits manövrieren. Warum übrigens nicht bisweilen selbst kunstvoll den Prügelknaben spielen (s. dazu das Strategem Nr. 34)?

Beispiele

Iacoccas Pflaumenbäume

Als genialer Anwender des Strategems Nr. 11 gilt aus chinesischer Sicht Lee Iacocca (1924–1999), der Mann, mit dem der öffentliche Kult um bekannte und erfolgreiche CEOs in den USA begann. 1979 wurde er zum Chairman and CEO von Chrysler Motor Corporation ernannt. In den folgenden Jahren führte er „eine der größten Sanierungsaktionen in der Geschichte der Automobilindustrie durch" (*CM*, S. 1323). Unter anderem leitete er rigorose Sparmaßnahmen ein, baute Überschussbestände ab und nahm in großem Maß Entlassungen vor. Das waren die geopferten „Pflaumenbäume" (Yu 1994, S. 83 f.). Dadurch rettete er den „Pfirsichbaum" in Gestalt des ihm anvertrauten Konzerns, der bereits 1983 einen Gewinn von über 900 Millionen US-Dollar erzielte.

100 000 Paar verlorene Schuhe

1984 hatte Herr Sato, Vorstandsmitglied einer japanischen Handelsgesellschaft, bei einer chinesischen Schuhfabrik 100 000 Paar in jeder Hinsicht makelloser Schuhe gekauft und nach Japan verfrachten lassen. Doch die Schuhe kamen bei der Kundschaft nicht an, und so blieb seine Gesellschaft auf der Ware sitzen. Darauf reiste Sato höchstpersönlich nach China und bat die chinesische Firma um Hilfe. Nach einer Woche teilte ihm diese mit, sie werde ihm die 100 000 Paar alten Schuhe durch 100 000 Paar Schuhe mit einem neuen Design ersetzen. Zufrieden reiste Sato nach Japan zurück. Die versprochene Schuhlieferung traf pünktlich ein. Die japanische Gesellschaft hob in ihren PR-Aktionen für die neuen Schuhe den hervorragenden Service der chinesischen Schuhfabrik hervor. Diesmal schlugen die chinesischen Schuhe ein. Im folgenden Jahr bestellten die Japaner 300 000 Paar und im Jahr 1988 gar 1 500 000 Paar Schuhe. Gemäß chinesischem Kommentar war das eine geglückte Anwendung des Strategems Nr. 11: „Die Fabrik ließ 100 000 Paar fahren, um am Schluss über eine Million Paar zu verkaufen“ (Yu 1994, S. 84).

Der großzügige Sojabohnenkäufer

Bei einem Sojabohnenhandel stieg der Verkäufer V mit einem Preis von 150 US-Dollar pro Tonne und der Käufer K mit einem Angebot von 136 US-Dollar pro Tonne in die Verhandlungen ein. Schließlich willigte V in 145 US-Dollar ein. K wollte indes auf keinen Fall mehr als 140 US-Dollar bezahlen. So ging man unverrichteter Dinge auseinander. Drei Tage später sah V plötzlich Zahlungsprobleme auf sich zukommen. Ein schneller Verkaufsabschluss mit K war nun auf einmal höchst erwünscht. Also setzte sich V mit K telefonisch in Verbindung und bot ihm das Soja zu 140 US-Dollar pro Tonne an. Bei einer erneuten Verhandlung sprach V ganz offen über seine Finanzprobleme. Nach reiflicher Überlegung teilte K wenig später mit, er wolle die Sojabohnen kaufen, und zwar zum Preis von 145 US-Dollar pro Tonne. Die Freude und das Erstaunen bei V waren über alle Maßen groß. Später fragte jemand den Verantwortlichen von K, warum er den höheren Preis bezahlt habe. Die Antwort lautete, es sei ja nur um 3000 Tonnen, also um einen Verlust von 15000 US-Dollar gegangen – für K eine Kleinigkeit. Dieses Opfer werde aber für die zukünftigen Beziehungen zu dem Sojalieferanten von unschätzbarer Bedeutung sein. Tatsächlich arbeiteten die beiden Firmen von nun an eng zusammen, und K kam in der Folge immer wieder in den Genuss von „Sonderbehandlungen und Privilegien. Also stand der Eintagesverlust von 15000 Dollar in keinem Verhältnis zum langfristigen, daraus resultierenden Gewinn“ (Yu 1994, S. 90 f.).

Verhandlungsmaximen im Schatten des Pflaumenbaums

Wenn man schon Konzessionen macht – also Pflaumenbäume opfert –, dann am Anfang von Verhandlungen auf keinen Fall in Bezug auf wichtige Punkte.

Eine einzelne Konzession – also *ein* Pflaumenbaum – sollte nicht allzu groß sein. Konzessionen sind vielmehr in kleinen Häppchen empfehlenswert. Einen Pflaumenbaum sollte man nicht leichthin und schnell und auch nicht sang- und klanglos opfern, sondern man sollte den Opponenten um jeden Pflaumenbaum hart und lange ringen und für jeden hingegebenen Pflaumenbaum eine Gegenleistung erbringen lassen. Auch Pseudopflaumenbäume können hier und da geopfert werden – man macht also Scheinkonzessionen, die einen nichts kosten. Nicht die zuletzt auf den Tisch zu legende Konzession aus dem Auge verlieren, denn sie wird die wichtigste sein!

5.6.3 Strategem Nr. 21: Die Zikade entschlüpft ihrer goldglänzenden Hülle

金蟬脫殼

Kerngehalt:

1. *Entweichungsstrategem*
2. *Gestaltwechsel-/Metamorphosen-Strategem*

Erläuterung: Die Zikade entweicht ihrer zu eng gewordenen Larvenhülle, die im Sonnenlicht golden glänzt, und sucht unbemerkt das Weite, weil sich die Aufmerksamkeit des Verfolgers auf die zurückgelassene goldglänzende Hülle konzentriert. In der Regel wendet man das Strategem an, um sich einer Gefahr zu entziehen (Zhou 1992, S. 61). Es umschreibt zunächst eine besondere Art des „Wegrennens" im Sinne des Strategems Nr. 36 (Lin, S. 122). Insofern gehört dieses Strategem zu den Flucht-Strategemen. Aber der Gestaltwandel kann auch anderen Zwecken dienen (Yu 2003, S. 103), z. B. zur Vorbereitung der Durchführung des Strategems Nr. 1 „Den Himmel täuschend das Meer überqueren", so etwa wenn sich ein Spion als Geschäftsmann oder eine Polizistin als Drogenkäuferin tarnt. Im Geschäftsleben kann das Strategem zudem offensiv, z. B. zur Verbesserung einer Marktposition, eingesetzt werden (Lin, S. 122).

Die Strategemformel ermöglicht unter anderem zwei Interpretationen:

1. Durch ein Scheingebilde wie einen einfachen Satz („Ich geh mal eben aufs WC") oder ein ausgeklügeltes Schaustück lenkt man die Aufmerksamkeit des Opponenten vom Entkommenden ab. Das Entkommen ist nicht nur physisch, sondern auch im abstrakten Sinne zu verstehen. So deuten Chinesen gewisse aus einer Haftung befreiende Verfahren als eine Anwendung dieses Strategems.

2. Die Zikade entschlüpft ihrer Hülle, um in eine andere Daseinsform überzugehen und einen neuen Handlungsspielraum zu gewinnen.

Strategemradius

Entweichungsstrategem

In den 1930er-Jahren schlägt der Shanghaier Spekulant Zhao dem Bankier Du die Gründung eines Konsortiums für den Handel mit höchst unsicheren Staatsanleihen vor. Vier Millionen Dollar in bar benötigt Zhao innerhalb von zwei Tagen. Der Bankier Du überlegt sich: Der Kerl hat Angst. Mit seinen Spekulationen hat er sich verrechnet. Nun zittert er vor dem nahenden Börsenabrechnungstermin. Durch das von ihm vorgeschlagene Konsortium versucht Zhao, die Gläubiger, die er nicht zu bezahlen vermag, abzulenken und hinzuhalten. Denn die werden glauben, dass einer, der ein derart gewaltiges Konsortium auf die Beine zu stellen vermag, jederzeit zahlungsfähig sei. Daher werden sie ihre Forderungen nicht unnachsichtig auf den Tag genau eintreiben, sondern sich vertrösten lassen. So kann sich Zhao fürs Erste seinen unmittelbar anstehenden Zahlungsverpflichtungen entziehen. Will Zhao etwa das Strategem „Die Zikade entschlüpft ihrer goldglänzenden Hülle“ anwenden? Ausdrücklich ordnet der Bankier also bei seinen Mutmaßungen das Vorgehen Zhaos dem Strategem Nr. 21 zu. Nachzulesen ist dieses Zeugnis hoher Listsensibilität unter chinesischen Geschäftsleuten in einem Roman von Mao Dun (1896–1981).[124]

Das Strategem Nr. 21 kann man auch durch geschickte Ausreden verwirklichen. „Wir sind schließlich auch nur Menschen und keine Maschinen! Daher können schon mal Fehler vorkommen.“ Damit entzieht sich der, dem etwas schief gelaufen ist, geschickt der Kritik. Als Rechtfertigungstechnik bedient man sich des Strategems Nr. 21 ferner, indem man, wenn man zur Zielscheibe der Kritik wird, aus freien Stücken etwas Zweitrangiges offen legt, um die Aufmerksamkeit darauf zu lenken. Dadurch gewinnt man Zeit, um Beweismittel bezüglich gravierender Handlungen zu beseitigen (Yu 1993, S. 204).

In großen Organisationen kann man Verantwortung an Hierarchien delegieren und so fein verteilen, dass jeder in der langen Reihe verwässerter Verantwortlichkeit noch durch die Maschen des juristischen Siebes fallen muss („Brückeneinsturz in Portugal ohne Schuldige? Der Tod von 59 Personen soll ungesühnt bleiben", *NZZ*, 26.03.2004, S. 19).

Metamorphosen-Strategem

Der chinesische Kabarettist Ma Ji führte im landesweit ausgestrahlten Neujahrsprogramm 1983 des Zentralen Chinesischen Fernsehens einen Sketch auf, in welchem er irreführende Werbung aufs Korn nahm. Als Beispiel wählte er die PR-Aktionen für die imaginäre Zigarettenmarke „Universum". Der zur besten Sendezeit des ganzen Jahres ausgestrahlte Sketch war ein riesiger Heiterkeitserfolg. Wang Zhengzhen, der Direktor einer Tabakfabrik in der Provinz Heilongjiang, lachte aber nicht nur, sondern kam ins Grübeln. Zwar hatte der Kabarettist die Zigarette „Universum" kritisiert, aber anderseits war jetzt diese fiktive Marke in aller Munde. Daraus könnte ich doch, so dachte sich Wang, Kapital schlagen! Sofort organisierte er in seiner Fabrik eine Arbeitsgruppe, welche die Fabrikation einer Zigarette der Marke „Universum" an die Hand nahm. Noch im gleichen Jahr kam diese auf den Markt und stieß sofort auf große Nachfrage. Um diese zu vergrößern, spannte Wang den Kabarettisten höchstpersönlich in die Werbung ein und verbesserte zudem fortlaufend die Qualität des Produkts. Dieses eroberte im hart umkämpften chinesischen Zigarettenmarkt eine feste Marktposition. Besagte Fabrik hatte an sich schon eine Zigarette produziert, aber sie hatte bloß ein Aschenbrödeldasein gefristet. Indem der Fabrikdirektor die ursprüngliche Eigenproduktion aus dem alten Markennamen ent- und in den neuen, ohne jede Werbung landesweit bereits bekannten Markennamen „Universum" hineinschlüpfen ließ, bediente er sich in gekonnter Weise des Strategems Nr. 21 (Chen 2, S. 220).

Manche Produkte aus der Volksrepublik China blieben bei Exportmessen zu Beginn der „Öffnungsperiode", also in den 1980er-Jahren, trotz ihrer guten Qualität von ausländischen Geschäftsleuten unbeachtet. Schließlich fanden die chinesischen Fabrikanten heraus, woran das lag: an einer altmodischen oder unscheinbaren Verpackung. Eine lieblose Verpackung hatte den Waren auf dem inländischen chinesischen Markt zur Zeit der staatlichen Planwirtschaft nicht geschadet. Auf dem Weltmarkt aber war mit der alten Verpackung kein Staat zu machen. Kaum hatten dies chinesische Fabrikanten erkannt, ließen sie ihre Waren aus der alten Hülle in eine neue, attraktivere Verpackung schlüpfen und ernteten endlich die ersehnten ausländischen Verkaufserfolge (Yu 1994, S. 171 ff.).

Der US-Wirtschaftspionier William Boeing (1881–1956) erlebte mit seiner Firma Boeing Airplane Company nach dem Eintritt der USA in den Ersten Weltkrieg 1917 einen geschäftlichen Höhenflug, bestellte doch die Marine 50 seiner Wasserflugzeuge. Doch mit dem Kriegsende blieben auch die Aufträge vonseiten der Regierung aus. Die Zukunft sah düster aus. Darauf behielt Boeing zwar das Segment der Militärflugzeuge weiter im Auge, um nicht der Konkurrenz Marktchancen zu überlassen, verlegte sich aber schwerpunktmäßig und mit Erfolg auf den Bau kommerziell genutzter Zivilflugzeuge und stieg zudem in die Luftpostbeförderung ein (*CM*, S. 1225 ff.). Solche rechtzeitig erfolgenden Verlagerungen von einem, wenn auch weiter gepflegten unrentablen zu neuen gewinnträchtigen Geschäftssegmenten sowie die vorsorgliche Ausarbeitung von Vorgehensvarianten für den Fall des Eintretens unterschiedlicher zukünftiger Szenarien gelten ebenfalls als Anwendungen des Strategems Nr. 21 (Chen 1, S. 221 f.; Wee, S. 169 f.).

Strategemprävention

Durch irgendwelche Gebilde, auf die der Opponent penetrant aufmerksam macht, sollte man sich nicht beeindrucken lassen.

Strategemrisiko

Wenn die „Hülle" zu unscheinbar ist und nicht infolge ihres goldenen Glanzes den Blick auf sich zieht, wird der Strategemanwender nicht unbemerkt bleiben.

Beispiele

Rettender Konkurs

In der Volksrepublik China beklagte sogar die wichtigste Tageszeitung, dass Behörden zum Strategem „Die Zikade entschlüpft ihrer goldglänzenden Hülle" griffen, um staatseigene Unternehmen von ihren Schuldverpflichtungen zu entlasten. Sie ließen solche Unternehmen unvermittelt Konkurs anmelden und registrierten sie anschließend unter einem anderen Firmennamen. So wurde das Eintreiben der Schulden des untergegangenen Unternehmens erschwert (*RR*, 20. 08. 1997, S. 9). Was in China also mithilfe des Strategems Nr. 21 erreicht werden muss, kann im Westen auf „normalem" gesetzesrechtlichen Wege zustande gebracht werden, sofern es sich nicht um Konkursverschleppung oder betrügerischen Konkurs handelt. Die Anwendung des Strategems Nr. 21 wird hier gewissermaßen legalisiert und reglementarisiert. So trat in den USA die an einem gigantischen Bilanzskandal gescheiterte WorldCom am 20.04.2004 unter dem neuen Namen MCI aus dem Konkursverfahren heraus. Im Zuge der fast zweijährigen Sanierung nach „Chapter 11“ des Konkursgesetzes wurden die Bücher für die Jahre 2000 bis 2002 um 73,7 Milliarden US-Dollar korrigiert. Rund 35 Milliarden US-Dollar an Schulden wurden gestrichen. Die meisten Gläubiger erhielten nun 36% ihrer Forderungen in Form neuer Aktien und Obligationen. Die Aktionäre, die auf dem Höhepunkt der Börseneuphorie 180 Milliarden US-Dollar ihr Eigen nannten, gingen praktisch leer aus. MCI trat mit Schulden von nur noch 5,5 Milliarden US-Dollar an („Phönix aus der Asche: WorldCom tritt aus dem Konkursverfahren“, in: *NZZ*, 21.04.2004, S.21).

Unschuldig am Platzen der Verhandlungen

Haben Chinesen entschieden, mit einem Gegenüber nicht weiter zu verhandeln, kann es vorkommen, dass sie unerfüllbare Forderungen stellen, die dem Gegenüber gar keine andere Wahl lassen, als die Verhandlungen abzubrechen. Die chinesische Seite kann so jede Verantwortung für das Scheitern des Projekts von sich streifen (Fang, S.270).

5.6.4 Strategem Nr. 36: [Rechtzeitiges] Weglaufen ist [bei sich abzeichnender völliger Aussichtslosigkeit] das Beste

走為上

Kerngehalt:

1. *Rückzugsstrategem*; *Kurswechsel-Strategem*; *Entkommensstrategem*
2. *Distanzgewinnungs-*, *Abstandsgewinnungsstrategem*

Erläuterung: Ein Leben besteht niemals allein aus Siegen, sondern aus einer Abfolge vieler kleiner Siege und Niederlagen. Selten wird ein Krieg oder ein Geschäft in einem einzigen „Waffengang" entschieden. Anzustreben sind nicht lauter taktische Siege in Einzelgeplänkeln, sondern ein strategischer Sieg am Schluss, dem durchaus mehrere taktische Niederlagen vorausgehen können. Wer im Laufe einer strategischen Auseinandersetzung nie „wegrennt", ist kein wahrer Held, wer bisweilen mit Augenmaß „wegrennt", mitnichten ein Feigling (Chen 2, S. 362). „Ein guter Kämpfer schämt sich nicht, wegzurennen", sagte der Sohn Cao Caos, eines der Protagonisten in der Epoche der Drei Reiche (220–280). Nur wer verlieren kann, wird auch siegen (Yu 2003, S. 183). Allerdings sind „ausharren" und „wegrennen" sorgfältig gegeneinander abzuwägen und will der Zeitpunkt eines etwaigen „Wegrennens" gut gewählt sein (Chen 1, S. 365).

Hartnäckigkeit kann in eine Sackgasse führen. Zeichnet sich am Horizont unzweideutig eine hoffnungslose Lage ab, dann suche man rechtzeitig das Weite, anstatt unnötig Kräfte zu verschleißen. Im schlimmsten Fall läuft das „Wegrennen" auf eine Flucht hinaus (Yu 2003, S. 178), kunstvoller wird das Strategem freilich in Form eines rechtzeitigen planvollen Ortswechsels umgesetzt, mit taktischer oder strategischer Zielsetzung (Zhou 1992, S. 114; Yu 2003, S. 178). Dank dem rechtzeitigen Rückzug vor einem derzeit unbezwingbaren Konkurrenten vermag man erstens seine Kräfte zu wahren und sich zweitens ein Maximum an künftigen Handlungsoptionen, einschließlich eines Comebacks, offen zu halten. Um dieses Strategem im Bedarfsfall anwenden zu können, hat man frühzeitig für eine Hintertür zu sorgen, durch die man jederzeit das Weite suchen kann. Den Ort, wohin man wegrennt, sollte man zeitig gut auswählen.

Das Strategem kann wie folgt ausgelegt werden:

1. Das Strategem benutzt man auch ohne direkten Gegner angesichts einer die eigenen Kräfte übersteigenden Aufgabe. Im Augenblick des höchsten Triumphes *vor* dem zwangsläufig eintretenden Abstieg kann es zum Zugewinn eines neuen Handlungsspielraums genutzt werden. Es kann außerdem angewendet werden, wenn es nichts mehr zu gewinnen, aber viel zu verlieren gibt, ferner, wenn man nicht umhin kann, sich zu exponieren, aber Vorsorge treffen will, dass man im Bedarfsfall den Kopf aus der Schlinge ziehen und nicht haftbar gemacht werden kann. Change Management rechtzeitig eingeleitet vermeidet Krisen.[125] „Wenn Du auf einem toten Pferd reitest, steige ab.“[126]

2. Man sollte stets auch auf einen Geschäftsverfall vorbereitet sein. Bei Geschäftsmodellen sollte man sich frühzeitig darauf einstellen, dass sie veralten können, und dann von ihnen „wegrennen“ in Richtung auf neue lukrative Geschäftsmodelle. Bei heiklen Unternehmungen sollte man sich stets Auswege offen halten und ständig über einen Notschlüssel verfügen. Aussagen über die Zukunft oder über sonst wie unklare Gegebenheiten formuliere man so, dass man nicht festgenagelt werden kann. Dabei kann neben dem Strategem Nr. 20 „Das Wasser trüben, um die [ihrer klaren Sicht beraubten] Fische zu fangen“

(Benutzung unbestimmter Ausdrücke) auch das Junktim-Strategem behilflich sein: Ambivalentes Sowohl-als-auch-Verhalten und sibyllinische Verlautbarungen können zukünftige Wirkräume vermehren und Sackgassen vermeiden helfen. Wenn man sich klar geäußert hat, hinterher aber die eigene Verlautbarung dementieren oder behaupten muss, man sei missverstanden worden, so sind das zu vermeidende Schildbürgerstreiche.

Strategemradius

Im Geschäftsleben beinhaltet das Strategem Nr. 36 den rechtzeitigen Rückzug von Firmen aus belastenden Geschäftsfeldern in neue Geschäftsfelder bzw. von Firmeninhabern, die den baldigen Niedergang ihres Geschäftszweiges abzuschätzen vermögen, ins Privatleben (Chen 2, S. 365). Auch die rechtzeitige Aufgabe einer nicht mehr griffigen Taktik oder Strategie oder eines Produktes, von dem sich abzeichnet, dass es von der Entwicklung überholt wird, fällt unter dieses Strategem. Ferner legt das Strategem Nr. 36 nahe, die Konfrontation mit dem Konkurrenten dort, wo gegen dessen Präsenz schwer anzugehen ist, zu meiden und stattdessen in Marktsegmenten, in denen der Konkurrent Schwachstellen aufweist, eine eigene Marktposition mit originellen Produkten aufzubauen (Zhou 1992, S. 114). So gelang es in den USA nach dem Zweiten Weltkrieg Bierbrauereien wie Heineken, abseits vom Mainstream-Biermarkt, der von Marktleadern beherrscht war, auf unerschlossene Marktfelder auszuweichen und beispielsweise mit Importbier Spitzenstellungen zu erreichen (Yao, S. 293 ff.). Erweist sich ein Markteinstieg als schwierig, zieht man sich einstweilen besser wieder zurück. Dies hat Kentucky Fried Chicken (KFC) vorexerziert. In den späten 1960er-Jahren versuchte KFC den Einstieg in den asiatischen Markt über Hongkong, doch Hongkong war damals für US-Fastfood noch nicht reif. Anstatt sich in Hongkong festzubeißen, zog sich KFC aus dieser Stadt zurück, um nach einer Weile einen neuen Versuch in Asien zu wagen, diesmal in Singapur. Hier kam KFC mit seinem Angebot besser an. Aufgrund der Erfahrungen in Hongkong und Singapur vermarktete Kentucky Fried Chicken sein Produkt nicht mehr bloß als Schnellimbiss, sondern als Symbol eines modernen Lebensstils. Der Erfolg in Singapur erlaubte der Imbiss-Kette den Wiedereinstieg in Hongkong, und inzwischen ist KFC auch in der Volksrepublik China fest etabliert (Wee, S. 287).

Bestechungsversuche kann man möglicherweise in der Form vermeiden, dass man statt plumper Geldzahlungen Alternativen anbietet, die im Rahmen der Geschäftsverbindung sinnvoll sind, wie z. B. Muster der eigenen Produkte statt irgendwelcher Geschenke, Stipendien an ausländischen Hochschulen, die Teilnahme an Fortbildungskursen in der westlichen Mutterfirma usw. Wenn man schon solche Vergünstigungen gewährt, dann immer nur in Formen, in denen man rechtlich und ethisch abgesichert ist und im Falle des Falles eine Hintertür zur Verfügung hat.

Für marode Unternehmen kann die Umsetzung des Strategems Nr. 36 das Aufgehen in einer Unternehmensgruppe oder die Fusion mit einem anderen Unternehmen bedeuten (Yu 1994, S. 314 f.).

Dem Strategem Nr. 36 entspricht der Einbau von Klauseln im klein gedruckten Teil z. B. eines Versicherungsvertrages, die die Versicherungsgesellschaft von verschiedenen Zahlungsverpflichtungen entbinden.

Im „Wegrennen“ vor lästigen Fragen kennt sich der französische Staatspräsident Jacques Chirac aus. Als er bei einem Presseempfang von einer Journalistin nach dem ehrgeizigen Politiker Sarkozy befragt wurde, sah er auf deren Ausschnitt und antwortete: „Sie haben da ein schönes Collier.“ Als die

Dame nachhakte: „Ja, aber Sarkozy?“, da blieb Chirac weiter harthörig: „Stammt dieses Collier von den Antillen?“ Auch den dritten Anlauf der Journalistin blockte der Befragte ab: „Ah, was sind sie schön, die Antillen“ (*Der Spiegel*, Nr. 5, 2004, S. 157). Zur erfolgreichen Ausführung des Strategems Nr. 36 half Chirac das Strategem Nr. 27.

Strategemprävention

Als staatlicher Gesetzgeber sollte man für eine Rechtsordnung sorgen, welche die Wirtschaft nicht geradezu zwingt, in steuerlicher und anderer Hinsicht „wegzurennen“. Wendet in einer Verhandlung das Gegenüber dieses Strategem an, darf man sich dadurch keinen Schreck einjagen lassen, sondern sollte sein weiteres Vorgehen nicht auf das „Wegrennen“, sondern auf die mutmaßliche dahinter stehende Absicht des Gegenübers ausrichten. Man kann dem Gegenüber auch von vornherein sagen, es solle alles, was es auf dem Herzen hat, auf den Tisch legen, um zu verhindern, dass es zum Strategem Nr. 36 greift. Bei Verträgen sind Fluchtwege, die sich der Opponent durch unklare Formulierungen (Strategem Nr. 20!) offen hält, zunichte zu machen.

Strategemrisiko

Das „Wegrennen“ kann verfrüht sein und dazu führen, dass man günstige Gelegenheiten verpasst. Das „Wegrennen“ kann auch zu spät erfolgen. Kann man der zukünftigen Entwicklung der eigenen Situation infolge allzu vieler Imponderabilien nicht mit fundierter Zuversicht entgegenblicken, ist das weniger riskante zu frühe dem riskanten zu späten „Wegrennen“ vorzuziehen.

Beispiel

„Entschuldigung, ich habe noch anderes zu tun“

Im Juli 1984 verhandelte eine chinesische Delegation mit dem Vertreter einer tunesischen Firma über den Bau einer Düngemittelfabrik an einer besonders günstigen Lage am Hafen von Qinghuangdao. Nach mehreren flüssig verlaufenen Verhandlungsrunden trat im Oktober 1984 noch eine dritte Partei in die Verhandlungen ein, und zwar der Vorstandsvorsitzende einer kuwaitischen Firma. Es handelte sich um einen erfahrenen und resoluten Mann. Nachdem er bei seiner ersten Teilnahme an den Verhandlungen die bisherigen Ergebnisse der sino-tunesischen Absprachen vernommen hatte, sagte er entschieden: „Alles bisher Besprochene ist wertlos, die Verhandlungen müssen von vorne beginnen.“ Sowohl die chinesische wie die tunesische Seite waren konsterniert. Allein für die Machbarkeitsstudie waren mehr als 200 000 US-Dollar ausgegeben und während dreier Monate über zehn Experten eingesetzt worden. Ein Wiederaufrollen der Verhandlungen machte offensichtlich keinen Sinn. Doch niemand wagte, dies dem Kuwaiter direkt ins Gesicht zu sagen. Denn sein Ansehen war zu groß, stand doch in der kuwaitischen Hierarchie nur noch der Ölminister über ihm. Zudem war er Vorsitzender der Internationalen Düngemittelorganisation und besaß die Firma, die er vertrat, hohe Aktienanteile an tunesischen Firmen. Die Atmosphäre im Verhandlungsraum war schwer zu ertragen. Schließlich erhob sich der Vertreter der lokalen chinesischen Regierung und sagte: „Zum Bau dieser Fabrik haben wir ein prächtig gelegenes Grundstück nahe dem Hafen bereitgestellt. Viele Joint Ventures begehren das Nutzrecht an diesem Grundstück. Wir haben ihnen allen einen Korb gegeben. Wenn nun nach dem Vorschlag des kuwaitischen Vorstandsvorsitzenden das Projekt endlos verzögert wird, bleibt uns nichts anderes übrig, als das Grundstück anderweitig zu vergeben. Entschuldigung, ich habe noch anderes zu tun. Hiermit erkläre ich meinen Rückzug aus den Verhandlungen.“ Darauf nahm der Chinese seine Mappe und ging. Ein chinesischer Beamter hastete hinter ihm her und wollte ihn zur Rückkehr in den Verhandlungsraum bewegen. Er aber lächelte verschmitzt und sagte: „Ich gehe nicht weg, ich verstecke mich bloß in einem anderen Zimmer. Ich bin sicher, dass die nächste Szene glatt ablaufen wird.“ Schon nach einer halben Stunde kam ein subalterner chinesischer Beamter herbeigerannt und sagte dem in einem Nebenzimmer wartenden chinesischen lokalen Regierungsvertreter, alles habe sich zum Besten gewendet. Das fragliche Grundstück habe es dem kuwaitischen Vorstandsvorsitzenden angetan. Unbedingt wolle er es für das Projekt sicherstellen.

Wie vom lokalen Regierungsvertreter vorausgeahnt, verliefen nun die Verhandlungen wie geölt und führten bald zum endgültigen Vertragsabschluss. Die Schlussfolgerung eines chinesischen Autors: Das Strategem Nr. 36 kann einen kritischen Verhandlungsabschnitt deblockieren und zur Aufweichung einer harten Verhandlungsposition des Gegenübers beitragen. Allerdings muss das Strategem im richtigen Augenblick eingesetzt und gegebenenfalls mit einem wirksamen, das Gegenüber aus der Reserve lockenden Köder verstärkt werden. Es sind eher widerspenstige, kooperationsunwillige Verhandlungspartner, gegenüber denen das Strategem Nr. 36 empfohlen wird. Einem wohlmeinenden Verhandlungspartner gegenüber sollte man das Strategem Nr. 36 nicht anwenden. Bei der Umsetzung des Strategems Nr. 36 in einer Verhandlung sollte man zudem über die Strategemanwendung hinausdenken und sich überlegen, welche Maßnahme nach derselben zu ergreifen ist. So ist gewährleistet, dass man das Heft in der Hand behält. Die Anwendung des Strategems Nr. 36 kann schief gehen und tatsächlich zum Abbruch der

Verhandlungen führen. Ob man dieses Risiko auf sich nehmen will, muss man sich vorher reiflich überlegen (Yu 1994, S. 317 ff.).

1 Das Traktat *Sanshiliu Ji Miben Bingfa*, *http://www.36strategeme.ch/traktat.htm*, a. a. 17.03.2024.

2 Lorenz Honegger: „Die große Wette auf den Infrastruktur-Boom“, in: *NZZ*, 10.02.2024, S. 29.

3 „Der Teufel steckt im Kleingedruckten“, in: *TA*, 13.01.2016, S. 9, *https://www.tagesanzeiger.ch/der-teufel-steckt-im-kleingedruckten-570574758905*, a. a. 01.02.2024.

4 Dieses Beispiel beruht auf dem Bericht der chinesischen Übersetzerin, welche die ganze Verhandlungsrunde in China begleitete, Mitteilung vom 24.03.2004.

5 Zhang Yongcheng: *Jicexue (Strategemkunde)*, Taibei 1988, S. 106.

6 Siehe „Bin Laden als Helfer in der CIA“, in: *36StfJ*, S. 141.

7 „Huawei-Finanzchefin Meng wieder frei“, in: *Handelsblatt*, 25.09.2021, *https://www.handelsblatt.com/technik/it-internet/meng-wanzhou-huawei-finanzchefin-meng-wieder-frei-kanada-meldet-freilassung-in-china-festgenommener-geschaeftsleute/27646470.html*, a. a. 22.12.2023.

8 Hackerangriff im US-Wahlkampf. Marc Trachtenber, Professor emeritus der Universität von Kalifornien in Los Angeles: „Auch die USA mischen in der Innenpolitik anderer Staaten mit“, in: *SRF Echo der Zeit* vom 14.01.2017, *https://www.srf.ch/news/international/hackerangriff-im-us-wahlkampf-auch-die-usa-mischen-in-der-innenpolitik-anderer-staaten-mit*, a. a. 20.03.2024.

9 Siehe hierzu „Lieber zum eigenen Schaden überlistet werden als auf Jesus Christus zu hören?“, in: *SP 2024*, S. 491 f.

10 Siehe im Bild in Abschnitt 3.2 die Gattin, deren Augenmerk ausschließlich auf den normalen Heimweg fixiert ist.

11 „Chinesische Autobranche: Auf der Überholspur an die Spitze“, in: *SP 2024*, S. 223 f.

12 Peter A. Fischer: „Vom Nachahmer zum Innovator“, in: *NZZ*, 04.12.2023, S. 7.

13 Andrea Faust: „Smart wird smart und China boomt gewaltig“, in: *Blick*, 30.12.2023, S. 9.

14 „Chinas BYD beerbt Tesla als größten E-Autohersteller“, in: *TA*, 03.01.2024, S. 9.

15 „Die beste Woche hatte Wang Chuanfu, BYD“, in: *NZZ am Sonntag*, 07.01.2024, S. 33.

16 Ferdinand Dudenhöffer: „Wenn aus Computern Autos werden“, in: *NZZ*, 26.01.2024, S. 19.

17 Siehe den zusammenfassenden Bericht vom 10. Mai 2012 über die Zukunft der Elektromobilität in China [bis zum Jahr] 2020, *www.origonet.ch* bzw. *https://cms.origonet.ch/assets/120510-Zusammenfassung-Bericht-China.pdf*, a. a. 11.01.2024.

18 „Unternehmer Günther Fielmann ist tot“, 05.01.2024, *https://www.ndr.de/nachrichten/schleswig-holstein/Unternehmer-Guenther-Fielmann-ist-tot,fielmann268.html*, a.a. 14.01.2024.

19 „Er setzte Deutschland die Brille auf. Günther Fielmann (84) ist tot“, in: *Bild*, 06.01.2024, S.12.

20 Dieter Bachmann: „Brillen für das Volk“, in: *NZZ*, 06.01.2024, S.29, *https://www.nzz.ch/wirtschaft/guenther-fielmann-nachruf-auf-einen-pionier-der-optikerbranche-ld.1772983*, a.a. 15.01.2024.

21 „Unternehmer Günther Fielmann ist tot“, 05.01.2024, *https://www.ndr.de/nachrichten/schleswig-holstein/Unternehmer-Guenther-Fielmann-ist-tot,fielmann268.html*, a.a. 14.01.2024.

22 Dieter Bachmann: „Brillen für das Volk“, in: *NZZ*, 06.01.2024, S.29, *https://www.nzz.ch/wirtschaft/guenther-fielmann-nachruf-auf-einen-pionier-der-optikerbranche-ld.1772983*, a.a. 15.01.2024.

23 „Die Fielmann-Story: So schuf der Visionär sein Brillen-Imperium“, *https://www.schweizer-illustrierte.ch/news/die-fielmann-story-so-schuf-der-visionar-sein-brillen-imperium-671228-1*, a.a. 14.01.2024.

24 Ebenda.

25 *Kungfutse. Gespräche. Lun Yü*, Buch I 3, aus dem Chinesischen übertragen und hg. von Richard Wilhelm, Eugen Diederichs Verlag, Düsseldorf 1979, *https://www.projekt-gutenberg.org/konfuziu/gespraec/chap001.html*, a.a. 20.03.2024. Hans van Ess: *Konfuzius. Gespräche*. Neu übersetzt und kommentiert, München 2023, Kapitel 1.3, S.109.

26 Thomas Fuster: „Die Euro-Illusion des Jacques Delors“, in: *NZZ*, 29.12.2023, S.22.

27 Zhou Lei: *Shewai Hetong Loudong, Qizha, Falü Guibi Yu Fangfan (Lücken, Betrügereien und Gesetzesumgehungen in Verträgen mit Auslandsbezug und wie man sich dagegen vorsieht)*, Beijing 1996, S.196.

28 Marcel Gutbrod: „Was bringen Detox-Produkte?“, in: *uszinside*, Nr.1/2023, S.7, *https://www.usz.ch/was-bringen-detox-produkte/*, a.a. 17.02.2024.

29 Nicole Rütti: „Sind CEO gute Selbstvermarkter oder Hochstapler?“, in: *NZZ*, 20.11.2023, S.23, *https://www.nzz.ch/wirtschaft/sind-ceos-gute-selbstvermarkter-oder-hochstapler-ld.1760886*, a.a. 20.03.2024.

30 Julius H. Schoeps: „Wie viel kostet der Stephansdom?“, in: *Zeit*-Literaturbeilage, Hamburg, Oktober 2002, *http://lite-raturbeilage.zeit.de*, Ausdruck vom 10.04.2004.

31 Predigt von Abt Urban Federer im Pontifikalamt in der Klosterkirche Einsiedelnt am 25. Dezember 2023, *https://www.kloster-einsiedeln.ch/2023/12/predigten-am-weihnachtsfest-2023/*. a.a. 25.12.2023.

32 Leon de Winter: „Sinterklaas gibt es nicht“, in: *NZZ*, 23.12.2023, S.32, *https://www.nzz.ch/feuilleton/weihnachtsgeschichte-von-leon-de-winter-oh-schreck-gedichte-ld.1771328*, a.a. 21.01.2023.

33 „Die Lüge vom Christkind und Weihnachtsmann: Schadet sie Kindern? Die Kinderpsychologin Ina Blanc gibt Entwarnung“, *https://www.familienleben.ch/kind/erziehung/die-luege-vom-christkind-und-weihnachtsmann-schadet-sie-unseren-kindern-6144*, a.a. 26.12.2023.

34 Eric Gujer: „Deutschland in der Depression“, Leitartikel in: *NZZ*, 20.01.2024, S.1, *https://www.nzz.ch/meinung/bauern-proteste-und-*

ampel-aerger-in-deutschland-ist-der-wurm-drin-ld.1774931?gad_source=1&gclid=CjwKCAiA8YyuBhBSEiwA5R3-E0UFcohax2xs9sjEAsVOIzs0MsFR0nN2puAGq2edGXugpM7y1lOdOhoCVx8QAvD_BwE, a.a. 07.02.2024.

35 Jürgen Schneider: „[...] Phänomen Cyber-Kidnapping. In den USA breiten sich Schockanrufe aus. Verbrecher täuschen am Telefon die Entführung von Kindern vor. Besonders perfide: Eine Software kann Stimmen fälschen“, in: *TA*, 31.01.2024, S.27; Schweizerische Kriminalprävention: „Was ist ein Schockanruf? Legen Sie einfach auf“, *https://www.skppsc.ch/de/themen/betrug/legen-sie-einfach-auf/*, a.a. 12.01.2024; „Rekordwerd bei Betrügereien über das Telefon. Schockanruf wird am häufigsten angewendet“, in: *NZZ*, 25.01.2024, S.12.

36 Mareen Meyer: „[...] Investoren und Banken ließen sich vom Erfolg des Jungunternehmers René Benko blenden – und stellten anscheinend zu wenig Fragaen“, in: *TA*, 01.12.2023, S.1; Matthias Benz, Andrea Martel: „Drei Personen haben René Benko dabei unterstützt, sein undurchsichtiges Konstrukt von über 1000 Gesellschaften aufzubauen. [...]“, *https://www.nzz.ch/wirtschaft/rene-benkos-kernteam-diese-vertrauten-haben-ihm-geholfen-ein-schattenreich-aufzubauen-und-sie-sitzen-bis-heute-an-den-schalthebeln-der-signa-gruppe-ld.180763*, 19.02.2024, a.a. 20.03.2024.

37 Benedikt von Nursia: *Die Regel des Heiligen Benedigt*, Kapitel 6 „Die Schweigsamkeit“, *https://abtei-st-hildegard.de/die-regel-des-hl-benedikt/*, a.a. 25.12.2023.

38 *Kungfutse. Gespräche. Lun Yü*, Buch XV. 26, aus dem Chinesischen übertragen und hg. von Richard Wilhelm, Eugen Diederichs Verlag, Düsseldorf 1979, S.135; Hans van Ess: *Konfuzius. Gespräche.* Neu übersetzt und kommentiert, München 2023, Kapitel 15.27, S.623.

39 Susanne Gaschke: „Der Kanzler in der Krise“, in: *NZZ*, 20.10.2023, S.7.

40 Siehe auch: „Gute Selbstvermarkter oder Hochstapler?“, in: *NZZ*, 20.11.2023, S.23, *https://www.nzz.ch/wirtschaft/sind-ceos-gute-selbstvermarkter-oder-hochstapler-ld.1760886*, a.a. 17.02.2024.

41 „Krieg den falschen Sternen“, in: *NZZ*, 07.10.2023, S.20, *https://www.nzz.ch/panorama/krieg-der-falschen-sterne-wegweisendes-urteil-im-kampf-gegen-fake-bewertungen-gefaellt-ld.1759647*, a.a. 17.02.2024.

42 Fabian Thomas: „Krieg der falschen Sterne: Wegweisendes Urteil im Kampf gegen Fake-Bewertungen“, in: *NZZ*, 07.10.2023, S.20, *https://www.nzz.ch/panorama/krieg-der-falschen-sterne-wegweisendes-urteil-im-kampf-gegen-fake-bewertungen-gefaellt-ld.1759647*, a.a. 20.03.2024.

43 Linus Schöpfer: „Die Blender vom Buckingham Palace. Die Welt ist in Aufruhr, weil Prinzessin Kate ein Bild aufgehübscht hat. [...]“, in: *NZZ am Sonntag*, 17.03.2024, S.53, *https://zeitungsarchiv.nzz.ch/read/2864599/2864599/2024-03-17/52*, a.a. 17.03.2024.

44 Nicolas G. Hayek: *Innovation am Beispiel der schweizerischen Uhrenindustrie*, Vortrag gehalten an der Universität St. Gallen, Max Schmidheiny Stiftung, 1993, Manuskript, S.7f.

45 Titel eines Artikels von Christian Kolbe in: *Blick*, 18.11.2023, S.7.

46 Ricarda Richter: „Hauptsache, es sieht grün aus“, in: *Die Zeit*, 08.02.2024, S.28.

47 Titel eines Artikels in *The International Journal of Sales Transformation*, 14. 02. 2023, *https://www.journalofsalestransformation.com/sustainable-sales/*, a. a. 18. 02. 2024.
48 Ricarda Richter: „Hauptsache, es sieht grün aus", in: *Die Zeit*, 08. 02. 2024, S. 28.
49 Gesellschaft für deutsche Sprache: *Zeit-Wörter, Greenwashing*. Ausgabe: Der Sprachdienst 1–2/2023, *https://gfds.de/greenwashing/#*, a. a. 09. 02. 2024.
50 Landesamt für politische Bildung Baden-Württemberg: „Greenwashing", *https://www.lpb-bw.de/greenwashing*, a. a. 18. 02. 2024.
51 „Wirtschaft in einem Satz", in: *Die Zeit*, 15. 02. 2024, S. 25.
52 Gesellschaft für deutsche Sprache: *Zeit-Wörter, Greenwashing*. Ausgabe: Der Sprachdienst 1–2/2023, *https://gfds.de/greenwashing/#*, a. a. 09. 02. 2024.
53 Ricarda Richter, ebenda.
54 Daniel Imwinkelried: „Die EU verbietet das Greenwashing. ‚Klimaneutral fliegen' und ähnliche Slogans soll es nicht mehr geben", in: *NZZ*, 18. 01. 2024, S. 21.
55 Siehe hierzu Harro von Senger: „Im Grund lässt der Westen die Ukraine im Stich", in: *Finanz und Wirtschaft*, 17. 08. 2022, *https://www.fuw.ch/article/im-grund-laesst-der-westen-die-ukraine-im-stich*, a. a. 27. 12. 2023.
56 Ich stütze mich auf Thomas Schifferle: „Als ‚Scheich Volker' GC zur Lachnummer macht. Angeber statt Märchenprinz", in: *TA*, 20. 02. 2024, S. 26.
57 Bidder's Bluff, *http://www.anectotage.com/index.php?aid-12779*, Ausdruck vom 18. 04. 2004.
58 Dieses Beispiel beruht auf dem Bericht der chinesischen Übersetzerin, welche die ganze Verhandlungsrunde in China begleitete, Mitteilung vom 24. 03. 2004.
59 Siehe Ulrich Mauch: *Jesus und die List: Über menschenfreundliche Strategeme*, Theologischer Verlag, Zürich 2001.
60 Harro von Senger: *Das Tao der Schweiz*, NZZ Libro Verlag, Zürich 2017, S. 52.
61 Klaus M. Leisinger, Leiter des Stabes „Beziehungen zur Dritten Welt" bei Ciba-Geigy, in: „‚Ruhe, man tötet': die äthiopische Hungersnot als politisches Instrument", in: *NZZ*, 18. 8. 1987, S. 5.
62 Stefan Willeke: „Die lautlose Revolution: Ein Chinese leitet die Wende ein", in: *Die Zeit*, 28. 02. 2018, *http://www.zeit.de/2018/10/volvo-automobilindustrie-china-daimler-autohaeuser/seite-2*, a. a. 27. 12. 2023.
63 *http://www.espace.ch/region/artikel/25032/artikel.html*, Ausdruck vom 31. 03. 2004.
64 *http://www.espace.ch/region/artikel/25032/artikel.html*, Ausdruck vom 31. 03. 2004.
65 Heidelberger Druckmaschinen, *http://.www.schoene-aktien.de/heidelberg_alte_aktien.html*, Ausdruck vom 31. 03. 2004, S. 4.
66 Alexandra Kudelka: „Ein Leben für die Bildtechnik: Zum 100. Geburtstag von Dr.-Ing. Rudolf Hell", in: *PrePress*, Ratingen, Nr. 2/2002, S. 56 ff.

67 „Weshalb Fax trotz Alternativen noch immer verwendet wird", 05.07.2022, *https://www.iway.ch/ueber-iway/blog/weshalb-fax-trotz-alternativen-noch-immer-verwendet-wird/*, a.a. 27.12.2023.

68 Alexandra Kudelka, a.a.O., S.56.

69 A.a.O., S.60f.

70 Konrad Seitz: *Die japanische Herausforderung: Deutschlands Hochtechnologie-Industrien kämpfen ums Überleben*, Stuttgart/München 1990, S.329.

71 „Deutscher erfand biegsamen Stein: Auszeichnung", in: *Hamburger Abendblatt*, 05.04.2004, *http://www.abendblatt.de/daten/2004/04/05/281142.html?prx=1*, Ausdruck vom 07.04.2004.

72 „Le Grand Prix décerné à une invention allemande", in: *Tribune de Genève*, 05.04.2004, S.20.

73 Lu Qiutian: *Chayi: Yi wei Zhongguo Dashi Yan Zhong De Dong-Xifang Siwei (Unterschiede: Das östliche und westliche Denken in den Augen eines chinesischen Botschafters)*, Shanghai 2003, S.35.

74 The Homestead Strike, *http://www.pbs.org/wgbh/amex/car-negie/peopleevents/pande04.html*, Ausdruck vom 11.04.2004.

75 Das Rockefeller-Prinzip, *http://www.br-online.de/jugend/quer/higru/zubehoer.html*, Ausdruck vom 02.04.2004.

76 Siehe im Einzelnen Harro von Senger: *Einführung in das chinesische Recht*, München 1994, S.207ff., 245; ders.: *Partei, Ideologie und Gesetz in der Volksrepublik China*, Bern usw. 1982, S.8ff.

77 Siehe: 1937-2017: Vier Hauptwidersprüche; 2017-2049: Der fünfte Hauptwiderspruch, in: *ML 2024*, S.150ff., 163ff.

78 Arthur Schopenhauer: *Die Kunst, Recht zu behalten. Letzter Kunstgriff*, *https://www.projekt-gutenberg.org/schopenh/eristik/erist38.htm*, a.a. 29.12.2023.

79 „Salamitaktik: Einfach erklärt! Bedeutung, Vorteile & Tipps", *https://karrierebibel.de/salamitaktik/*, a.a. 17.02.2024.

80 Gu Zengwen: „Zusammenarbeit mit den chinesischen Partnern und die interkulturelle Kommunikation im chinesischen Alltagsleben", in: *China-Report*, Konstanz, Nr.40, 15.01.2004, S.7.

81 „Wiener Erklärung und Aktionsprogramm, Punkt 5", in: Deutsche Gesellschaft für die Vereinten Nationen (Hg.): *Gleiche Menschenrechte für alle. Dokumente zur Menschenrechtwsweltkonferenz der Vereinten Nationen in Wien 1993*, Bonn 1994, S.16.

82 „Unternehmen – Volkswagen Group China", *https://www.volkswagen-newsroom.com/de/volkswagen-group-china-5897*, a.a. 18.03.2024.

83 *China-Strategie der Bundesregierung*, *https://www.auswaertiges-amt.de/blob/2608578/810fdade376b1467f20bdb697b2acd58/china-strategie-data.pdf*, a.a. 18.03.2024.

84 Siehe hierzu „Nicht nur politische, sondern auch wirtschaftliche Menschenrechte berücksichtigen", in: *SP 2024*, S.381.

85 Glossar/Wissensdatenbank: „Was bedeutet ESG?", *https://www.euramco-asset.de/glossar/environmental-social-governance-esg/*; Guy Deillon: „Wie woke müssen Unternehmen sein?", in: *NZZ*, 09.02.2024, S.8, *https://www.prager-dreifuss.com/de/aktuell/wie-woke-muessen-unternehmen-sein-1110*, a.a. 18.03.2024.

86 Nicole Rütti: „Reibereien in konstruktive Bahnen lenken“, in: *NZZ*, 05.02.2024, S. 22, *https://www.msn.com/de-ch/nachrichten/other/wenn-der-konflikt-im-betrieb-eskaliert/ar-BB1hMoTG*, a. a. 20.03.2024.

87 Peter Burkhardt, Beatrice Bösiger: „René Benkos Imperium ist noch viel verschachtelter, als bisher bekannt“, in: *TA*, 10.02.2024, S. 7, *https://www.tagesanzeiger.ch/signa-organigramm-rene-benkos-imperium-auf-46-seiten-582382228988*; Sergio Aiolfi: „Der die Schweizer Finanzwelt narrte. Verschachtelte Firmen und naive Banken: Der Fall Benko erinnert an den Finanzjongleur Werner K. Rey“, in: *NZZ*, 05.01.2024, S. 25, *https://www.nzz.ch/wirtschaft/der-fall-benko-erinnert-an-den-finanzjongleur-werner-k-rey-ld.1758680*, a. a. 18.02.2024.

88 Sergio Aiolfi: „Der die Schweizer Finanzwelt narrte. Verschachtelte Firmen und naive Banken: Der Fall Benko erinnert an den Finanzjongleur Werner K. Rey“, in: *NZZ*, 05.012024, S. 25, *https://www.nzz.ch/wirtschaft/der-fall-benko-erinnert-an-den-finanzjongleur-werner-k-rey-ld.1758680*, a. a. 20.03.2024.

89 Stefan Winter: „Cum-Ex: Der größte Finanzskandal in der Geschichte“, 04.09.2019, *https://www.rnd.de/wirtschaft/der-grosste-finanzskandal-in-der-geschichte-dieses-landes-TYYE7WCHSBGQFBJXXQ6TEZURIE.html*, a. a. 06.02.2024.

90 Christoph Schmidt: „Schaden im ‚Cum-Ex‘-Steuerskandal dreimal so hoch wie gedacht“, 21.10.2021, *https://finanzbusiness.de/nachrichten/banken/article13389029.ece*, a. a. 04.02.2024.

91 G. John Ikenberry: „Systemic Rivals: America’s Emerging Grand Strategy toward China“, *https://www.globalasia.org/v16no4/cover/systemic-rivals-americas-emerging-grand-strategy-toward-china_g-john-ikenberry*, a. a. 29.12.2023.

92 David Marmet: „Grauer Konflikt: Geopolitisches Kräftemessen im Indopazifik“, 27.07.2022, *https://www.zkb.ch/de/blog/anlegen/geopolitisches-kraeftemessen-im-indopazifik.html*; „Atom-U-Boote für Australien – darum geht es beim Aukus-Pakt“, 14.03.2023, *https://www.spiegel.de/ausland/aukus-darum-geht-es-beim-u-boot-pakt-zwischen-den-usa-grossbritannien-und-australien-a-3fdc414a-3b9f-4885-9886-d22a-2c43acfc*, a. a. 29.12.2023.

93 Titel eines Leserbriefs in der Bild(zeitung), Bundesausgabe, 29.02.2024, S. 1.

94 Dieses Beispiel beruht auf dem Bericht der chinesischen Übersetzerin, welche die ganze Verhandlungsrunde in China begleitete, Mitteilung vom 24.03.2004.

95 S. Sylvia Sasse: *Verkehrungen ins Gegenteil. Über Subversion als Machttechnik*, Matthes & Seitz Berlin, Berlin 2023.

96 Näheres über die für die Volksrepublik China typische „Polaritätsnorm“ in: Harro von Senger: *Einführung in das chinesische Recht*, München 1994, S. 297 ff.; *SP 2024*, S. 210 f.

97 Näheres über diese Polaritätsnorm in *SP 2024*, S. 218 f.

98 Siehe auch „Ein Amerikaner als Anführer des Drachentanzes“, in: *SP 2024*, S. 345 f.

99 13. Kapitel „Der Gebrauch von Spionen“, in: *Sun Zi 2023*, S. 79.

100 Dominik Feldges: „Manager können es mit Fokussierung auch übertreiben", in: *NZZ*, 29.02.2024, S.19.
101 Hans Dieter Sauer: „Der lange Weg des Transrapid zum kommerziellen Start: Zögerliche Planung in Deutschland – rasche Realisierung in Shanghai", in: *NZZ*, 17.07.2002, S.55.
102 Franz Büllingen: *Die Genese der Magnetbahn Transrapid*, Diss. Bielefeld 1996, zitiert aus: Hans Dieter Sauer, ibid.
103 Klaus Köncke: „Transrapid in China", in: *China-Report*, Konstanz Nr.36, 15.01.2002, S.4.
104 Klaus Köncke, ibid.
105 Klaus Koch: „Auf Stelzen durch den Schlamm der Mitte: chinesische Betreiber der Magnetschwebebahn klagen über technische Probleme und fordern die rasche Weiterentwicklung", in: *Süddeutsche Zeitung*, 22./23.11.2003, S. V1/1.
106 Daniel Delheas; Frank Sieren: „Unternehmen Metrorapid: Nichts zu feiern", in: *Wirtschaftswoche*, 21.11.2002, S.70.
107 Klaus Koch, ibid.
108 Daniel Delheas; Frank Sieren: „Unternehmen Metrorapid: Nichts zu feiern", in: *Wirtschaftswoche*, 21.11.2002, S.71.
109 Daniel Delheas; Frank Sieren, ibid.
110 „Migration und Ukraine-Hilfe. US-Senat lehnt Milliarden-Paket ab", 07.02.2024, *https://www.tagesschau.de/ausland/amerika/us-senat-milliardenhilfen-migration-ukraine-israel-100.html*, a.a. 08.02.2024.
111 Erika Burri: „Ist der Migration-Ukraine-Deal schon tot? Der republikanische Verhandlungsführer im Strudel seiner Partei", in: *NZZ*, 07.02.2024, S.3, *www.msn.com/de-ch/nachrichten/other/ist-der-migration-ukraine-deal-schon-tot-der-republikanische-verhandlungsf%C3%BChrer-im-strudel-seiner-partei/ar-BB1hTT6S*, a.a. 07.02.2024.
112 Erika Burri, ebenda.
113 „US-Senat lehnt Milliardenhilfen für Ukraine und Israel ab", 07.02.2024, *https://www.morgenpost.de/politik/article241605996/US-Senat-kassiert-Milliardenhilfen-fuer-Ukraine-und-Israel.html*, a.a. 18.01.2024.
114 Erika Burri: „Gescheitertes Migrations-Ukraine-Abkommen [...]", in: *NZZ*, 09.10.2024, S.20.
115 Lisa Mascaro, Jili Colvin: „Trump gives support to embattled Speaker Mike Johnson at pivotal Mar-a-Lago meet", 13.04.2024, *https://apnews.com/article/trump-speaker-johnson-maralago-congress-c6eaace204882df054795cf70a5fe60a*, a.a. 24.04.2024.
116 Christian Weisflog: „US-Repräsentantenhaus bewilligt Ukraine-Hilfe: ,Die Geschichte wird gut über uns richten'", 21.04.2024, a.a. 24.04.2024.
117 „US-Kongress billigt Hilfspaket. Noch diese Woche sollen Waffen an die Ukraine geliefert werden", 24.04.2024, *https://www.faz.net/aktuell/politik/ausland/us-kongress-billigt-hilfspaket-waffen-an-die-ukraine-noch-diese-woche-19674863.html*, a.a. 24.04.2024.
118 „Biden unterzeichnet Gesetz über Milliardenhilfe für Ukraine", 24.04.2024, *https://www.br.de/nachrichten/meldung/biden-unterzeichnet-gesetz-ueber-milliardenhilfe-fuer-ukraine,300665fb2*, a.a. 29.04.2024.

119 Harro von Senger: „Die Neutralität ist vor allem auch eine List“, in: *NZZ*, 17.09.2023, S. 19, Abbildung der Füllkachel: *https://magazin.nzz.ch/nzz-am-sonntag/meinungen/die-neutralitaet-ist-vor-allem-auch-eine-list-ld.1755853*, a.a. 18.03.2024.

120 „Die Schweiz als Wagnis. Gespräch mit Alfred A. Häsler“, in: Friedrich Dürrenmatt: *Meine Schweiz: Ein Lesebuch*, Diogenes Verlag, Zürich 2010, S. 123.

121 Marco Jorio: „Zur neuen Neutralität […]“, in: *NZZ*, 01.04.2023, *https://www.nzz.ch/feuilleton/eine-neue-schweizer-neutralitaet-historiker-marco-jorio-ld.1732487*, a.a. 01.02.2024.

122 Der Ofen kann im Schweizerischen Landesmuseum besichtigt werden.

123 Marco Jorio, ebenda.

124 Mao Dun: *Ziye (Mitternacht)*, Beijing 1978, S. 50; ders.: *Schanghai im Zwielicht*, Frankfurt a. M. 1983, S. 48

125 „Change Management oder: Was ist eine ‚Burning Platform‘?“, 13.08.2012, *https://www.marktding.de/strategie/change-management-burning-platform/*, a.a. 19.01.2024.

126 „Was ich gerne früher gewusst hätte.“ Von Britta Steffen, gewann als Schwimmerin 23 Medaillen bei Olympischen Spielen, Welt- und Europameisterschaften, in: *Zeit Magazin*, Nr. 30, 13.07.2023, S. 38.

6

Zugabe

„Unter allen in der Ming- und Qing-Zeit (1368–1911) veröffentlichten Werken ragt eines besonders heraus: *Sanshiliu Ji. Miben Bingfa (Die 36 Strategeme. Geheimbuch der Kriegskunst).*“ Das schreibt die bekannte französische Sinologin Valérie Niquet in *Das große China-Lexikon.*[1]

Aber diese Urquelle der 36 Strategeme zählt nicht erschöpfend alle Strategeme auf. Nun vermittelt uns Johann Gottfried Herder (1744–1803) folgenden Denkanstoß:

> *„Lasset uns lernen, was wir lernen können, denn es ist schon da, andere haben es für uns erfunden. Lasset uns hinzuthun, was wir hinzuthun können, damit wir in der großen Schule der Menschheit auch unsern Platz würdig besitzen, und mehr [...] zurücklassen, als wir empfangen haben.“*[2]

Ganz im Sinne dieser Worte Herders gibt es in China viele Bücher über andere als die traditionellen 36 Strategeme. Ein solches Buch trägt den Titel *360 Strategeme.* In einem Werbetext für dieses Buch heißt es, es sei auf der Grundlage von Erfahrungen und Erkenntnissen von Menschen früherer Generationen zusammengestellt worden.[3] So habe auch ich im vorliegenden Buch nicht einfach nur lauter chinesische Texte über Management und Strategeme übersetzt, sondern teilweise auch eigene, auf der chinesischen Strategemkunde aufbauende Einsichten präsentiert. Zudem führe ich im Folgenden die Strategeme Nr. 37 und Nr. 38 ein. Sie sollen den Grundstock der 36 Strategeme um zwei meines Erachtens wichtige Listtechniken ergänzen.

Das Strategem Nr. 37 wird so eingeführt wie die Strategeme Nr. 1–36. Die letzte Zugabe tanzt aus der Reihe. Dem Strategem Nr. 38 wird nicht direkt ein Strategem, sondern der Titel eines Märchens von Andersen zugeordnet. Es beinhaltet zwei Strategeme, die nach einer kurzen Zusammenfassung des Märchens und darauf folgenden Erläuterungen in der Rubrik „Kerngehalt“ mitgeteilt werden. Ansonsten ist die letzte Zugabe gleich aufgebaut wie die Strategeme Nr. 1–36.

6.1 Strategem Nr. 37: „Einen Hirsch als ein Pferd ausgeben“[4]

指鹿為馬

Dieses Strategem hat zwei unterschiedliche Bedeutungen, und zwar eine Erstbedeutung, welche sich auf die Begebenheit bezieht, die sich nach dem Tode des ersten Kaisers von Qin (210 v. u. Z.) abgespielt haben soll, und eine Zweitbedeutung, welche ohne Berücksichtigung der Bezugsgeschichte allein den Wortlaut der Strategemformel in Betracht zieht.

6.1.1 Die Erstbedeutung: Servilitätstest-Strategem bzw. Loyalitätstest-Strategem

Kerngehalt: *Loyalitätstest-Strategem, Servilitätstest-Strategem*

Erläuterung: Dem ersten Kaiser von Qin folgte sein zwanzigjähriger Sohn Hu Hai nach. Er führte den Titel Er Shi Huangdi, „Kaiser der zweiten Generation“. Er hatte einen Mann unbekannter Herkunft namens Zhao Gao, angeblich einen Eunuchen, zum Lehrer gehabt. Stets hatte sich diese Person in der Umgebung des Prinzen befunden und offenbar auch das Vertrauen des verstorbenen Kaisers genossen, war er doch der Vorsteher der geheimen Kanzlei. Zunächst noch zusammen mit Li Si wurde Zhao Gao der unmittelbare und ständige Berater des jungen Kaisers. Und allmählich vermochte er jeden anderen Einfluss zu beseitigen. So bekam er den Herrscher vollständig in seine Gewalt. Im dritten Jahr des Kaisers der zweiten Generation (207 v. u. Z.) stieg er gar zum Kanzler auf. Zu seinen hervorstechenden Eigenschaften gehörte unter anderem seine „Schläue“.[5]

Ein Tierspektakel im Angesicht des Kaisers

Kein Wunder, dass noch heute ein Strategem nach einem Spektakel benannt wird, das Zhao Gao inszenierte:

Im 8. Monat des Jahres 207 [v. u. Z.] wollte sich der Kanzler Zhao Gao gegen den Kaiser erheben. Laut dem Historiker Sima Qian (geb. um 145 v. u. Z.) „sorgte sich“ Zhao Gao, „dass die Minister nicht auf [seine Befehle] hören würden. Daher stellte er [sie] zuerst auf die Probe.“[6] Zhao Gao wollte den Ministern auf den Zahn fühlen und so Aufschluss über die Stabilität seiner eigenen Machtstellung gewinnen. Er nahm einen Hirsch, präsentierte ihn dem Kaiser der zweiten Generation und sprach: „Das ist ein Pferd.“

Der Kaiser der zweiten Generation lachte und sagte: „Der Kanzler irrt sich. Er bezeichnet einen Hirsch als Pferd." Der Wortwechsel mit dem Kaiser war bloß ein Vorspiel. Nachdem der Kaiser tatsachengetreu den Hirsch als Hirsch bezeichnet hatte, hielt Zhao Gao an seiner Version, wonach es sich um ein Pferd handle fest und konfrontierte die Minister in Anwesenheit des Kaisers mit seiner Darstellung. Diejenigen Minister, die so wie der Kaiser das aussprachen, was sie sahen, wurden hinterher beseitigt. Die Minister, die angesichts des Kaisers Zhao Gaos Version übernahmen, welcher der des Kaisers widersprochen hatte, dürften, so rechnete sich Zhao Gao dies wohl aus, ihm als willfährige, zuverlässige Werkzeuge zu Diensten stehen. Zhao Gao überlebte das Spektakel mit dem Hirsch indes nicht lange, der Loyalitätstest half ihm also nur eine kurze Zeit.[7]

Für Zhao Gaos Strategem prägte Fan Ye (398–446) in der *Geschichte der Späteren Han-Dynastie (Hou Han Shu)*[8] die Strategemformel „zhi lu wei ma" (einen Hirsch als Pferd ausgeben).

Hat Zhao Gaos Verwirrspiel mit dem Hirsch tatsächlich stattgefunden? Das soll uns hier nicht weiter beschäftigen. Was hier interessiert, ist die Frage: Welche Listtechnik bringt diese über 1500 Jahre alte Geschichte zum Ausdruck?

Auf einer verhältnismäßig abstrakten Ebene lässt sich das von Zhao Gao eingesetzte Strategem „einen Hirsch als Pferd ausgeben" im Hinblick auf seinen Kerngehalt als – negativ konnotiert – „Servilitätstest-" oder – neutral formuliert – „Loyalitätstest-Strategem" kennzeichnen. Zhao Gao wollte abklären, wer sich in voller Kenntnis der Sachlage genauso wie er tatsachenwidrig äußere. Man würde Zhao Gaos Vorgehensweise unrichtig beurteilen, wenn man sie als ein die Tatsachen verdrehendes Manöver deuten würde. Es wurde niemand getäuscht. Und es log auch niemand, wobei ich hier nach Augustinus (354–430) unter „Lüge“ eine „falsche, mit dem Willen zur Täuschung vorgebrachte Bezeichnung“[9] verstehe. Denn jeder kannte die Wahrheit, ja sah sie vor seinen Augen. Eine Täuschung war unmöglich.

Zhao Gaos Macht war indes bereits so weit gediehen, dass gewisse Minister seine Sprachregelung, mochte diese auch noch so aberwitzig sein, übernahmen. Diese Minister konnte er als ihm ergeben betrachten. Dank dem Strategem konnte Zhao Gao also annehmen, herausgefunden zu haben, auf wen er zählen und auf wen er sich nicht verlassen konnte. Er konnte sich ein Bild über den Radius seiner Autorität verschaffen. Zhao Gaos List gehört demnach zur Kategorie der – täuschungsfreien – Enthüllungsstrategeme.

Es sollte etwas ganz Bestimmtes, nämlich die Unterwürfigkeit der Minister, enthüllt werden. Hätte einer der befragten Minister irrigerweise angenommen, Zhao Gao wolle seine Leichtgläubigkeit bzw. seinen Wankelmut oder, anders gesagt, seine Standhaftigkeit prüfen, indem er abkläre, ob er eine eindeutige Tatsachenwidrigkeit unwidersprochen hinnehme, und hätte der betreffende Minister gestützt auf diese Annahme Zhao Gaos unrichtiger Darstellung widersprochen, dann wäre dieser Minister Zhao Gao direkt ins Messer gelaufen. Er hätte den Gegenstand der mit dem Strategem bezweckten Enthüllung missverstanden, da er es als Verwirrungsresistenztest-Strategem bzw. Wahrheitstreuetest-Strategem interpretiert hätte.

Konstitutiv für Zhao Gaos Loyalitätstest-Strategem ist ein hierarchisches Verhältnis zwischen dem Strategemanwender und den Zielpersonen des Strategems, die der Strategemanwender als labil betrachtet. Der Strategemanwender gebietet zwar über Macht, ist sich aber seiner Autorität nicht sicher. Um festzustellen, wie weit die Gefolgschaftstreue der Personen, über die er zu gebieten trachtet, geht, stellt er diese auf die Probe, indem er sie mit einer widersinnigen Behauptung oder einem hanebüchenen Befehl konfrontiert und dann beobachtet, wie sie darauf reagieren. Beten die Untergebenen die abwegige Behauptung nach oder führen sie den abartigen Befehl aus, ist ihre Zuverlässigkeit erwiesen, wenn nicht, weiß der Strategemanwender, dass er sich nicht auf sie verlassen kann und ist in der Lage, sich entsprechend vorzusehen und die Unbotmäßigen zu maßregeln.

Im Frühjahr 1977 sah ich während meines Studiums an der Beijing-Universität in einer Ausstellung von Karikaturen eine Witzzeichnung von der kurz nach Maos Tod (09. September 1976) verhafteten „Viererbande". Es handelte sich dabei um die Mao-Witwe Jiang Qing, den Shanghaier Arbeiterführer Wang Hongwen, den Chef-Ideologen Zhang Chunqiao und den Propagandisten Yao Wenyuan.[10]

Am rechten Bildrand steht Jiang Qing. Sie führt einen Hirsch am Zaum. Um dessen Hals hängt eine Schnur. Daran ist ein Schild mit der Aufschrift „Pferd" befestigt. Rechts von Jiang

Qing steht Zhang Chunqiao. Er hält ein Banner hoch. Zuoberst auf dem Banner steht das Schriftzeichen „Jiang" für Jiang Qing. Darunter folgt der Schriftzug „Yiguan zhengque" ([Jiang Qing hat] immer Recht). Zhang Chunqiao sagt zu dem neben ihm stehenden Yao Wenyuan, der in der einen Hand einen Pinsel und in der anderen einen Notizblock hält: „Wer Hirsch sagt, dessen Name ist aufzuschreiben." Wang Hongwen ist im Begriff, einen Säbel aus einer Scheide zu ziehen. Interessiert späht er über die Schulter Yao Wenyuans in dessen Notizbuch. Die Bildlegende der Karikatur lautet „zhi lu wei ma" (= einen Hirsch als Pferd ausgeben). Wie Zhao Gao, so die Aussage der Karikatur, überprüft auch die „Viererbande", wer sich an ihren Wortgebrauch hält und wer dagegen verstößt. Aus den sonstigen während der Kampagne gegen die „Viererbande" veröffentlichten Enthüllungen wusste man, was während der „Kulturrevolution" (1966–76) jenen zugestoßen war, welche die offiziell verbreiteten Parolen nicht nachbeteten. Wie die oben beschriebene Karikatur über die „Viererbande" belegt, ist das Verständnis von „Einen Hirsch als Pferd ausgeben" im Sinne des Loyalitätstests immer noch lebendig.

Dass listige Handlungsweisen, die in China in prägnanter Weise mittels einer Sprachformel auf den Punkt gebracht werden, weltweit vorkommen, zeigt eine Loyalitätstest-Anekdote aus der Schweiz.

Der Gesslerhut

Ab dem Jahr 1032 gehörten die Gebiete der Schweiz zum Heiligen Römischen Reich. Die Kantone Schwyz und Uri verwalteten sich aber selbst. Das änderte sich, als der erste Habsburger, Rudolf I., an die Macht kam. Er ersetzte die Selbstverwaltung der Gebiete durch eine Regierung mit Vögten.

In seinem Drama „Wilhelm Tell“, das 1804 veröffentlicht wurde, verwebt Friedrich Schiller Sagenhaftes mit den historischen Ereignissen. Gegenspieler Wilhelm Tells ist der Vogt Hermann Gessler. Er vertritt die kaiserliche Gewalt.[11] Schiller lässt einen Ausrufer verkünden:

> „Ihr sehet diesen Hut, Männer von Uri!
> Aufrichten wird man ihn auf hoher Säule,
> Mitten in Altdorf, an dem höchsten Ort,
> Und dieses ist des Landvogts Will’ und Meinung:
> Dem Hut soll gleiche Ehre wie ihm selbst geschehn,
> Man soll ihn mit gebognem Knie und mit
> Entblößtem Haupt verehren – Daran will
> Der König die Gehorsamen erkennen.
> Verfallen ist mit seinem Leib und Gut
> Dem Könige, wer das Gebot verachtet.“[12]

In Akt 3, Szene 3 des Schauspiels geht Wilhelm Tell achtlos an dem Hut vorbei.[13] Das ist das Fanal für die Auflehnung gegen die Unterdrückung. Zwar behält Gessler zunächst noch die Oberhand. Er verlangt von Tell, einen Apfel auf hundert Schritte vom Kopf seines Sohnes zu schießen und verhaftet ihn schließlich. Aber Tell gelingt die Flucht. Wenig später vermag er den Vogt in der „Hohlen Gasse bei Küsnacht“ aus einem Hinterhalt heraus zu erschießen (Akt 4, Szene 3[14]). So wird Tell zum gefeierten Helden. Ausgangspunkt seiner heroischen Tat war, dass er den Gesslerhut nicht grüßte, sich also dem Loyalitätstest verweigerte.

„Ein Gesslerhut ist redensartlich eine Einrichtung, deren einzig sinnfälliger Zweck die öffentliche Erzwingung untertänigen Verhaltens ist.“[15] Wie man aus dieser Erläuterung ersieht, wird die über die Erzwingung eines untertänigen Verhaltens hinausgehende strategemische Komponente des

Gesslerhutes, nämlich der durch ihn bewirkte Loyalitätstest, nicht wahrgenommen.

Strategemradius

Das Loyalitätstest-Strategem kann wohl als das Strategem mit dem größten Strategemradius angesehen werden. Nach christlichem Glauben sind bereits die ersten Menschen einem Loyalitätstest ausgesetzt, heißt es doch in der Bibel:

„Und Gott der HERR pflanzte einen Garten in Eden. [...] [Er] nahm den Menschen und setzte ihn in den Garten Eden, dass er ihn bebaute und bewahrte. Und Gott der HERR gebot dem Menschen und sprach: Du darfst essen von allen Bäumen im Garten, aber von dem Baum der Erkenntnis des Guten und Bösen sollst du nicht essen [...].“[16]

Mittels des Baums der Erkenntnis unterzog Gott Adam und Eva einem Loyalitätstest, den sie, wie bekannt, nicht bestanden. Zur Strafe wurden sie aus dem Paradies vertrieben. So hat der mit dem Baum der Erkenntnis verknüpfte Loyalitätstest die Menschheitsgeschichte in Gang gesetzt. Laut Bibel kommt es immer wieder zu Loyalitätstests: Lots Frau, die Gottes Gebot, sich nicht umzusehen, missachtet und zur Salzsäule erstarrt (1. Buch Mose 19,26); Abraham, dessen Loyalität durch den Befehl, den eigenen Sohn umzubringen (1. Buch Mose 22), getestet wird; die Plagen, durch die Hiobs Loyalität Gott gegenüber getestet wird (Buch Hiob), bis hin zu der Bitte „führe uns nicht in Versuchung“ (Matthäus 6,13), die die Angst vor einem jederzeit zu gewärtigen Loyalitätstest in Form von irgendeiner Versuchung anklingen lässt.

Das Wirtschaftsleben ist voller Versuchungen. Von irgendjemandem zu erwarten bzw. ihn zu bitten, nicht einer Versuchung ausgesetzt zu werden, ist müßig. Man muss schon selber das Heft in die Hand nehmen und Widerstandskraft gegen Versuchungen entwickeln, unter anderem gegen solche, die materielle Gewinne in Aussicht stellen.

Einer Versuchung aussetzen kann der Manager eines Unternehmens einen Untergebenen in einem sensiblen Bereich. Der Loyalitätstest besteht darin, den Untergebenen einer gestellten Bestechung auszusetzen und zu prüfen, ob die/der Betreffende zum Beispiel interne Informationen preiszugeben bereit ist.

Ein Hotelgast mag einen Socken unter das Bett legen, um zu testen, ob das Zimmermädchen sorgfältig ihre Arbeit verrichtet.[17]

Strategemprävention

Eine dem Strategemanwender von Haus aus ergebene Person wird das Loyalitätstest-Strategem schadlos überstehen. Wenn eine dem Strategemanwender nicht gewogene Zielperson des Strategems dieses durchschaut, es sich mit dem Strategemanwender aber gleichwohl nicht verderben will, wird sie den Loyalitätstest bestehen wollen, um sich weiterhin der Gunst des Strategemanwenders zu erfreuen, insbesondere um die Nachteile zu vermeiden, welche eine offene Distanzierung vom Strategemanwender mit sich bringen würde. Sie wird also wider besseres Wissen nach den absurden Vorgaben des Strategemanwenders sprechen und handeln. Eine um das Wohlwollen des Mächtigen buhlende Person mag sogar so weit gehen, in vorauseilender Beflissenheit, ohne durch eine Strategemanwendung dazu veranlasst worden zu sein, regelmäßig von sich aus Loyalitätsbekundungen zu demonstrieren.[18]

Strategemrisiko

Eine Führungskraft, die eigenständig denkende Mitarbeitende, die hinsichtlich einer Entscheidung der Führungskraft Einwände vorzubringen wagen, dafür bitter büßen lässt, wird schlussendlich nur von Ja-Sagern umgeben sein und keinerlei Denkanstoß gerade auch von an sich wohlmeinenden Kritikern erhalten.

Des Weiteren riskiert der Strategemanwender, dass eine mutige Person durch ihre ostentative Sabotage des Loyalitätstests ein Fanal für den Widerstand gegen den Strategemanwender setzt. Man denke hier an die Geschichte vom Gesslerhut.

Beispiel

Vorsicht gegenüber chinesischen Tabus

Einige Unternehmen, wie die Hotelkette Marriott, die Fluglinie Delta oder das Modeunternehmen Zara hatten auf ihren Webseiten als Auswahlkriterum „Taiwan“ und „Tibet“ ermöglicht. Und somit diese Taiwan und Tibet als eigene Nationen bezeichnet. Aus chinesischer Sicht hatten die Unternehmen damit „die Gefühle des chinesischen Volkes verletzt“.[19]

Ähnliches passierte dem Daimler-Konzern. Auf dem Instagram-Kanal des Konzerns stand „Schau dir eine Situation von allen Blickwinkeln aus an, und du wirst offener werden – Beginn deine Woche mit einer frischen Perspektive aufs Leben vom Dalai Lama.“ [20] Auch das kam in China, wo der Dalai Lama mit Unabhängigkeitsbestrebungen in Verbindung gebracht wird, nicht gut an. Daimler löschte daraufhin die Instagram-Darstellung und gelobte, Daimler werde „unverzüglich konkrete Maßnahmen einleiten, um unser Verständnis von der chinesischen Kultur und ihren Wertvorstellungen zu vertiefen“.[21]

Die genannten Unternehmen wurden nicht Opfer des von China gegen sie eingesetzten Loyalitätsstrategems. Aber gleichwohl können sie hier erwähnt werden. So wie im Paradies Früchte vom Baum der Erkenntnis ein Tabu waren, so gibt es in der VR China Tabus, die man nicht antasten sollte. Verstößt man gegen ein solches Tabu, erscheint das in China als ein illoyales Verhalten. Anhand des Umgangs ausländischer Geschäftsleute mit den Tabus wird in China ein Urteil über deren Chinatreue gefällt. Analog zu Zhao Gao und den Ministern, für die ein Hirsch trotz der abweichenden Aussage von Zhao Gao weiterhin ein Hirsch war.

6.1.2 Die Zweitbedeutung: Substitutionsstrategem

Kerngehalt: *Substitutionsstrategem*

Erläuterung: Heutzutage betrachtet man in China „zhi lu wei ma" zwar immer noch als ein Strategem, aber meist ohne Kenntnis der Bezugsgeschichte allein in dem Sinne, dass man auf einen Hirsch zeigt und diesen als Pferd, also ein A als ein B ausgibt. So lautet ein Eintrag in einem zeitgenössischen chinesisch-deutschen Wörterbuch[22] wie folgt:

> 指鹿为马 zhǐ lù wéi mǎ auf den Hirsch zeigen und behaupten, er sei ein Pferd — bewußt Tatsachen entstellen; jm ein X für ein U vormachen

Oft wird „zhi lu wei ma 指鹿为马" in eine Reihe mit Redewendungen wie „diandao heibai 颠倒黑白" (schwarz für weiß und weiß für schwarz ausgeben) gestellt.[23] Im Allgemeinen, also nicht zur Umschreibung eines Loyalitätstests, sondern zur Bezeichnung einer Tatsachenverdrehung wird die Strategemformel „Einen Hirsch als Pferd ausgeben" in chinesischen innen- oder außenpolitischen Kommentaren eingesetzt. Die Strategemformel Nr. 37 bezeichnet, so verstanden, nicht ein Enthüllungs-, sondern ein Täuschungsstrategem, wobei eine Verschleierung mit einer Vorspiegelung verknüpft wird. Gemäß diesem Verständnis geht es bei Strategem Nr. 37 darum, eine Tatsache durch einen tatsachenwidrigen Wortgebrauch zu vertuschen.

Strategemradius

Das Zeichen X ist nicht nur ein Buchstabe, es steht im Lateinischen auch für die Zahl Zehn. Das U wiederum wird im lateinischen Alphabet wie ein V geschrieben und steht gleichzeitig für die Zahl Fünf. Verlängert man die Striche bei einem V ein Stück nach unten, wird daraus ein X. Im Mittelalter wurden die Zahlen mit römischen Zahlzeichen wiedergegeben.[24] Diesen Umstand nutzten einige Händler oder Gläubiger, um ihre Kunden oder Schuldner zu betrügen, indem sie aus einem U ein X, also aus der Zahl Fünf eine Zehn machten und so die Menge der Geldstücke verdoppelten, die bezahlt werden sollten.[25] In ganz verschiedenen Zusammenhängen, gerade auch in der Wirtschaft, kann es vorkommen, dass jemand „ein X für ein U vormacht“[26] bzw. „etwas anders machen als es ist,“[27] schlimmstenfalls im Sinne von „The fact is replaced by a fake“ (eine Tatsache wird durch eine Fälschung ersetzt).[28]

Das trifft auf einen Hochstapler zu. Er macht ein X für ein U, indem er etwas Bedeutenderes vorspiegelt, als was er in Wirklichkeit ist.[29] Gestützt auf das Strategem Nr. 10 „Hinter dem Lächeln den Dolch verbergen“ gibt er den charmanten Gentleman, um hinterrücks sein Opfer für seine Zwecke zu hitergehen. Mittels KI kann in noch nie erreichten Dimensionen ein X für ein U gemacht werden, z. B., indem man die Stimme einer real existierenden Person per KI so nachahmt, dass die künstliche Stimme von der originalen nicht zu unterscheiden ist. Auf diesem Wege kann man eine x-beliebige Person etwas sagen lassen, was sie niemals geäußert hat.[30] Mit Sexbildern von Taylor Swift, des größten Pop-Stars unserer Zeit[31], wurden Elon Musks Kurznachrichtendienst X, aber auch Reddit und Instagram geflutet. Nur: Die Aufnahmen des Popstars waren nicht echt. Es handelt sich um sogenannte Deepfakes: mithilfe von KI erstellte Audio- oder Videodateien, in denen reale Personen Dinge sagen und tun, die nie passiert sind.[32] Dasselbe wie Taylor Swift widerfuhr zwei belgischen Influencerinnen. Sie hatten ein Foto auf Instagram verbreitet, das sie im Badeanzug zeigte. Dieses Foto wurde von der Instagram-Seite genommen und die Bikinis wurden mithilfe von KI entfernt. Das Nacktfoto kursierte dann im Internet.[33] Es kann auch vorkommen, dass Bilder aus sozialen Medien oder Messengern in Pornobilder verwandelt werden, worauf die Betroffenen mit der Veröffentlichung bedroht werden. Man nennt diese Methode auf Englisch „sextortion", Erpressung mittels sexueller Inhalte.[34]

Wie kann man sich vor derartigem Datenmissbrauch schützen? Am besten, indem man Dieter Schwarz, den Gründer der Discount-Kette Lidl, nacheifert. Er gibt weder Interviews, noch existieren offizielle Fotos von ihm.[35] „Welchen Informationen kann ich glauben?" KI-Ethik[36] hilft da wohl wenig, Strategemkundigkeit dagegen eher. Man sollte zwischen Sachbereichen, in denen man sich aufgrund einer Fachausbildung, eigener Erfahrungen oder aus sonstigen Gründen auskennt und daher in der Lage sein sollte, Falschmeldungen zu erkennen, und Sachbereiche, in denen man ein Laie ist und keinen Durchblick hat, unterscheiden. In diesem zweiten Bereich sollte man grundsätzlich strategemsensibel auf Informationen reagieren.

Strategemprävention

Das Management sollte angesichts von angeblichen Tatsachenfeststellungen mit Auswirkungen auf die eigene Tätigkeit den Mut zu unbequemen, ja bohrenden Fragen haben. Gegebenenfalls sollten Reaktionen hinausgeschoben und Nachforschungen angestellt werden. Und sich vor Augen führen, dass es nicht nur die Dummen oder sonst wie Eingeschränkten sein können, die beispielsweise Telefonbetrügern auf den Leim gehen.[37]

Zum eigenen Schutz gegen Deepfake-Manipulationen ist es zudem wichtig, sich in Fotografien oder Videos in verfänglichen Situationen nicht identifizierbar zu machen. Man sollte darauf achten, dass keine persönlichen Gegenstände im Bild zu sehen sind, die von Dritten wiedererkannt werden könnten.[38]

Strategemrisiko

Trifft der das Strategem anwendende Manager auf ein aufmerksames Gegenüber, z. B. eine sachkundige Journalistin, wird diese das U im Auge behalten und das X nicht für bare Münze nehmen, mit möglicherweise unguten Konsequenzen für den Strategemanwender.

Beispiel

Chinesische Speisenamen in englischem Wikipedia-Look

Jimmy Wales hielt am 18. Januar 2012 auf dem 10. Alpensymposium im Victoria-Jungfrau Grand Hotel & Spa in Interlaken[39] über die von ihm mitgegründete Internet-Enzyklopädie Wikipedia[40] in englischer Sprache einen PowerPoint-Vortrag. Stolz sprach er über das weltweite, nachgerade alle Lebenssphären durchdringende Echo auf seine Schöpfung. Der Name der Website sei oft auch auf chinesischen Speisekarten zu finden.[41] Schnell huschten ein paar Speisenamen über den Bildschirm. Bei einer Speise vermochte ich in der zweisprachigen Speisenbezeichnung neben dem englischen auch den chinesischen Originalnamen zu notieren. Mir fiel sofort auf, dass zwar im englischen Namen so etwas Ähnliches wie Wikipedia vorkam, aber nicht im daneben stehenden chinesischen Namen derselben Speise.

In der Pause sprach ich Jimmy Wales auf die Diskrepanz an. Er war verblüfft. Das hatte ihm im angloamerikanischen Raum, wo er seinen Vortrag sicher schon öfters gehalten hatte, offenbar noch nie jemand mitgeteilt. Er bat mich um genauere Informationen.

Die folgenden sprachlichen Ausführungen mögen etwas sperrig sein und hoffen auf geduldige Leserinnen und Leser.

Am 19.01.2012 schickte ich Jimmy Wales einen Bericht über den einen von mir notierten chinesisch-englischen Speisenamen:

„维百客 Wekipedia bread“

Abbildungen dieses Brotes mit dessen chinesischer Bezeichnung und deren lateinischer Umschrift[42] schickte mir Jimmy Wales in einer E-Mail vom 20.02.2012.

Der chinesische Brotname besteht aus drei, die korrekte chinesische Bezeichnung für „Wikipedia“ 维基百科 aus vier Schriftzeichen. Dabei fehlt im Brotnamen das zweite der vier Schriftzeichen, 基 (ji), im chinesischen Wikipedianamen. Dessen erstes und zweites Schriftzeichen, 维基 (wei ji), stehen für „Wiki“ im Originalnamen „Wikipedia“. Das in beiden Bezeichnungen identische erste Schriftzeichen, 维 (wei), ist das erste Schriftzeichen von 维基百科 (wei ji bai ke) = Wikipedia, aber auch von 维生素 (Vitamin). Die letzten zwei Schriftzeichen 百客 (baike) im Brotnamen haben zwar die gleiche Aussprache wie die letzten zwei Schriftzeichen 百科 (bai ke) im chinesischen Namen für Wikipedia. In Bezug auf das jeweils erste dieser beiden Schriftzeichen 百 (bai = hundert) stimmen beide Bezeichnungen überein. Aber das zweite der beiden abschließenden Schriftzeichen im Brotnahmen lautet 客 (Kunde), im Wikipedianamen aber 科 ([wissenschaftliche] Disziplin). So bedeuten die zwei Schriftzeichen 百客 (baike) im Brotnamen „hundert Kunden“ und im Wikipedianamen „[Kompendium des Wissens von] hundert wissenschaftlichen Disziplinen“ bzw. „Enzyklopädie“.[43]

In seiner E-Mail vom 20.02.2012 reagierte Jimmy Wales erfreut und wünschte sich Überprüfung weiterer Angaben:

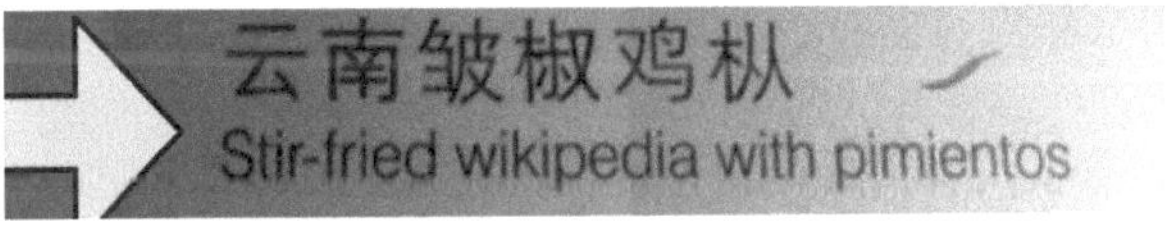

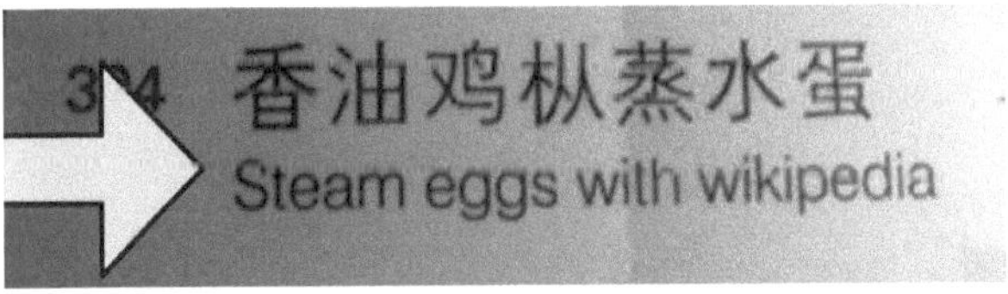

Darauf schrieb ich Jimmy Wales in einem zweiten Bericht, dass kein einziger chinesischer Gerichtsname den Ausdruck „Wikipedia“ enthalte. „Wikepedia“ tauche nur in den englischen Speisenamen auf.

Es folgen die mir von Jimmy Wales übermittelten „Wikipedia"-Speisenamen (zuerst die von mir versuchte wörtliche, möglicherweise suboptimale Übersetzung des chinesischen Originalnamens – Gedankenstrich – die auf der Speisekarte angegebene englische Übersetzung derselben Speise):

家乡鸡枞煎鸡蛋角 „Hometown parasol mushroom within folded fried egg" – „Wikipedia fried with eggs".

云南皱椒鸡枞 „Pepper parasol mushroom from Yunnan" – „Stir-fried wikipedia with pimentos"

香油鸡枞蒸水蛋 „Steamed egg with sesame oil and parasol mushroom" – „Steam eggs with wikipedia"

Offensichtlich handelt es sich um Speisen auf der Menükarte irgendeiner chinesischen Gaststätte. Es scheint, als hätten die Personen, welche die Speisekarte entworfen haben, mit dem Terminus „Wikipedia" ausländische Gaststättenbesucher – und nur sie – beeindrucken und dazu motivieren wollen, die betreffende Speise zu konsumieren. Man kann dieses Vorgehen als Beispiel für eine dem Geschäft dienliche Umsetzung des Strategems „Ein X für ein U vormachen" ansehen. Wer weiß, vielleicht wird es deutsche Gaststätten geben, die in ihrer Speisekarte die chinesische Übersetzung deutscher Speisenamen mit dem Namen „Konfuzius" schmücken werden, z.B. in Deutsch: „Kalbskotelett mit Pommes frites", in Chinesisch aber 孔子炸薯条小牛肉排 = „Konfuzius Pommes frites mit Kalbskotelett".

6.2 Strategem Nr. 38: „Des Kaisers neue Kleider“

Das Märchen[44]

Vor vielen Jahren lebte ein Kaiser, der all sein Geld für neue Kleider ausgab, um recht geputzt zu sein.

In die Stadt, in der er wohnte, kamen eines Tages zwei Ganoven, die sich für Weber ausgaben. Sie sagten, dass sie den schönsten Stoff zu weben verstünden. Dieser besitze die wunderbare Eigenschaft, dass die damit gewobenen Kleider für jeden Menschen unsichtbar seien, der nicht für sein Amt tauge oder der unverzeihlich dumm sei.

‚Das wäre ja prächtig‘, dachte der Kaiser, ‚wenn ich solche Kleider hätte, könnte ich dahinterkommen, welche Männer in meinem Reiche zu dem Amte, das sie haben, nicht taugen, ich könnte die Klugen von den Dummen unterscheiden.‘ Er gab den beiden Männern viel Geld, damit sie ihre Arbeit beginnen sollten.

Sie stellten zwei Webstühle auf, taten, als ob sie arbeiteten an den leeren Stühlen bis spät in die Nacht hinein.

Nun sandte der Kaiser der Reihe nach zwei Höflinge in den Saal, wo die zwei Ganoven arbeiteten. Beide Höflinge sahen nichts und dachten: ‚Sollte ich dumm sein? Sollte ich nicht zu meinem Amte taugen? Nein, es geht nicht an, dass ich erzähle, ich habe nichts sehen können!‘ Und so erstatteten beide Höflinge dem Kaiser einen Bericht über die Schönheit der Kleider.

Nun wollte sich der Kaiser selbst ein Bild davon machen, was auf dem Webstuhl zu sehen sei. Mit einer ganzen Schar auserwählter Männer ging er zu den beiden Männern hin, die aus allen Kräften webten, aber ohne Faser oder Faden.

‚Was!‘ dachte der Kaiser, ‚ich sehe gar nichts! Das ist ja erschrecklich! Bin ich dumm? Tauge ich nicht dazu, Kaiser zu sein? Das wäre das Schrecklichste, was mir begegnen könnte.‘ Und so sagte er: ‚Oh, es ist sehr hübsch, es hat meinen allerhöchsten Beifall!‘ Das ganze Gefolge, das ihn begleitete, sah nichts, aber sie sagten gleich wie der Kaiser: ‚Oh, das ist hübsch!‘ und sie rieten ihm, diese neuen prächtigen Kleider das erste Mal bei dem großen Feste, das bevorstand, zu tragen.

Am Tag des Festes kam der Kaiser mit seinen vornehmsten Beamten, und beide Ganoven hoben den einen Arm in die Höhe, gerade, als ob sie etwas hielten, und sagten: ‚Seht, hier sind die Beinkleider, hier ist das Kleid, hier ist der Mantel!‘ und so weiter. ‚Es ist so leicht wie Spinnwebe; man sollte glauben, man habe nichts auf dem Körper, aber das ist gerade die Schönheit dabei!‘

‚Ja!‘ sagten alle Beamten, aber sie konnten nichts sehen, denn es war nichts da.

So ging der Kaiser unter dem prächtigen Baldachin auf den Festumzug, und alle Menschen auf der Straße und in den Fenstern sprachen: ‚Wie sind des Kaisers neue Kleider unvergleichlich! Welche Schleppe er am Kleide hat! Wie schön sie sitzt!‘ Keiner wollte es sich merken lassen, dass er nichts sah; denn dann hätte er ja nicht zu seinem Amte getaugt oder wäre sehr dumm gewesen.

‚Aber er hat ja gar nichts an!‘, sagte endlich ein kleines Kind.

Erläuterungen:

Im Text des Märchens kommt einmal das Wort „listig“ vor, und zwar ist von „den beiden listigen Betrügern“ die Rede[45]. Offenbar bezieht sich „listig“ lediglich auf die von den beiden Scharlatanen durchgeführte Vorspiegelung falscher Tatsachen, was als „Betrug“ bezeichnet wird. Ansonsten ist die

List kein Thema in den von mir eingesehenen online-Kommentaren über das Märchen. Die Drohung der Scharlatane, es oute sich als dumm oder amtsunfähig, wer die Kleider nicht erblicke, werden nicht mit List in Verbindung gebracht, auch nicht das Stillschweigen, mit dem die maßgebenden Augenzeugen des Geschehens auf die leicht zu durchschauende Vorspiegelung falscher Tatsachen reagieren. Stattdessen wird das Schweigen der Leute psychologisch gedeutet, so mit dem „Bystander-Effekt“, der „pluralischen Ignoranz“, mit Verantwortungsdiffusion und Gruppendenken. Ferner werden moralische Urteile gefällt. Kritisiert werden die Unverfrorenheit der beiden Scharlatane, die überhaupt nichts leisten, und die fehlende Zivilcourage der Leute, die den Ganoven nach dem Munde reden. Gelobt wird das Kind, das sagt, was es sieht.[46] Dessen Feststellung „Der Kaiser ist nackt“ wird häufig zitiert. „Kaiser“ steht dann jeweils stellvertretend für eine imposant wirkende Person, „nackt“ steht stellvertretend für deren Mickrigkeit. Der Satz „Der Kaiser ist nackt“ wird zum Beispiel in einer Glosse benutzt, die bebildert ist mit einer nackten Trump-Figur als Ausstellungsobjekt im Power of Art House in Amsterdam.[47] Als Metapher für die Entlarvung einer Hochstapelei bezieht sich die Aussage „Der Kaiser ist nackt“ nur auf den Kaiser. Sie tangiert weder die angeblichen Weber noch das drückebergerische Publikum.

Sensibilisiert durch die chinesische Strategemkunde, vermag man in Andersens Märchen zwei Strategeme zu entdecken.

Zunächst geht es um die Frage: Mit welchem Strategem bringen die beiden angeblichen Weber dies zustande, dass die Leute ihr nichtsnutziges Tun wortreich unterstützen? Indem sie den Leuten ausdrücklich die Folgen einer wahren Aussage vor Augen führen, nämlich, dass amtsunfähig bzw. dumm sei, wer die Kleider nicht wahrnehme. Weil niemand, selbst nicht der Kaiser, Gefahr laufen will, sich als amtsunfähig oder dumm bloßzustellen, tun alle dergleichen, als sähen sie die Kleider. Die beiden angeblichen Weber benutzen also die Angst der Menschen, durch das Aussprechen der Wahrheit sich selbst eine Blöße zu geben – mit allen damit verbundenen Nachteilen, und so verhindern sie, dass eine Tatsache als solche bezeichnet wird.

Die Menschen am Hof und in der Bevölkerung wenden ebenfalls ein Strategem an. Zum Selbstschutz vor unangenehmen Folgen einer wahren Aussage behaupten sie wider besseres Wissen, das von den sogenannten Webern angefertigte Nichts seien schöne Kleidungsstücke.

Für die von Sima Qian berichtete Geschichte um den von Zhao Gao vorgeführten Hirsch schuf man im Reich der Mitte die sprachliche Miniatur in Gestalt der Strategemformel „Einen Hirsch als Pferd ausgeben“. Eine Fülle von Erzählungen und Berichten wurden so in China zu einprägsamen Redewendungen kondensiert. Deutet es vielleicht auf einen Unterschied im Sprachverhalten von Europäern hin, dass mit dem Märchen „Des Kaisers neue Kleider“ nichts Vergleichbares geschah? Dabei wäre eigentlich die Schaffung einer Redensart naheliegend gewesen, die parallel zu „Einen Hirsch als Pferd ausgeben“ formuliert worden wäre. Sie hätte beispielsweise so lauten können:

„Einen Nackedei als Modestar bezeichnen“

Eine solche Redensart, so sie denn existierte, würde den Eindruck erwecken, als sei dieses Strategem mit dem Strategem „Einen Hirsch als Pferd bezeichnen“ deckungsgleich.

Dem ist nicht so. Es bestehen zahlreiche Unterschiede. In der von Sima Qian überliefen Geschichte stellt Zhao Gao lediglich eine Frage, die mit ja oder nein zu beantworten ist. Über die Folgen einer positiven oder negativen Antwort schweigt er sich aus. Zhao Gaos in besagter Frage gipfelnde Strategemanwendung dauert nur während des Schauspiels mit dem Hirsch. Sobald Zhao Gao durch die Antworten der Anwesenden glaubt, festgestellt zu haben, wer ihm gegenüber hörig sei und wer nicht, ist die Strategemanwendung beendet. Diejenigen, die Zhao Gaos Behauptung, der Hirsch sei ein Pferd, nachbeten, verhalten sich wohl deshalb so gefügig, weil sie ahnen, dass eine wahre Aussage schlimme Folgen zeitigen könnte. Daher benutzten sie das Strategem Nr. 27 und stellten sich dumm.

Die Strategemanwendung der beiden angeblichen Weber zieht sich über einen längeren Zeitraum hin und erfasst einen immer größeren Personenkreis. Es geht nicht um einen Loyalitätstest, sondern um eine langwährende Konditionierung der Menschen dahingehend, dass sie die Wahrheit nicht aussprechen.

Unter Wahrheit verstehe ich hier das, was alle Leute mit ihren eigenen Augen sehen und eigentlich ohne jegliche Meinungsverschiedenheit identisch interpretieren: Der Kaiser trägt gar keine Kleider.

Kerngehalt:

1. Einschüchterungsstrategem: *das Strategem der angedrohten Selbstentblößung/Selbstentlarvung/Selbststigmatisierung/Selbstausgrenzung/des angedrohten „Selbstostrazismus“*
2. Angst Strategem: *„Einen Nackedei als Modestar bewundern“*

Strategemradius

Einschüchterungsstrategem

Es gibt vielerlei mehr oder weniger ausdrückliche Sprachregelungen, die es den Menschen schwer machen, ihre wahren Gefühle und Ansichten offenzulegen. Solche Sprachregelungen können lügenhaft sein. Aus Angst vor Isolation und Ablehnung und aufgrund ihres Bedürfnisses nach Anerkennung sind Menschen oft eher bereit, eine offensichtliche Lüge als eine unbequeme Wahrheit öffentlich auszusprechen.[48] Es verhält sich freilich nicht so, dass dem Aussprechen der Wahrheit oftmals so wie in Andersens Märchen von leibhaftigen „Fake-Schneidern" ein Riegel geschoben wird. Vielfach verspürt man einfach, dass ein ehrliches Wort, das dem menschengemachten Zeitgeist bzw. Mainstream widerspricht, einem schaden könnte, weshalb man es vorzieht, statt ein Außenseiter ein Mitläufer zu sein, der mit den Wölfen heult.

Angst-Strategem

Zur Persiflage der in der Volksrepublik China offenbar nicht selten zu beobachtenden Tendenz, offensichtliche Tatsachen nicht bei ihrem Namen zu nennen, sondern ganz anders darzustellen, greift man in der VR China bemerkenswerterweise auch immer wieder auf Andersens Märchen „Des Kaisers neue Kleider" zurück. So ist in einem auf die Volksrepublik China gemünzten Kommentar der Shanghaier Literatur-Zeitung (Wenxue Bao) unter Verweis auf Andersens Märchen von einer Welt der Erwachsenen die Rede, „in der nicht die Wahrheit gesagt wird" und in der es zu einer „Spielregel geworden ist, Falsches zu äußern."[49] Wenn man bedenkt, dass das im Reich der Mitte in solch einem Zusammenhang häufig erwähnte Märchen des dänischen Dichters aus einem fremden Kulturkreis und einer anderen Epoche stammt, scheint das unbedenkliche Aussprechen der Wahrheit kein auf Dänemark beschränktes, sondern ein übernationales, zeitloses Menschheitsproblem zu sein.

Man kann sich keine Welt vorstellen, in der alle die Wahrheit sagen. Nichts als die Wahrheit. Immer. Eine Welt, in der Ehrlichkeit alternativlos ist in der Familie, in der Partnerschaft, am Arbeitsplatz[50], im Wirtschaftsleben. Vielmehr kann es in vielen Lebenssituationen vorkommen, dass man mit seiner Meinung hinter dem Berg bleibt, um sich nicht eine Blöße zu geben.

So kann in der Erzählung „Des Führers Tod“ (领袖之死)[51] des prominenten chinesischen Schriftstellers Han Shaogong (geb. 1953)[52] der Protagonist zunächst keine traurigen Gefühle aufbringen, als er die Nachricht von Maos Tod hört. Keine Trauer zu zeigen, würde ihm, das weiß er, übel genommen. Man würde ihn verdächtigen, kein loyaler Gefolgsmann Maos zu sein. So behilft er sich mit echten Trauerbekundungen, die sich aber, was die Umgebung nicht ahnt, gar nicht auf Mao beziehen. So schafft er es, sich in einen Schluchzanfall zu bringen, indem er an einen privaten Verlust denkt. Seine Tränen sind so reichlich und seine Trauer so ansteckend, dass er als vorbildlicher Trauernder gefeiert wird.[53]

Strategemprävention

Einschüchterungsstrategem

Stellungnahmen zu gesellschaftspolitischen Themen, insbesondere in den sozialen Medien, können Firmenchefs in Bedrängnis bringen. Es wird berichtet, dass in den letzten Jahren mehr Führungspersonen ihren Posten wegen solcher Aussagen hätten verlassen müssen als wegen wirtschaftlicher Krisen in ihren Unternehmen.[54] Also sollte man auf sozialen Medien nicht sorglos alle möglichen Dinge, die man für wahr erachtet, ausplaudern. Eine gewisse Schüchternheit ist anzuraten.

Angst-Strategem

Eine Möglichkeit, Mitarbeitern und Angestellten von der Angst vor dem Aussprechen dessen, was man für wahr hält, zu befreien, besteht darin, einer Person der Gruppe von Anfang an die Aufgabe zuzuteilen, immer die negativen Seiten der besprochenen Ideen zu suchen und Gegenargumente zu liefern. Diese Person wird in der Psychologie auch „Anwalt des Teufels“ genannt.[55]

Anstatt ungeschminkt eine Wahrheit aussprechen und so gewisse Leute vor den Kopf zu stoßen und sich selber der Gefahr auszusetzen, das mitmenschliche Wohlwollen zu verlieren, kann man seine ehrliche Meinung über die Nacktheit eines Nackedeis auf dezente Art und Weise zum Ausdruck bringen, so durch eine fiktive Geschichte oder mithilfe des Strategems Nr. 26 „Die Akazie schelten, [dabei aber] auf den Maulbeerbaum zeigen“. Oder man kann „um den heißen Brei herumreden“. Wie lautet doch ein Witz: Politiker A zu Politiker B: Ich hörte, Sie haben über Jugendarbeitslosigkeit geredet. – Ja. – Was haben Sie gesagt? – Nichts. – Das ist mir klar, aber wie haben Sie das formuliert?

Und zu guter Letzt kann man sich am „Karneval der Tiere“ des französischen Komponisten Camille Saint-Saëns (1835–1921)[56], einer Suite für Kammerorchester, orientieren. Sie besteht aus vierzehn kleinen Sätzen, jeder Satz ist einem Tier gewidmet. Den Auftakt macht der Löwe. In den weiteren Sätzen kommen u. a. Hühner, Schildkröten, Fossilien und auch Elefanten auf die akustische Bühne.[57] Für die aufeinanderfolgenden Melodien im „Karneval der Tiere“ sind mehrfach deutsche Begleittexte verfasst worden. Laut dem Text von Loriot[58] sieht der Elefant nach dem Tanz seiner Gattin dem Mehlwurm scharf ins Auge und fragt ihn: „Na, was sagen Sie nun?“ Der Mehlwurm möchte weder lügen noch den empfindlichen Elefanten unnötig reizen. Und so sagt er „Tja“.

Mit diesem Wort kann man sich wohl oft aus der Affäre ziehen.[59]

Strategemrisiko

Einschüchterungsstrategem

Herrscht in einem Unternehmen eine Atmosphäre, in der Untergebene nicht mehr wagen, in ihren Augen offen zutage tretende Probleme beim Namen zu nennen, weil ein Einheitsdenken und -reden[60] vorwiegt, dann sinken die Chancen eines zeitigen konstruktiven Umgangs mit Fehlentwicklungen.

Bei dem Skandal um die manipulierten Abgaswerte bei VW beispielsweise ist es sehr wahrscheinlich, dass einige Verantwortliche ihre Kritik daran nicht äußerten, weil sie Sanktionen befürchteten.[61]

Angst-Strategem

Wenn niemand Wahres auszusprechen wagt, nicht einmal als Hinweisgeber („Whistleblower“)[62], dann wird möglicherweise schlimmen Entwicklungen nicht Einhalt geboten.

Beispiele

Sogenanntes wissenschaftliches Management

Ein Unternehmensberater der Guangzhou PEG Information Technology Co., Ltd[63], beklagt:

„Aus beruflichen Gründen besuche ich häufig Unternehmen. Dort nehme ich oft Vorgänge wahr, die an ‚Des Kaisers neue Kleider‘ gemahnen. Das hängt damit zusammen, dass zahlreiche Manager nicht über das Hintergrundwissen verfügen, um systematisch Unternehmensführung oder Wirtschaftsmanagement zu studieren. Zudem mangelt es in der chinesischen Unternehmensberatungsbranche derzeit an einer wirksamen Aufsicht, was dazu führt, dass sich viele Unqualifizierte als Managementexperten ausgeben und Schulungen durchführen. In der Volksrepublik China, wo die Entwicklung der Marktwirtschaft recht spät begonnen hat, herrscht zudem im Bereich Unternehmensführung ein Mangel an Lehrpersonen, die wirklich etwas vom Fach verstehen. So kommt es vor, dass der Chef eines Unternehmens ein Seminar über ‚wissenschaftliches Management' besucht. Nachdem er die Ausführungen eines angeblichen Top-Referenten halbwegs verstanden hat, kehrt er in sein Unternehmen zurück und beginnt, die Abteilungsleiter anzuweisen, wie sie dieses und jenes zu erledigen haben. Das nenne man wissenschaftliches Management! Um ihrem Vorgesetzten zu gefallen, geben die Abteilungsleiter nicht zu erkennen, dass sie das sogenannte wissenschaftliche Management nicht verstehen. Sie machen immer verwirrtere Dinge entsprechend den wirren Anweisungen des Chefs. Wenn sich dann die Situation des Betriebs verschlechtert, werden Experten zur Untersuchung und Beratung in das Unternehmen eingeladen."[64]

Einen Krieg als „militärische Spezialoperation" bezeichnen

Nach dem Beginn des russischen Angriffs auf die Ukraine am 24. Februar 2022 war es bis zum 21. März 2024[65] in Russland verboten, von einem „Krieg" gegen die Ukraine zu sprechen. Gemäß der amtlichen Sprachregelung war lediglich eine „militärische Spezialoperation" im Gang. Kritik an den Kampfhandlungen der russischen Armee in der Ukraine und die Verwendung des Wortes „Krieg" in diesem Zusammenhang wurden in Russland mit Geld- und Gefängnisstrafen geahndet. Seit dem Beginn der Offensive wurden nach Angaben der Nichtregierungsorganisation OWD-Info mehr als 900 Strafverfahren deshalb eingeleitet.[66]

Über die Präsidentschaftswahlen in Russland (15.–17.03. 2024) wurde berichtet: „Putin wählen, um sich nicht verdächtig zu machen. In Russland nehmen viele an der Wahl teil, um ihren Job zu behalten. Der Präsident setzt auf zwei Dinge: auf Angst und Passivität."[67]

Amtliche Sprachregelungen ließen auch in westlichen Ländern Vorsicht mit der Wortwahl als geboten erscheinen. So verabschiedete die französische Nationalversammlung fast 45 Jahre nach Beginn des Unabhängigkeitskampfes der Algerier ein Gesetz, das erstmals im offiziellen Sprachgebrauch anstelle der bisherigen amtlichen Euphemismen das Wort „Krieg" für diesen blutigen Konflikt zwischen 1954 und 1962 setzte. In den Dokumenten der französischen Republik war bis zu diesem Zeitpunkt der Algerienkrieg mit Ausdrücken wie „in Nordafrika ausgeführte Operationen" oder „Maßnahmen zur Aufrechterhaltung der Ordnung" umschrieben worden.[68] Doch nicht nur der französische Staat, auch die Gesellschaft breitete in den Jahrzehnten nach der algerischen Unabhängigkeit einen Mantel des Schweigens über die Geschichte. Exemplarisch hierfür steht der 1966 erschienene Film *Die Schlacht von Algier*, der in Frankreich zwar nicht offiziell zensiert wurde, doch infolge von Drohungen durch Veteranen- und Pieds-noirs Verbände fast vierzig Jahre lang nur vereinzelt in Frankreich gezeigt werden konnte.[69]

Laut einer repräsentativen Umfrage des Instituts für Demoskopie Allensbach stimmten 63 Prozent der 1283 befragten deutschen Personen der Aussage zu, dass man sehr aufpassen müsse, zu welchen Themen man sich wie äußere. Lediglich 23 Prozent der Befragten stimmten dieser Aussage nicht zu. Die Frage „Kann man sich in der Öffentlichkeit und im Internet zu allem frei äußern oder nur unter Freunden und Bekannten?" wurden von 20 Prozent der Befragten damit beantwortet, dass man „bei vielen Themen vorsichtig sein" müsse. 58 Prozent meinten, dass man zumindest bei einigen

Themen und nur 18 Prozent waren der Meinung bei keinem Thema vorsichtig sein zu müssen. Für einen Großteil der Deutschen gibt es also Themen, über die sie in der Öffentlichkeit nicht reden wollen.[70]

1 Niquet, Valérie. „Militärstrategie“, in: *Das große China-Lexikon*, hg. von Brunhild Staiger, Stefan Friedrich, Hans-Wilm Schütte unter Mitarbeit von Reinhard Emmerich, Darmstadt 2007, S. 498.

2 Johann Gottfried Herder: „Von Nothwendigkeit und Nutzen der Schulen (1783)“, zitiert aus: Thomas Neumann (Hrsg.): *Quellen zur Geschichte Thüringens: Pädagogik im 18. und 19. Jahrhundert*, Landeszentrale für politische Bildung, Erfurt 2002, S. 84 f.

3 Jin Yang: *Sanbailiushi Ji (360 Strategeme)*, Beijing 2004, *https://book.douban.com/subject/1175409/*, a. a. 28.01.2024.

4 Siehe auch Harro von Senger: „Einen Hirsch als Pferd bezeichnen“, in: *Han-Zeit. Festschrift für Hans Stumpfeldt aus Anlass seines 65. Geburtstags*, herausgegeben von Michael Friedrich unter Mitwirkung von Reinhard Emmerich und Hans van Ess, Harrassowitz Verlag, Wiesbaden 2006, S. 761–770.

5 Otto Franke: *Geschichte des chinesischen Reiches*, Bd. 1, Berlin/Leipzig 1930, S. 253.

6 [6] „Qin Shi Huang benji 秦始皇本纪“ (Grundlegende Annalen über den Ersten Kaiser der Qin[-Dynastie]), in: *Sima Qian* 司马迁. *1975. Shiji*史记. Band 1, 7. Nachdruck, Beijing 1975: Zhonghua Shuju, S. 273. Englische Übersetzung in: *Szuma Chien: Records of the Historian*, translated by Yang Hsien-yi und Gladys Yang, Hong Kong 1975, S. 192.

7 „Qin Shi Huang benji 秦始皇本纪“ (Grundlegende Annalen über den Ersten Kaiser der Qin[-Dynastie]), in: *Sima Qian* 司马迁. *1975. Shiji*史记. Band 1, 7. Nachdruck, Beijing 1975: Zhonghua Shuju, S. 273. Englische Übersetzung in: *Szuma Chien: Records of the Historian*, translated by Yang Hsien-yi und Gladys Yang, Hong Kong 1975, S. 192.

8 „Dou Rong liezhuan“ (Biographien des Dou Rong [u. a.]), in: *Fan Ye: Hou Han Shu (Geschichte der Späteren Han-Dynastie)*, Bd. 3, 9. Nachdruck, Shanghai 1973, S. 812.

9 Eberhard Schockenhoff: „List und Lüge in der theologischen Tradition“, in: *Die List*, hg. von Harro von Senger, 5. Auflage, Frankfurt am Main 2017, S. 160.

10 Harro von Senger: „Mit dem Messer eines anderen töten“, in: *FAZ*, 14.01.1977, S. 5.

11 „Wilhelm Tell“, *https://www.studysmarter.de/schule/deutsch/drama/wilhelm-tell/*, a. a. 12.01.2024.

12 Friedrich Schiller: *Wilhelm Tell. Schauspiel*, herausgegeben von Uwe Jansen, Reclam Verlag, Stuttgart 2013, S. 20, *https://www.reclam.de/data/media/978-3-15-019020-3.pdf*, a. a. 12.01.2024.

13 Projekt Gutenberg: Friedrich Schiller: *Wilhelm Tell, https://www.projekt-gutenberg.org/schiller/tell/tell33.html*, a. a. 12.01.2024.

14 A. a. O., *https://www.projekt-gutenberg.org/schiller/tell/tell43.html*, a. a. 12.01.2024.

15 „Der Gesslerhut“, *https://www.suedostschweiz.ch/leserbriefe/2021-02-26/der-gessler-hut*; 盖斯勒(GESSLOR) 是谁? (Wer ist Gessler?), *https://zhidao.baidu.com/question/5962225.html*, a. a. 12.01.2024.

16 Deutsche Bibelgesellschaft: *Lutherbibel 2017* (LU17), *https://www.die-bibel.de/bibeln/online-bibeln/lesen/LU17/GEN.2/1.-Mose-2*, a. a. 13.01.2024.

17 Doris Huber: „Ein Kunde versteckte eine Socke unter dem Bett, um mich zu testen“, in: *NZZ Folio*, 03.01.2024, S. 27.

18 REDEWENDUNG: „Ein X für ein U vormachen“, *https://www.geo.de/geolino/redewendungen/8937-rtkl-redewendung-ein-x-fuer-ein-u-vormachen*, a. a. 02.01.2024.

19 Kai Strittmatter: „Dalai-Lama-Zitat auf Instagram: Daimler knickt vor chinesischer Propaganda ein“, 07.02.2018, *https://www.sueddeutsche.de/wirtschaft/social-media-daimler-china-und-der-dalai-lama-1.3856104*, a. a. 01.02.2024.

20 Kai Strittmatter, ebenda.

21 Kai Strittmatter, ebenda.

22 *Das neue chinesisch-deutsche Wörterbuch*, Beijing 2009, S. 1056.

23 Liu Jiexiu 刘洁修. 1989. *Hanyu Chengyu Kaoshi Cidian* 汉语成语考释词典 *(Chinesischen Redensarten auf den Grund gehendes Lexikon)*, Beijing 北京: Shangwu Yinshuguan 商务印书馆, S. 1480.

24 Lutz Röhrich: *Lexikon der sprichwörtlichen Redensarten*. Band V, Verlag Herder, Freiburg 1999, S. 1752.

25 REDEWENDUNG: „Ein X für ein U vormachen“, *https://www.geo.de/geolino/redewendungen/8937-rtkl-redewendung-ein-x-fuer-ein-u-vormachen*, a. a. 02.01.2024.

26 Privatdozent Dr. Michael Rathmann: „Wie entstand die Redewendung ‚ein X für ein U vormachen‘?“, 01.02.2011, *https://www.abendblatt.de/ratgeber/wissen/article107949815/Wie-entstand-die-Redewendung-ein-X-fuer-ein-U-vormachen.html*, a. a. 29.01.2024.

27 Karl Friedrich Wilhelm Wander (Hg.): *Deutsches Sprichwörterlexikon*, 5. Band, Weltbild Verlag, Augsburg 1987, S. 478.

28 *https://stock.adobe.com/images/the-fact-is-replaced-by-a-fake-substitution of concepts-a-man-changes-the-signs-with-the-words-fact-on-fake-on-a-black-background/302164750*, a. a. 31.01.2024

29 Susanne Sturzenegger: „Gespielte Liebe ist besser als keine“, 05.08.2014, *https://www.srf.ch/kultur/literatur/literatur-gespielte-liebe-ist-besser-als-keine*, a. a. 21.01.2024.

30 „Du sagst etwas, was Du nie gesagt hast – KI als Gefahr oder Segen?“, 08.10.2022, *https://podential.de/blog/2022/10/08/du-sagst-etwas-was-du-nie-gesagt-hast-ki-als-gefahr-oder-segen/*, a. a. 01.02.2024.

31 Leon Igel: „Sie ist der größte Pop-Star unserer Zeit und Sprachrohr eines bunten Amerika – hat Taylor Swift auch Einfluss auf die Wahlen?“, 26.01.2024, *https://www.nzz.ch/international/welchen-einfluss-hat-taylor-swift-auf-die-us-wahlen-ld.1773726*, a. a. 01.02.2024.

32 Christoph Nehring und Benjamin Lange: „Perfide Vorspiegelung unwahrer Tatsachen – gegen KI-generierte Deepfakes hilft KI-Erkennung nur begrenzt. Es braucht Resilienz und einen moralischen Kompass", in: *NZZ*, 22.01.2024, S. 19; Gioia da Silva: „Ein Albtraum für den Kinderschutz und für die Polizei. KI-generierte Bilder von sexuellem Kindsmissbrauch erschweren die Suche nach Tätern und Opfern", in: *NZZ*, 28.12.2023, S. 16; „Mordkomplott gegen Macron entpuppt sich als Deepfake", in: *NZZ*, 17.02.2024, S. 7, *https://www.nzz.ch/international/mordkomplott-gegen-den-franzoesischen-praesidenten-wie-ein-fall-von-deep-fake-auf-die-aktualitaet-aufspringt-ld.1814189*, a.a. 17.02.2024. Matthias Schüss: „Die falschen Swift-Sexbilder läuten eine neue Ära ein", in: *TA*, 30.01.2024, S. 29, *https://www.tagesanzeiger.ch/taylor-swift-deepfakes-laeuten-eine-neue-aera-ein-780599674835*, a.a. 01.02.2024.

33 „Influencerinnen per KI nackt gemacht", in: *20minuten*, 19.01.2024, S. 8.

34 Matthias Schüss, a.a.O.

35 „Der Lidl-Gründer ist ein Phantom", in: *NZZ*, 09.12.2023, S. 17, *https://www.msn.com/de-ch/nachrichten/other/der-lidl-gr%C3%BCnder-dieter-schwarz-ist-ein-phantom-nun-will-er-gemeinsam-mit-der-eth-die-ki-vorantreiben/ar-AA1ld2ZP*, a.a. 16.02.2024.

36 Christoph Nehring und Benjamin Lange, ebenda.

37 Andreas Tobler: „Enkeltrickbetrüger erbeuten Millionen – so viel wie noch nie", in: *TA*, 05.02.2024, S. 1, 23, *https://www.tagesanzeiger.ch/enkeltrickbetrug-neuer-film-von-cedric-schild-148721518395*, a.a. 05.02.2024.

38 Matthias Schüss, a.a.O.

39 „10. Internationales Alpensymposium 2012 – Radio BeO live dabei", *https://www.radiobeo.ch/wp-content/uploads/2022/01/2012_beozytig_01.pdf*, a.a. 31.01.2024.

40 Wikipedia-Gründer Wales: „Trump würde sofort geblockt werden", 17.09.2019, *https://www.faz.net/pro/d-economy/wikipedia-mitgruender-jimmy-wales-im-portraet-16387789.html*, a.a. 31.01.2024.

41 „Wikipedia-Protest gab zu reden", 19.01.2012, *https://www.bernerzeitung.ch/wikipedia-protest-gab-zu-reden-541294903221*, a.a. 31.01.2024.

42 维百客 Wekipedia bread – Suchen Bilder *(bing.com)*, Wekipedia | The bakery with the best baguette and the funnie[...] | Flickr, a.a. 24.03.2024.

43 Siehe auch „Wekipedia – The bakery with the best baguette and the funniest name in Beijing", *https://www.flickr.com/photos/travelist/4095599526/*, a.a. 01.02.2024.

44 Hans Christian Andersen: „Des Kaisers neue Kleider" (1837), in: *Die schönsten Märchen von H. C. Andersen*. Berlin: Annette Betz, 2014; hier verkürzt wiedergegeben in Anlehnung an *https://www.projekt-gutenberg.org/andersen/maerchen/chap070.html*, a.a. 25.03.2024.

45 *Des Kaisers neue Kleider*, *https://www.projekt-gutenberg.org/andersen/maerchen/chap070.html*, a.a. 25.03.2024.

46 *Des Kaisers neue Kleider*, *https://www.studysmarter.de/schule/deutsch/epische-texte/des-kaisers-neue-kleider/#:~:text=Was%20kann%20man%20aus%20dem,vor%20Autorit%C3%A4ten%20manipuliert%20werden%20k%C3%B6nnen*, a.a. 25.03.2024.

47 Thomas Mayer: „Trump wie im Märchen: Seht her, der Kaiser ist nackt! Ob Hans Christian Andersen die US-Wahl 2020 vorhergesehen hat?“, in: *Der Standard*, 06. 11. 2020, *https://www.derstandard.de/story/2000121485015/trump-wie-im-maerchen-seht-her-der-kaiser-ist-nackt*, a. a. 24. 03. 2024.

48 *Des Kaisers neue Kleider*, *https://www.studysmarter.de/schule/deutsch/epische-texte/des-kaisers-neue-kleider/#:~:text=Was%20kann%20man%20aus%20dem,vor%20Autorit%C3%A4ten%20manipuliert%20werden%20k%C3%B6nnen*, a. a. 25. 03. 2024.

49 Li Meijie: „You ‚shuo zhen hua‘ suo xiang dao de“ (Gedanken ausgehend von [Ba Jins Forderung, man solle] ‚wahre Worte sprechen‘), in: *Wenxue Bao* (Literatur-Zeitung), Shanghai, 10. 10. 2005, S. 1.

50 Ayelet Gundar: „Unehrlich währt am längsten“, in: *NZZ Folio*, 02. 01. 2024, S. 51, *https://www.nzz.ch/folio/ist-luegen-schlimm-was-macht-es-mit-beziehungenein-essay-von-gundar-goshen-ld.1771446*, a. a. 12. 01. 2024.

51 *少功六短篇(精)*, *https://www.abebooks.com/9787511032966/7511032966/plp*; *The Leaders Demise*, *https://www.coursehero.com/file/21721702/The-Leaders-Demise-Hao-Shaogong/*, a. a. 06. 02. 2024.

52 „Han Shaogong, 1953“, *https://chinesecourses.voices.wooster.edu/han-shaogong-1953/*, a. a. 06. 02. 2024.

53 Haiyan Lee: *A Certain Justice: Toward an Ecology of the Chinese Legal Imagination*, Chicago, University of Chicago Press 2023, S. 79.

54 Nicole Rütti: „Für Chefs sind digitale Medien ein heißes Eisen“, in: *NZZ*, 04. 01. 2024, S. 23, *https://www.nzz.ch/wirtschaft/wenn-firmenchefs-das-rampenlicht-der-digitalen-medien-suchen-pflichtuebung-mit-absturzgefahr-ld.1765060*, a. a. 17. 02. 2024.

55 Christian Feuerbacher: „Des Kaisers neue Kleider – oder: Vom Wert kritischen Denkens, 26. 06. 2017, *https://www.hrtoday.ch/de/article/des-kaisers-neue-kleider-oder-vom-wert-kritischen-denkens*, a. a. 25. 03. 2024.

56 „Camille Saint-Saëns“, *https://www.radioswissclassic.ch/de/musikdatenbank/musiker/1781708c2717e715c300352cbf771ba518708/biography*, a. a. 04. 02. 2024.

57 „Camille Saint-Saëns und der ‚Karneval der Tiere‘“, *https://www.grundschulkoenig.de/musikkunst/musik/komponisten-kompositionen/camille-saint-saens/*, a. a. 05. 02. 2024.

58 Loriot: „Karneval der Tiere“, 11. 02. 2011, *https://www.lokalkompass.de/recklinghausen/c kultur/loriot-karneval-der-tiere_a121818*, a. a. 05. 02. 2024.

59 ARD: Loriot „Karneval der Tiere“ (19. 05. 1991), *https://www.bing.com/videos/riverview/relatedvideo?q=KARNEVAL+DER+TIERE++LORIOT&mid=08318BE386B7970457E008318BE386B7970457E0&FORM=VIRE*, a. a. 05. 02. 2024.

60 Gerhard Schwarz: „Der Liberalismus ist nicht woke – Zwang und Freiheit sind ein Widerspruch“, in: *NZZ*, 23. 01. 2024, *https://www.nzz.ch/wirtschaft/der-liberalismus-ist-nicht-woke-zwang-und-freiheit-sind-ein-widerspruch-ld.1775177*, a. a. 24. 03. 2024.

61 Christian Feuerbacher: „Des Kaisers neue Kleider – oder: Vom Wert kritischen Denkens, 26. 06. 2017, *https://www.hrtoday.ch/de/article/*

des-kaisers-neue-kleider-oder-vom-wert-kritischen-denkens, a. a. 25. 03. 2024.

62 *EU-Richtlinie Nr. 2019/1937 (Whistleblower -Richtlinie der EU), https://thewhistlebee.com/prod-hig-eu.html?gad_source=1&gclid=EAIaIQobChMIrPrQwqSPhQMVdQUGAB0PdwIDEAAYASABEgJR0fD_BwE#hig-eu*, a. a. 25. 03. 2024.

63 „PEG简介“ (Kurze Hinweise auf PEG), *https://pegem.com/about*, a. a. 04. 02. 2024.

64 „Qiye guanli zhong de tonghua – Huangdi de xin yi“ (Ein [Probleme in der] Unternehmensführung [erhellendes] Märchen – Des Kaisers neue Kleider), o. D., *https://www.pegem.com/information/industry/2063*, a. a. 03. 02. 2024.

65 „Kreml spricht erstmals offiziell von ‚Krieg‘ in der Ukraine“, 22. 03. 2024, *https://www.welt.de/politik/ausland/article250692608/Dmitri-Peskow-Kreml-spricht-erstmals-offiziell-von-Krieg-in-der-Ukraine.html*, a. a. 25. 03. 2024.

66 „Verwendung des Wortes ‚Krieg‘ mit Geld- und Gefängnisstrafen geahndet“, *https://www.zdf.de/nachrichten/politik/ausland/kriegszustand-peskow-ukraine-krieg-russland-100.html*, a. a. 25. 03. 2024.

67 Leitartikel in: *TA*, 18. 03. 2024, S. 2.

68 Judith Kormann: „Der Algerienkrieg lässt die Franzosen bis heute nicht los“, in: *NZZ*, 24. 03. 2021, S. 6; „Ende einer historischen Lüge in Frankreich. Paris bricht sein Schweigen über Massaker an Algeriern“, in: *NZZ*, 14./15. 08. 1999, S. 3; „Frankreichs Algerienkrieg nun offiziell ein Krieg“, in: *NZZ*, 11. 06. 1999, S. 2; Film Doc. *La Pacification en Algérie – 1. Le sale boulot – 2. La politique du mensonge, réalisé par André Gazut*, 2002, *https://www.film-documentaire.fr/4DACTION/w_fiche_film/11266*, a. a. 19. 04. 2024.

69 Bundeszentrale für politische Bildung: „Der Algerienkrieg, ein unvollendeter Aufarbeitungsprozess“, 04. 03. 2022, *https://www.bpb.de/themen/europa/frankreich/505860/der-algerienkrieg/*, a. a. 22. 04. 2024.

70 „Angst vor Tabus: Viele Deutsche trauen sich nicht, ihre Meinung zu sagen“, 17. 10. 2019, *https://www.focus.de/wissen/mensch/allensbach-studie-immer-mehr-tabus-die-deutschen-trauen-sich-immer-weniger-ihre-meinung-zu-sagen_id_11245769.html*, a. a. 26. 03. 2024.

7 Schlusswort

Über 100 Werke zum Themenkreis „36 Strategeme - Wirtschaftskrieg - Unternehmensführung“ sind in den letzten 20 Jahren in der Volksrepublik China und in Taiwan auf den Markt gekommen. Angesichts einer solchen Fülle von management- und ökonomiebezogener chinesischer Strategemliteratur können westliche Führungskräfte nicht wie ein Vogel Strauß den Kopf in den Sand stecken. Sie sollten sich vielmehr mit dem in unseren Breiten nahezu unbekannten Wissensgut eingehend beschäftigen und, in ethisch und rechtlich zulässiger Weise, davon umfassend profitieren - und zwar nicht nur beim Geschäftsverkehr mit dem Milliardenvolk. So entsprang das vorliegende Buch keineswegs etwa bloß dem puren Einfall eines westlichen Autors, sondern der Notwendigkeit, globalen Herausforderungen auch mit außereuropäischen Denkkategorien zu begegnen. Entstanden ist die - soweit bekannt erste - westliche Veröffentlichung, in welcher eine repräsentative Auswahl an bisher nur in chinesischer Sprache zugänglichen Management-Listfibeln zur Aufklärung abendländischer Wirtschaftsleader einigermaßen systematisch ausgewertet wird.

China, „gleichsam ein östliches Europa", „ist uns teils überlegen, teils unterlegen". Was „die Vorschriften ... über den Verkehr unter den Menschen" betrifft, so werden wir von „den Chinesen ... übertroffen". Dies schrieb Leibniz (1646–1716).[1] Abendländer mögen Chinesen überlegen sein, was den normgemäßen Verkehr unter den Menschen angeht. Nicht umsonst liegt z. B. der Rechtsstaatsdialog mit China europäischen Staaten am Herzen. Was aber den nonkonformen listkundigen Umgang mit Menschen angeht, so sind Chinesen Europäern überlegen. Diese Überlegenheit gilt es wettzumachen. Was Chinesen über List wissen, sollten Europäer, insbesondere das Management, auch wissen und, soweit ethisch und rechtlich vertretbar, nutzen. Können nicht auch das europäische Management von Sun Zi lernen und der Geschmeidigkeit von fließendem Wasser nacheifern, natürlich im übertragenen Sinne? „So, wie fließendes Wasser die Höhe meidet und in die Tiefe eilt, so meidet eine Armee [gegnerische] Stärke und greift [gegnerische] Schwäche an. So, wie Wasser je nach Gegenstand unterschiedlich fließt, so siegt eine Armee je nach Gegner auf unterschiedliche Weise. So, wie Wasser keine feststehende Form hat, so gibt es auch für eine Armee keine unveränderlichen Gegebenheiten." Eine biegsame Anpassung an eine mit bloß konventionellem Wissen analysierte Lage ist suboptimal. Ohne strategemische Optik bleiben Lagebeurteilung und Lagenutzung defekt, und dann ist die Gefahr wohl unabwendbar, vor welcher der konfuzianische Philosoph Mencius (um 372–289) warnt: „Alle Klugheit und Weisheit sind umsonst, wenn man die Lage nicht zu nutzen weiß, gleichwie Pflug und Hacke nichts ausrichten, wenn man die rechte Zeit nicht trifft." Stets aber sollte das Management gemäß Jesu Rat die Klugheit der Schlange mit der Sanftheit der Taube verknüpfen und die Mahnung des chinesischen Weisen Hong Zicheng beherzigen: „Ein die Menschen schädigendes Herz darf man nicht haben! Aber ein sich vor den Menschen in Acht nehmendes Herz ist unverzichtbar!“

1 „Chinesen und Europäer. Aus der Einleitung zu ‚Novissima Sinica‘ (1697) von Leibniz, aus dem Lateinischen von Werner Widmer“, in: *NZZ*, 03./04.05.1980, S.66.

8 Abkürzungen, Bibliografie

36 Strategeme 1, 2	Harro von Senger: *36 Strategeme. Lebens- und Überlebenslisten aus drei Jahrtausenden*, Band 1 und 2 (in einem Band, mit je separater Seitenzählung), 2. Aufl., Frankfurt am Main 2021
36StfJ	Harro von Senger: *36 Strategeme für Juristen*, Bern 2020
a. a.	abgerufen am (bei online-Zitaten)
B	*Bild*, deutsche Tageszeitung
Brahm	Laurence J. Brahm: *Negotiating in China: 36 Strategies*, 2. Aufl., Hongkong 1996
BZ	*Basler Zeitung*
bzw.	beziehungsweise
C	*Cash*, Wochenzeitung, Zürich
Chen 1	Chen Caijun: *Sanshiliu Ji Yu Qiye Guanli (Die 36 Strategeme und das Unternehmensmanagement)*, Lanzhou 2003
Chen 2	Chen Caijun: *Sanshiliu Ji Yu Shangzhan Zhimou (Die 36 Strategeme und Findigkeit im Geschäftskrieg)*, 2. Aufl., Lanzhou 2003
China	Volksrepublik China
CM	*Campus Management*, Frankfurt/New York 2003

Fang	Tony Fang: *Chinese Business Negotiating Style: A Socio-Cultural Approach*, Linköping 1997
FAZ	*Frankfurter Allgemeine Zeitung*
Feng	Feng Liangnu: *Sanshiliu Ji Sun Zi Bingfa Shangzhan Qishi Lu (Die 36 Strategeme und Sun Zi. Die Kunst des Krieges: Aufzeichnungen zur Inspiration für den Geschäftskrieg)*, Beijing 2000
FS	*Falü yu Shenghuo (Recht und Leben)*, Beijing, Monatszeitschrift
FTD	*Financial Times Deutschland*
Fu	Fu Wenzhang; Fu Yingquan: *Sanshiliu Ji Yu Xiandai Shichang Jingji (Die 36 Strategeme und die moderne Marktwirtschaft)*, Beijing 2001
HBM	*Harvard Business Manager*, Monatszeitschrift, Hamburg
HBR	*Harvard Business Review*, Monatszeitschrift, Boulder, USA
Jh.	Jahrhundert
Jullien	François Jullien: *Über die Wirksamkeit*, Berlin 1999
KdL	Harro von Senger: *Die Kunst der List*, 6. Aufl., München 2016
KI	Künstliche Intelligenz
Klaviatur	Harro von Senger: *Die Klaviatur der 36 Strategeme. In Gegensätzen denken lernen*, München 2013
Küng	Hans Küng: *Kleine Geschichte der katholischen Kirche*, 3. Aufl., Berlin 2003
Larousse	Pierre Larousse: *Grand dictionnaire universel du XIXe siècle*, Parties neuves, tome treizième, Paris 1875
Li	Li Guangdou: *Shangzhan Bingfa Xin 36 Ji Quanshu (Die Kunst des Krieges für den Geschäftskrieg: Neues Kompendium der 36 Strategeme)*, Beijing 2002

Lin	Lin Bin: *Shangzhan Sanshiliu Ji (Die 36 Strategeme im Geschäftskrieg)*, Taibei 1995
List 2017	Harro von Senger (Hrsg.): *Die List*, 5. Aufl., Frankfurt am Main 2017
Mauch	Ulrich Mauch: *Jesus und die List: Über menschenfreundliche Strategeme*, 2. Aufl., Zürich 2001
NASA	National Aeronautics and Space Administration, die 1958 gegründete amerikanische Luft- und Raumfahrtbehörde[1]
NZZ	*Neue Zürcher Zeitung*
QXS	*Quanguo Xin Shumu (Nationaler Katalog neuer Bücher)*, Monatszeitschrift, Beijing
RR	*Renmin Ribao (Volkszeitung)*, Überregionale Tageszeitung, Beijing
RRH	*Renmin Ribao Haiwaiban (Volkszeitung Überseeausgabe)*, Tageszeitung, Beijing
s.	siehe
Sinomarxismus	Harro von Senger, Marcel Senn (Hrsg.): *Maoismus oder Sinomarxismus?*, Stuttgart 2016
SP 2024	Harro von Senger: *Supraplanung. Moulüe. Unerkannte Denkhorizonte aus dem Reich der Mitte*, 3. Aufl., München 2024
Sun Zi 2023	Harro von Senger (Übersetzung und Kommentar): *Sun Zi. Die Kunst des Krieges*, Stuttgart 2023
SZ	*SonntagsZeitung*, Zürich
TA	*Tages-Anzeiger*, Tageszeitung, Zürich
u. Z.	unserer Zeitrechnung
USZ	Universitätsspital Zürich
v. u. Z.	vor unserer Zeitrechnung
VR	Volksrepublik
Wee	Wee Chou Hou; Lan Luh Luh: *The 36 Strategies of the Chinese: Adapting Ancient Chinese Wisdom to the Business World*, Singapur etc. 2003

Weglaufen 2023	Harro von Senger: *Weglaufen ist das Beste: und andere Strategeme aus dem Reich der Mitte zur listkundigen Stressbewältigung*, München 2023
Wei	Wei Chiyun: *Sanshiliu Ji: Zhongguoren de Zhi-mou (Die 36 Strategeme: Die Findigkeit von Chinesen)*, Taibei 1992
WW	*Die Weltwoche*, Zürcher Wochenzeitung bzw. Wochenzeitschrift
Yan	Yan Jiazhen et al.: *Fan Sanshiliu Ji (Wider die 36 Strategeme)*, 2. Aufl., Beijing 1996
Yao	Yao Siyuan: *Sanshiliu Ji: Chaoji Shangzhan Celüe (Die 36 Strategeme: Geschickte Vorgehensweisen im geschäftlichen Superkrieg)*, Taibei 1997
Ye	Ye Zi: *Sanshiliu Ji Yu Zhimou Jingshang (Die 36 Strategeme und die findige Geschäftsführung)*, Beijing 2002
Yu 1993	Yu Xuebin: *Sanshiliu Ji Xin Jie Xiang Xi (Die 36 Strategeme, neu erklärt und eingehend analysiert)*, Beijing 1993
Yu 1994	Yu Chujie: *Shangyong Sanshiliu Ji (Die 36 Strategeme im Geschäftsleben)*, Wuhan 1994
Yu 2003	Yu Rubo: *Da Hua Sanshiliu Ji (Umfassende Erörterung der 36 Strategeme)*, Jinan 2003
Yuan	Yuan Shijun et al.: *Bingfa Yu Shangzhan (Die Kunst des Krieges und der Geschäftskrieg)*, Beijing 1992
z. B.	zum Beispiel
Zhang	Zhang Yongjun: *Manhua 36 Ji Shangzhan Xin Shuo (Neue Erläuterungen über die 36 Strategeme im Geschäftskrieg, mit Karikaturen untermalt)*, Taibei 2002
Zhou 1992	Zhou Yuxiang: *Sanshiliu Ji Yingyong Zhinan (Leitfaden für die Anwendung der 36 Strategeme)*, Beijing 1992

Zhou 1993	Zhou Junquan; Ge Zhonglun; Zhou Gang: *Shangzhan 36 Ji: Shili Jingxuan (Die 36 Strategeme im geschäftlichen Krieg: Ausgesuchte Sammlung von praktischen Beispielen)*, Shijiazhuang 1993
Zhu	Zhu Jinchen; Yu Zhicheng: Jiayu shijian de ren: Ji Shanghai cifu gongcheng zongzhihui Wu Xiangming (Der Mann, der die Zeit im Griff hat: Notizen über Wu Xiangming, den Generalbefehlshaber des Shanghaier Magnetschwebeprojekts), in: *Wenxue Bao (Literaturzeitung)*, Shanghai 09.01.2003, S.4
ZQB	*Zhongguo Qingnian Bao (Chinesische Jugendzeitung)*, überregionale Beijinger Tageszeitung

1 „Was ist die NASA? Mehr als nur Raumfahrt", *https://www.futurezone.de/science/article278413/was-ist-die-nasa.html#:~:text=Dabei%20macht%20die%20NASA%20weitaus%20mehr%2C%20als%20nur,Agentur%20selbst%20erkl%C3%A4rt%2C%20sind%20die%20Aufgabenbereiche%20weit%20gef%C3%A4chert*, a.a. 19.01.2024.

9 Danksagung

Für wertvolle Hilfe und Anregungen danke ich meiner lieben Frau Marianne; PD Dr. med. Hannes Wildberger; Prof. Dr. Dr. med. Daniel Barthelmes; Dr. Bruno Weisshaupt, CEO der Firma origo AG in Frauenfeld, Innovationspartner für Systeminnovation bzw. marktstrategische Innovation bei führenden Unternehmen unterschiedlicher Branchen; Werner Rellstab, CEO a. D. von V Zug; Ignaz Staub, Ombudsmann der Tamedia-Gruppe, Zürich; Prof. Dr. phil. Manfred Gross, bis 2014 Chinesisch-Deutsches Hochschulkolleg der Tongji-Universität Shanghai, früher stellvertretender Direktor der Siemens AG (Corporate Human Resources); dem Akademischen Direktor Dr. Klaus Kammerer a. D., Wirtschafts- und Verhaltenswissenschaftliche Fakultät, Seminar für allgemeine Wirtschaftsforschung, Abteilung für Empirische Wirtschaftsforschung und Ökonometrie (Universität Freiburg im Breisgau); Dr. oec. HSG Reto Müller, Präsident a. D. des Verwaltungsrates/Leiter Helbling Gruppe, Zürich; Siegmar Schulz, 1986–2003 China-Manager des VW-Werks, von 2001 bis 2020 als ehrenamtlicher Senior Experte beim Senior Experten Service (SES) Leiter des ortsansässigen SES-Büros in Wolfsburg; Prof. Dr. Bernd Schauenberg, Wirtschafts- und Verhaltenswissenschaftliche Fakultät, Wirtschaftswissenschaftliches Seminar, Direktor a.D. des Betriebswirtschaftlichen Seminars III, Lehrstuhl für Personal- und Organisationsökonomie (Universität Freiburg im Breisgau); Prof. Dr. iur. Marcel Senn, vormals Lehrstuhl für Rechtsgeschichte, Juristische Zeitgeschichte und Rechtsphilosophie, Universität Zürich und Dr. iur. Stephan Bernard, LL.M., Rechtsanwalt, Mediator SAV (Schweizerischer Anwaltsverband), Fachanwalt SAV Strafrecht. Danken möchte ich auch Frau GUO Li, von 1997 bis 2009 Lehrbeauftragte des Fachbereichs Sinologie an der Albert-Ludwigs-Universität in Freiburg im Breisgau und von 2004 bis 2019 Lehrbeauftragte am Sprachlehrinstitut derselben Universität, für ihre Kalligrafien.

15. Februar 2024

10

Der Autor

Harro von Senger, geb. 1944, Bürger von Genf, seit 1981 Privatdozent an der Universität Zürich für „Sinologie, besonders rechtliche und politische Institutionen China“. 1989 wurde er Professor für Sinologie an der Albert-Ludwigs-Universität Freiburg i. Br. mit dem Status eines Beamten auf Lebenszeit des Landes Baden-Württemberg, im Ruhestand seit 2009. Von 1982 bis 2020 war er Experte für chinesisches Recht des Schweizerischen Instituts für Rechtsvergleichung (Lausanne), das dem Eidgenössischen Justiz- und Polizeidepartement zugeordnet ist *(www.isdc.ch)*.

Von 2001 bis 2008 dozierte er an der Generalstabsschule der Schweizer Armee. Er promovierte 1969 in Jura (Universität Zürich) und 1981, nach je zweijährigen Studienaufenthalten in Taipeh (1971–73), Tokyo (1973–75) und Peking (1975–77), in klassischer Sinologie (Universität Freiburg i. Br.).

Er hat zahlreiche juristische und sinologische Fachveröffentlichungen vorgelegt. Einem größeren Publikum wurde er durch sein Werk *36 Strategeme* (in elf Sprachen übersetzt) bekannt. Seine China-Bücher liegen in 16 Sprachen vor, darunter Uigurisch und Ukrainisch, s. *www.china-outofthebox.ch*.

Ein CEO über die „36 Strategeme für Manager"

Während meiner aktiven Zeit als Professor für Sinologie an der Universität Freiburg im Breisgau reiste ich allwöchentlich von der Schweiz, wo ich als Bürger dieses Landes die Wochenenden verbrachte, nach Deutschland, ab Basel mit der Deutschen Bahn.

Als ich einmal bei einer Fahrt nach Freiburg durch das Abteil ging, erblickte ich bei einem Fensterplatz mit zwei Sitzplätzen, die leer waren, auf der kleinen Ablage das Buch *36 Strategeme für Manager*.

Kurzerhand setzte ich mich hin und schrieb eine Widmung in das Buch. Daraufhin begab ich mich auf meinen Sitzplatz zurück und stieg ein paar Minuten später in Freiburg aus.

Eines Tages erhielt ich folgende E-Mail:

36 Strategeme für Manager

Sehr geehrter Herr Prof. Senger,

Sie haben das wunderschöne Buch „36 Strategeme für Manager" geschrieben. Ich habe viele Exemplare gekauft und sie immer wieder an meine Mitarbeiter oder an gute Freunde verschenkt, weil in diesem Buch wirklich großartige Dinge dargestellt werden.

Ich erinnere mich an den 09.01.2006, als meine Frau und ich aus unserem Winterurlaub in St. Moritz mit dem Zug zurück nach Verden fuhren. Nach dem Essen im Speisewagen kamen wir zu unserem Platz zurück und Ihr Buch „36 Strategeme für Manager", welches ich vorher gelesen habe, lag noch auf meinem Tisch in der 1. Klasse direkt hinter dem Speisewagen. Als wir ca. in Frankfurt ankamen, wollte ich weiterlesen und habe ich dann plötzlich Ihre handgeschriebene Widmung „Ausbruch aus dem Routinedenken, Harro von Senger, 09.01.2006" gelesen. Ich habe mich riesig darüber gefreut und versucht, Sie anhand Ihres Fotos aus dem Buch im Zug zu treffen, leider vergebens.

Nun ist dieses Buch nicht mehr lieferbar. Nur als gebrauchte Version im Netz zu hohen Preisen.

Ich würde mich freuen wenn Sie mir mitteilen würden, wann Sie dieses Buch wieder freigeben und ich weitere 5 Exemplare kaufen kann. In der Anlage übersende ich Ihnen eine Bestellung hierfür.

Ich höre gerne wieder von Ihnen.

Mit freundlichen Grüßen

Wolfgang R

Sieben Jahre später schrieb mir Herr R. nochmals:

Lieber Herr Prof. von Senger,

ich habe mich über Ihre Reaktion sehr gefreut. Da ich nur noch ein Exemplar besitze, neben dem Exemplar mit Ihrer Widmung, habe ich gleich 5 weitere Exemplare bestellt, damit ich in den nächsten Jahren noch den einen oder anderen Kollegen mit Ihrem wunderschönen Buch beglücken kann.

Wir haben mittlerweile eine Fabrik in der Nähe von Shanghai und sind gerade dabei wieder umzuziehen, um unsere Produktionsfläche zu verdreifachen. Wir sind in China genauso wie in Amerika sehr erfolgreich.

Aufgrund meiner Lebenserfahrung, ich werde diese Woche 82 Jahre, habe ich immer wieder festgestellt, dass die 36 Strategeme auch in der heutigen Zeit zu 100 % die Situation richtig beschreiben.

Ihr Buch mit den 36 Strategemen ist auch für den Erfolg meines Unternehmens mit verantwortlich.

Ich wünsche Ihnen weiterhin alles Gute.

Mit herzlichen Grüßen

Wolfgang R.

Managing Director CEO

Gesendet: Dienstag, 27. September 2022, 10:11 Uhr